河南省“十四五”普通高等教育规划教材

JSP程序设计实例教程（第2版）
——基于项目实战

谷志峰　李同伟　主编

琚伟伟　副主编

電子工業出版社
Publishing House of Electronics Industry
北京·BEIJING

内 容 简 介

本书系统地讲解JSP程序设计涉及的基本语法，并以在线图书销售平台项目贯穿始终，真正做到项目驱动。全书共10章，内容包括Java Web编程基础、在线图书销售平台项目案例设计、Java数据库编程技术、Bootstrap前端技术及应用、JSP基本语法详解、JSP内置对象详解、EL表达式和JSTL标签、MVC模式和Servlet技术详解、过滤器和监听器、Ajax技术简介及应用。本书提供配套电子课件。

本书特色是通俗易懂、案例翔实、项目驱动、体系结构合理、章节设置得当。本书既可作为普通院校计算机及信息工程或相关专业本科生的教材或参考书，也可供相关领域的读者参考。

图书在版编目（CIP）数据

JSP 程序设计实例教程：基于项目实战/谷志峰，李同伟主编.—2 版. —北京：电子工业出版社，2021.11
ISBN 978-7-121-42289-8

Ⅰ.①J… Ⅱ.①谷… ②李… Ⅲ.①JAVA 语言－网页制作工具－程序设计－高等学校－教材
Ⅳ.①TP312 ②TP393.092

中国版本图书馆 CIP 数据核字（2021）第 226298 号

责任编辑：王晓庆　　特约编辑：张燕虹
印　　刷：泰安易捷数字印刷有限公司
装　　订：泰安易捷数字印刷有限公司
出版发行：电子工业出版社
　　　　　北京市海淀区万寿路 173 信箱　　邮编：100036
开　　本：787×1092　1/16　　印张：17.75　　字数：454 千字
版　　次：2017 年 11 月第 1 版
　　　　　2021 年 11 月第 2 版
印　　次：2024 年 12 月第 5 次印刷
定　　价：55.00 元

凡所购买电子工业出版社图书有缺损问题，请向购买书店调换。若书店售缺，请与本社发行部联系，联系及邮购电话：（010）88254888，88258888。

质量投诉请发邮件至 zlts@phei.com.cn，盗版侵权举报请发邮件至 dbqq@phei.com.cn。

本书咨询联系方式：（010）88254113，wangxq@phei.com.cn。

前　言

《JSP 程序设计实例教程》（第 1 版）是我们在多年的教学积累和实践经验的基础上编写而成的，出版后得到了我们学校和诸多兄弟院校的教学实践检验，收到了良好的反馈和建设性意见。

《JSP 程序设计实例教程》是以项目实现为主线编写的，首先在“第 2 章在线图书销售平台项目案例设计”中对该项目进行设计，然后在其他章节中，利用各章所学完成项目的各个功能。这样的设计使本书的教学真正做到了项目驱动，使学生可以即学即用，提高学生学习的积极性。

众所周知，软件编程技术更新换代很快，目前在实现本书“在线图书销售平台”项目时，最佳的实现方案是前台使用流行框架技术（如 Bootstrap 框架），而后台则结合 Ajax 异步通信技术来实现，这样不但能让前台页面更加美观，还能让后台的交互处理功能更加强大。第 1 版在 2017 年成书时，书中项目的前台仍然使用传统的 HTML+CSS 实现，后台也没有用目前比较流行的 Ajax 技术，书中项目的实现技术已经落后于目前主流技术了，因此对书中项目进行升级是非常有必要的。

因为本书的特色是项目驱动，所以项目的升级必然要求更新书中内容。本书（第 2 版）对第 1 版的内容做了很多修改：第 2 章案例设计中相关功能介绍内容的修改；第 4 章前台页面实现技术内容的修改；第 5～9 章中应用实例小节内容的修改，以及 Ajax 技术内容的修改等；在第 1 章中加入了 HTML 及 XML 基础知识的介绍内容。

本书共 10 章，内容包括 Java Web 编程基础、在线图书销售平台项目案例设计、Java 数据库编程技术、Bootstrap 前端技术及应用、JSP 基本语法详解、JSP 内置对象详解、EL 表达式和 JSTL 标签、MVC 模式和 Servlet 技术详解、过滤器和监听器、Ajax 技术简介及应用。在各章语法知识点介绍中引用了相关的案例，将复杂的知识点寓于案例中，力求做到案例教学。在每章的最后都附有习题，用于检验学习效果和巩固本章所学内容。第 2 版仍然是项目驱动的，并且能够更加适应目前技术的发展，更加满足学生学习的需要。

本书既可作为普通院校计算机及信息工程或相关专业本科生的教材或参考书，也可供相关领域的读者参考。本书的参考教学时数在 72 学时以内。

本书提供配套电子课件，读者可登录华信教育资源网（http://www.hxedu.com.cn）注册并免费下载，也可联系本书编辑（010-88254113，wangxq@phei.com.cn）索取。

本书由谷志峰、李同伟任主编，负责全书统稿；由琚伟伟任副主编。具体分工为：第 3 章、第 4 章、第 5 章、第 6 章、第 7 章、第 8 章由谷志峰负责编写；第 1 章、第 2 章由李同伟负责编写；第 9 章、第 10 章由琚伟伟负责编写。

本书的出版得到了河南科技大学软件学院及教务处的大力支持，软件学院 2017 级、2018 级、2019 级同学在使用过程中提出了很多宝贵的意见。在此，我们一并表示衷心的感谢。

尽管在编写本书过程中，我们本着科学严谨的态度，力求精益求精，但错误、疏忽之处在所难免，敬请广大读者批评指正。

编　者

目　　录

第 1 章　Java Web 编程基础

1.1　JSP 简介

早期的网站一般都是由静态网页制作的，静态网页指网页的内容是固定的，不会根据浏览者的不同需求而改变。静态网页一般使用 HTML（Hypertext Markup Language，超文本标记语言）进行编写。静态网页一般是运行于客户端的程序、网页、插件、组件，显示内容属于静态的，是永远不变的。在信息技术日新月异的今天，静态网页已无法满足人们对信息丰富性和多样性的强烈需求。现在，大部分的网页都是动态网页，动态网页指在接到用户访问要求后动态生成的页面，页面内容会随着访问时间和访问者发生变化，动态网页一般是在服务器端运行的程序、网页等。目前，解决 Web 动态网站的开发技术很多，而 JSP 是目前应用最为广泛的一种。

JSP 的全称是 Java Server Page，是由 Sun 公司在 1999 年推出的动态网页技术。利用这一技术可以建立安全、跨平台的 Web 应用程序。JSP 以 Java 编程语言作为脚本语言，JSP 的安全性和跨平台得益于 Java 语言，这是因为 Java 语言具有不依赖于平台、面向对象和安全等优良特性，已经成为网络程序设计的佼佼者。许多和 Java 有关的技术得到了广泛的应用和认可，JSP 技术就是其中之一。

目前，Web 动态网站开发技术有 ASP、PHP、JSP 等，ASP 是由微软（Microsoft）公司开发的动态网页语言，只能运行于微软公司的服务器产品和 PWS 之上。在 UNIX 环境下可以通过 ChiliSoft 的插件来支持 ASP，但是 ASP 本身的功能有限，必须通过 ASP+COM 的组合来扩充，UNIX 下的 COM 实现起来非常困难。PHP3.0 可在 Windows、UNIX 和 Linux 的 Web 服务器上正常运行，还支持 IIS 和 Apache 等通用 Web 服务器，用户更换平台时，无须变换 PHP 代码即可使用。与 ASP、PHP 相比，JSP 是一种完全与平台无关的开发技术，完全克服了目前 ASP 和 PHP 的脚本级执行的缺点。它将极高的运行效率、较短的开发周期、超强的扩展能力、完全开放的技术标准和自由的开发方式等众多的完美特性集于一身。JSP 可以在 Servlet 和 JavaBean 的支持下，完成功能强大的动态网站程序的开发，使构造基于 Web 的应用程序更加容易和快捷。

JSP 应该是未来发展的趋势，已广泛地应用于电子商务、电子政务等各个行业的管理应用软件中，一些大的电子商务解决方案提供商都采用 JSP。比较著名的有 IBM 公司的 E-business，它的核心技术采用 JSP 的 Web Sphere。

1.2　JSP 工作原理

当客户端浏览器向服务器发出请求访问一个 JSP 页面时，服务器先根据该请求加载相应的 JSP 页面，并对该页面进行编译，然后执行。

JSP 的具体处理过程如下：

（1）客户端通过 Web 浏览器向 JSP 服务器发送请求。

（2）JSP 服务器检查是否已经存在 JSP 页面对应的 Servlet 源代码，若存在则进行第（3）

步，否则转至第（4）步。

（3）JSP 服务器检查 JSP 页面是否有更新修改，若存在更新修改则进行第（4）步，否则转第（5）步。

（4）JSP 服务器将 JSP 代码转译为 Servlet 源代码。

（5）JSP 服务器将 Servlet 源代码编译后执行。

（6）将产生的结果返回到客户端。

JSP 工作原理如图 1-1 所示。

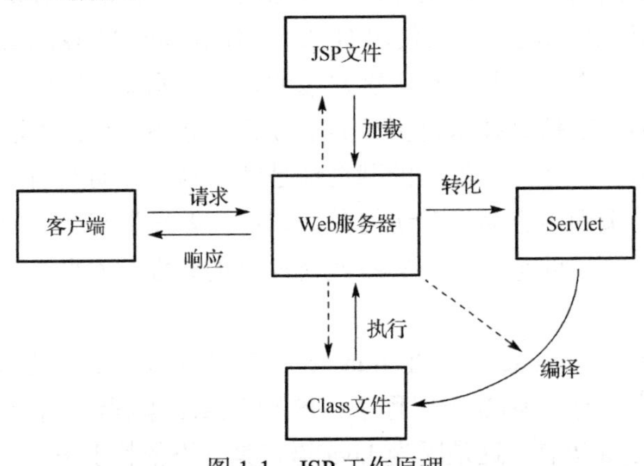

图 1-1　JSP 工作原理

从前面的介绍中，可以知道服务器在获取了客户端发送的请求后，依据请求调用相关的 JSP 处理页面。如果该页面是第一次执行，则需要把 JSP 页面中的代码转换为 Servlet 代码形式，转换完成后，需要转换的 Java 文件即编译成了 class 文件，编译完成后，使用 JVM 执行编译过的文件，并将执行结果返回到客户端。如果该页面不是第一次执行，就会直接调用该页面的 class 文件执行。

可以看出，JSP 页面的第一次执行需要耗费一些时间，这些时间是耗费在 JSP 文件到 Servlet 文件转换并编译的过程中，在再次访问时会感觉快了很多。如果被请求的页面经过修改，则服务器会先重新编译这个文件，然后执行。

由 JSP 的处理过程可以看到，JSP 和 Servlet 有很深的渊源关系，Servlet 是 JSP 技术的发展前身，它是 Java 技术对 CGI 编程的回应。Servlet 具有更高的效率，更容易使用，功能更强大，具有更好的可移植性、更节省投资等优点，因此通常用来做 MVC 模式中的控制器。但是，Servlet 也有自身的不足之处，即所有响应代码都是通过 Servlet 程序生成的，如 HTML 标记。一个 Servlet 程序，其中大量的代码都用于生成这些 HTML 标记响应代码，只有少部分代码用于数据的处理和响应。并且，开发 Servlet 程序起点要求较高，Servlet 产生之后，没有像 PHP 和 ASP 那样，快速得到应用。因此，Sun 公司在结合了 Servlet 技术和 ASP 技术等特点后，又推出了 JSP 技术，JSP 技术完全继承了 Servlet 技术的优势，并具备了一些新的优势。

1.3　JSP 程序体系结构

1.3.1　比较 C/S 结构与 B/S 结构

在软件开发中，目前最常用的体系结构有两种，即 C/S 结构和 B/S 结构。下面介绍这两种结构，并进行比较。

1．C/S 结构

C/S 结构即 Client/Server（客户/服务器）结构，它通过将任务合理分配到 Client 端和 Server 端，降低了系统的通信开销，可以充分利用两端硬件环境的优势。C/S 结构的出现是为了解决费用和性能的矛盾，最简单的 C/S 结构的数据库应用由两部分组成，即客户应用程序和数据库服务器程序。二者可分别称为前台程序与后台程序。运行数据库服务器程序的机器称为应用服务器，一旦服务器程序被启动，就随时等待响应客户程序发来的请求；客户程序运行在用户自己的计算机上，对应于服务器计算机，可称为客户计算机。当需要对数据库中的数据进行操作时，客户程序就自动地寻找服务器程序，并向其发出请求，服务器程序根据预定的规则做出应答，返回结果。

C/S 结构的优点是能充分发挥客户端 PC 的处理能力，很多工作可以在客户端处理后再提交给服务器，对应的优点就是客户端响应速度快。但它也有自身的局限性，其缺点如下：

（1）只适用于局域网。随着互联网的飞速发展，移动办公和分布式办公越来越普及，这需要我们的系统具有扩展性。这种方式远程访问需要专门的技术，同时要对系统进行专门的设计来处理分布式数据。

（2）客户端需要安装专用的客户端软件。首先，涉及安装的工作量；其次，任何一台计算机出问题，如病毒、硬件损坏，都需要进行安装或维护。特别是有很多分部或专卖店的情况，不是工作量的问题，而是路程的问题。另外，在系统软件升级时，每台客户机需要重新安装，其维护和升级成本非常高。

（3）对客户端的操作系统一般也会有限制。可能适应于 Windows 98，但不能用于 Windows 2000 或 Windows XP。或者不适用于微软的新操作系统等，更不用说 Linux、UNIX 等。

虽然 C/S 结构有一定的缺点，但目前仍有大量的软件开发采用的是该结构，例如 QQ、MSN、PP Live、迅雷等、eMule 等。

2．B/S 结构

B/S 结构即 Browser/Server（浏览器/服务器）结构，是随着 Internet 技术的兴起，对 C/S 结构的一种变化或者改进的结构。在 B/S 结构下，用户界面完全通过 WWW 浏览器实现，一部分事务逻辑在前端实现，但主要事务逻辑在服务器端实现。B/S 结构利用不断成熟和普及的浏览器技术实现原来需要复杂专用软件才能实现的强大功能，并节约了开发成本，是一种全新的软件系统构造技术。

基于 B/S 结构的软件，系统安装、修改和维护都在服务器端解决。Web 应用程序的访问不需要安装客户端程序，可以通过任一款浏览器（例如 IE 或者 Firefox）来访问各类 Web 应用程序。当 Web 应用程序进行升级时，并不需要在客户端做任何更改。和 C/S 结构的应用程序相比，Web 应用程序可以在网络上更加广泛地传播和使用。一般的网站都是 B/S 结构的，例如 Google、Baidu。

虽然 B/S 结构有诸多优点，但也存在一些缺点，例如 B/S 结构程序在跨浏览器的使用上总是不能尽如人意。另外，因为 B/S 结构程序的大量工作都是由服务器完成的，所以如何设计算法使访问效率得到保证也是一个很大的问题。

本书所介绍的 JSP 程序体系结构采用的结构就是 B/S 结构。B/S 结构程序是非常注重程序架构的，常用的程序架构有三层架构和两层架构。

1.3.2 三层架构

在传统的 JSP 开发中，通常将业务处理的代码与 JSP 代码混在一起，这样程序的可读性很差，不易于阅读，更不易于代码维护。如何解决这个问题？通常采用分层模式的设计理念来解决这个问题。分层模式是最常见的一种架构模式。分层模式是很多架构模式的基础，通过分层模式将解决方案的组件分隔到不同的层中，实现在同一个层中组件之间保持内聚性，并保持层与层之间松耦合。如何进行分层呢？

一般的做法是在客户端与数据库之间加入一个“中间层”，从而形成三层架构。这里所说的三层架构，不是指物理上的三层，而是逻辑上的三层，即把这三个层放置到一台机器上。三层架构的三层指的是表示层、业务逻辑层、数据层，各层的作用如下：

（1）表示层：主要作用为数据显示或者和后台进行交互，因此表示层通常对应于 HTML 页面或 JSP 页面。

（2）业务层：主要是针对具体问题的操作，也可以理解成对数据层的操作，对数据进行业务逻辑处理。

（3）数据层：主要是对非原始数据（数据库或者文本文件等存放数据的形式）的操作层，而不是指原始数据。也就是说，是对数据库的操作，而不是数据，具体为业务层或表示层提供数据服务。

注意：这里所说的数据层并不是数据库，而是与数据库密切相关的操作代码。

表示层、业务层、数据层之间的访问关系如图 1-2 所示。

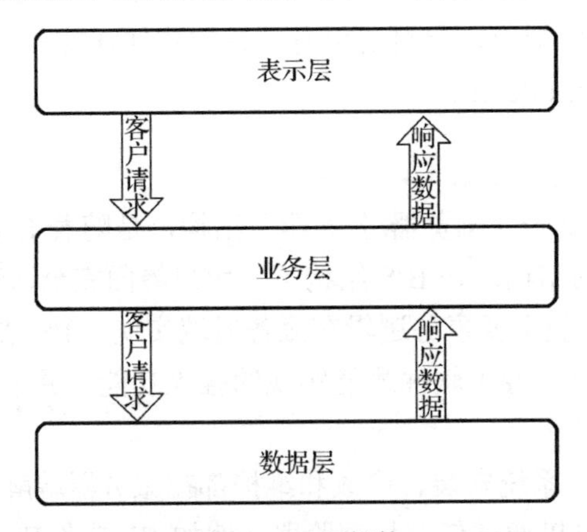

图 1-2 三层架构

表示层访问业务层，业务层为表示层的访问提供数据或相应的方法；业务层访问数据层，数据层为业务层的访问提供数据或方法。也可以说，表示层依赖业务层，业务层依赖数据层，层和层之间是单向的依赖关系，下层不知道上层的存在，仅完成自身的功能，而不关心结果如何使用，每层仅知道其下层的存在，忽略其他层的存在，只关心结果的取得，而不关心结果的实现过程。

这种单向的依赖关系实现在同一个层中组件之间保持内聚性，并保持层与层之间的松耦合，从而实现软件工程要求的高内聚和低耦合的设计目标，提高程序的可复用性。

1.3.3　两层架构

三层架构虽然优秀，但理念相对复杂，不利于初学者掌握，因此在本书的 JSP 程序设计中将采用两层架构。所谓两层架构就是由同一程序来实现逻辑计算和数据处理，即把业务层与数据层合并为一层。这时，前台就是表示层页面，后台就是业务层和数据层的 Java 代码。

两层架构如图 1-3 所示。

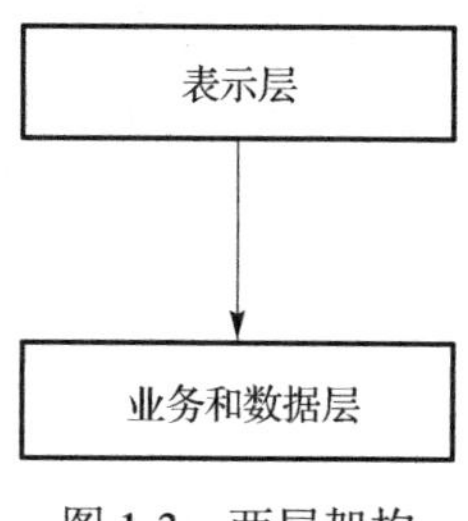

图 1-3　两层架构

1.4　HTML 和 CSS 简介

1.4.1　HTML 基础

1.4.1.1　HTML 简介

HTML 是用于描述网页文档的一种标记语言。事实上，HTML 是一种 Internet 上较常见的网页制作标注性语言，而不是一种程序设计语言，因为它缺少程序设计语言所应有的特征。HTML 通过 IE 等浏览器的翻译，将网页中所要呈现的内容、排版展现在用户眼前。

一个完整的 HTML 文件包括标题、段落、列表、表格及各种嵌入对象，这些对象统称为 HTML 元素。在 HTML 中使用标签来分割并描述这些元素。实际上，HTML 文件就是由各种 HTML 元素和标签组成的。

在每个 HTML 文件的开始，必须以<HTML>标签开始，以</HTML>标签结束。一个 HTML 文件的基本结构如下：

```
<html>                  <!--文件开始标记-->
<head>                  <!--文件头开始的标记-->
<title></title>         <!--设置文档标题-->
</head>                 <!--文件头结束的标记-->
<body>                  <!--文件主体开始的标记-->
...                     <!--文件主体的内容-->
</body>                 <!--文件主体结束的标记-->
</html>                 <!--文件结束标记-->
```

从上面的代码结构可以看出，在 HTML 文件中，所有的标记都是相对应的，开头标记为<>，结束标记为</>，在这两个标记中间添加内容。另外，<HTML>标签是不区分大小写的，对大小写不敏感。

在<HTML>标签中，主要由 head 部分和 body 部分组成。其中，head 部分由标签<head></head>组成，是 HTML 文档的首要部分，紧接在<html>的开始标签之后，在<body>标签之前。这一部分包含页面的一些重要的设置信息。其中，title 标签中的内容为文档标题；meta 标签用来描述非 HTML 标准的一些文档信息；link 标签用于描述当前文档与其他文档之间的链接关系，例如导入外部的样式表等；base 标签用于定义提交时默认的外部资源；script 标签中的内容为脚本程序内容，例如 JavaScript 代码；style 标签用于表示样式表内容。

body 部分是 HTML 文档中最重要的一个部分，网页的主体部分以<body>标签标记它的开始，以</body>标签标记它的结束。在 HTML 的主体标记中有很多的属性设置，包括页面的背景设置、文字属性设置、链接设置、边距设置等。HTML 的主体标记中还包含很多子标签，如表格、表单、层标签、框架、超链接、图片等。下面对 JSP 程序设计中，前台页面经常用到的表格和表单进行详细的介绍。

1.4.1.2　表格

表格技术是 HTML 中非常重要的功能，表格的功能主要体现在页面布局和数据显示上。围绕页面布局和数据显示，表格技术中提供了很多重要的标签，本节将逐一加以介绍。

1．table 标签

表格中所有行和列，以及单元格中的内容必须括在一对<table></table>标签中。

语法格式如下：

```
<table width="" bordercolor="" border="" cellspacing="" cellpadding="">
  ...
 </table>
```

其中，cellspacing 属性指定表格中单元格间的距离，即单元格间距。cellpadding 属性指定表格中单元格的内容与单元格边框之间的空白距离。注意：这两个属性的单位为像素。border 属性表示边框属性，默认情况下，表格是不显示边框的。为了使表格更加清晰，可以使用 border 参数设置边框的宽度。bordercolor 属性表示表格边框颜色，默认情况下，边框的颜色是灰色的；为了让表格更鲜明，可以使用 bordercolor 参数设置不同的表格边框颜色。但是，设置边框颜色的前提是边框宽度不能为 0，边框颜色为 16 位颜色代码，否则无法显示出应有的效果。

2．tr 元素

tr 元素表示的是表格中的行，表格中的每行都必须括在一对<tr></tr>标签中。

语法格式如下：

```
<tr align="">...</tr>
```

其中，align 属性指定该行单元格对齐方式，它的值为 left（默认）、center、right。

3．td 元素

单元格是表格的基本组成元素，一个 td 元素代表表格中的一个单元格，由 tr 元素中的所有单元格组成一行。

语法格式如下：

```
<td width="" height="" align="" valign=""  rowspan="" colspan="">
    ...
</td>
```

其中，align 属性指定该行单元格对齐方式，它的值为 left（默认）、center、right。valign 属性指定单元格垂直对齐方式，它的值为 middle（默认）、top、bottom。

colspan 是水平跨度属性，单元格水平跨度指在复杂的表格结构中，有些单元格是跨多个列的。此处所说的跨的列数就是这个单元格所跨列的个数，也可以说是单元格向右打通的单元格个数。rowspan 是垂直跨度属性，单元格除可以在水平方向上跨列外，还可在垂直方向上跨行。跨行设置需要使用 rowspan 参数。与水平跨度相对应，rowspan 设置的是单元格在垂直方向上跨行的个数，也可以说是单元格向下打通的单元格个数。

table、tr、td 标签是表格标签中最重要的三个标签，它们也有一些共有的属性。

其中，width（height）属性用于设置表格宽度（高度），默认情况下，表格的宽度（高度）是与表格内的文字相关的，是根据内容自动调整的。如果想指定表格的宽度（高度），可以为表格添加 width（height）参数，表格宽度（高度）的值既可以是具体的像素数，也可以设置为浏览器的百分比数。bgcolor 属性用来指定表格的背景颜色，默认情况下，表格是没有背景色的。background 属性用来指定表格的背景图案。

在构建的表格的标签中，除上述三个最重要的外，还有如下一些常用标签。

4．caption 标签

表格中除<td>和</td>可用来设置表格的单元格外，还可以通过 caption 来设置特殊的一种单元格（标题单元格）。表格的标题一般位于整个表格的第一行，为表格标示一个标题行，如同在表格上方加一个没有边框的行，通常用来存放表格标题。

5．th 标签

在表格中还有一种特殊的单元格，称为表头。表格的表头一般位于第一行和第一列，用来表明这一行的内容类别，用<th>和</th>标签来表示。表格的表头与<td>标签使用方法相同，但表头的内容是加粗显示的。

【例 1-1】　测试表格。

```
<table border="0" cellpadding="5" cellspacing="1" bgcolor="#000000" width="600">
<tr>
<th bgcolor="#f4f4f4">工号</th>
<th bgcolor="#f4f4f4">姓名</th>
<th bgcolor="#f4f4f4">年龄</th></tr>
<tr><td colspan="4"  bgcolor="#f4f4f4" align="center">重案组</td></tr>
<tr>
<td bgcolor="#f4f4f4">2014010101</td>
<td bgcolor="#f4f4f4">张一峰</td>
<td bgcolor="#f4f4f4">26</td></tr>
<tr><td bgcolor="#f4f4f4">2014010102</td>
<td bgcolor="#f4f4f4">张三</td>
<td bgcolor="#f4f4f4">56</td></tr>
<tr><td bgcolor="#f4f4f4">2014010103</td>
```

```
<td bgcolor="#f4f4f4">李四</td>
<td bgcolor="#f4f4f4">36</td></tr>
<tr><td colspan="4"  bgcolor="#f4f4f4" align="center">刑侦部</td></tr>
<tr><td bgcolor="#f4f4f4">2014010104</td>
<td bgcolor="#f4f4f4">王五</td>
<td bgcolor="#f4f4f4">26</td></tr>
<tr><td bgcolor="#f4f4f4">2014010105</td>
<td bgcolor="#f4f4f4">赵六</td>
<td bgcolor="#f4f4f4">46</td></tr>
<tr><td colspan="4"  bgcolor="#f4f4f4" align="center">技术科</td></tr>
<tr><td bgcolor="#f4f4f4">2014010106</td>
<td bgcolor="#f4f4f4">张超</td>
<td bgcolor="#f4f4f4">30</td></tr>
<tr><td bgcolor="#f4f4f4">2014010107</td>
<td bgcolor="#f4f4f4">陈宏</td>
<td bgcolor="#f4f4f4">20</td></tr>
<tr><td colspan="4"  bgcolor="#f4f4f4" align="center">办公室</td></tr>
<tr><td bgcolor="#f4f4f4">2014010108</td>
<td bgcolor="#f4f4f4">曾贤</td>
<td bgcolor="#f4f4f4">30</td></tr>
<tr><td bgcolor="#f4f4f4">2014010109</td>
<td bgcolor="#f4f4f4">洪峰</td>
<td bgcolor="#f4f4f4">31</td></tr>
</table>
```

员工信息表显示效果如图 1-4 所示。

工号	姓名	年龄
重案组		
2014010101	张一峰	26
2014010102	张三	56
2014010103	李四	36
刑侦部		
2014010104	王五	26
2014010105	赵六	46
技术科		
2014010106	张超	30
2014010107	陈宏	20
办公室		
2014010108	曾贤	30
2014010109	洪峰	31

图 1-4　员工信息表显示效果

说明：

在该例中，综合使用了 table、tr、td、th 标签，实现员工信息表的显示。其中，th 标签中的文本和普通 td 标签中的文本相比是加粗显示的。在“员工部门行”通过跨行属性 colspan 实现了单元格的合并。

另外，表格 border 属性显示的表格边框往往令用户体验不好，因此在本例中，通过 bgcolor 的设置实现了用户体验良好的表格边框效果。具体实现方法是，首先设置表格的 bgcolor 为

"#000000"，然后设置单元格 td 的 bgcolor 为"#f4f4f4"，就可以实现以上的显示效果了，通过调整这两个颜色，可以实现表格边框颜色的变化。

1.4.1.3　表单

客户端也称为前台，服务器端也称为后台。前台和后台的通信交互过程如下：前台向后台发送数据，后台接收到数据，进行处理并做出响应。在这个交互过程中，表单所扮演的角色是非常重要的，前台向后台发送的数据主要由表单负责采集。正是因为有了表单，才使得页面具有交互的功能。它是前台页面与后台服务器实现交互的重要手段，因此在前台页面的制作过程中，经常要使用表单。

在网页中，最常见的表单形式主要包括文本框、密码框、文本域、下拉框、单选按钮、复选框、按钮等。下面对这些表单逐一进行介绍。

1. 表单标签 form

在 HTML 中，<form></form>标签用来创建一个表单，即定义表单的开始和结束位置，其他表单控件需要在它的包围中才有效，否则这些表单将不能起到和服务器端交互的作用。form 标签的属性列表如表 1-1 所示。

表 1-1　form 标签的属性列表

属性名称	说明
action	用于指明表单数据的提交地址
method	用于指明表单数据上传方式，值为 get 或 post（默认为 get）
enctype	如果有上传文件，则必须提供这个属性，值指定为 multipart/form-data
name	用于指定表单的名字

在这些属性中，表单的处理程序 action 和传送方式 method 是非常重要的两个参数，一般不能缺省。如果 action 缺省了，则前台页面的数据就不知道自己的请求方向了，此时数据默认提交给当前页面；如果 method 缺省了，则默认为 get 方式请求。

2. 文本框

文本框在页面中用于实现文本信息的录入，例如录入用户名等信息。

语法格式如下：

```
<input type="text" name="控件名称" />
```

text 类型的控件在页面中以单行文本框的形式显示，文本框的属性列表如表 1-2 所示。

表 1-2　文本框的属性列表

属性名称	说明
name	文本框的名称，例如 name="textname"
maxlength	文本框输入的最大字符数，例如 maxlength="6"
size	文本框的宽度，例如 size="10"
value	文本框的默认值，例如 value="###"
readonly	文本框只读，例如 readonly

3. 密码框

密码框页面中的效果和文本框相同，但当用户输入文字时，这些文字只显示“*”。

语法格式如下：

```
<input type="password" name="控件名称"/>
```

密码框的属性列表如表 1-3 所示。

表 1-3　密码框的属性列表

属性名称	说明
name	密码框的名称，例如：name="textname"
size	定义密码域的文本框在页面中显示的长度，以字符作为单位
maxlength	定义在密码框中最多可以输入的文字数
value	用于定义密码框的默认值，同样以“*”显示

4. 文本域

在前面的文本框中只能输入单行文本，如果需要输入多行文本，则需要用到文本区域控件。

语法格式如下：

```
<textarea name="文本域名称" value="文本域默认值" rows=行数 cols=列数>
</textarea>
```

文本域的属性列表如表 1-4 所示。

表 1-4　文本域的属性列表

属性名称	说明
Name	文本域的名称
Rows	文本域的行数，也就是高度值，当文本内容超出这一范围时会出现滚动条
cols	文本域的列数，也就是其宽度

5. 下拉框

为节省页面空间可以使用下拉菜单方式。下拉菜单在正常状态下只显示一个选项，单击按钮打开菜单后才会看到全部的选项。

语法格式如下：

```
<select name="下拉菜单的名称">
<option value="选项值 1" selected>选项显示内容</option>
<option value="选项值 2">选项显示内容</option>
...
</select>
```

说明：在该语法中，选项值是提交表单时的值，而选项显示的内容才是真正在页面中显示的选项。selected 表示该选项在默认情况下是选中的，一个下拉菜单中只能有一项默认被选中。

下拉框的属性列表如表 1-5 所示。

表 1-5　下拉框的属性列表

属性名称	说明
name	用于指定列表框的名字
size	指定列表框显示列表项的条数，如果指定了该参数，则 select 元素是一个列表，否则是一个下拉列表框
multiple	若指定了这个参数，则表示该列表框可选择多项，否则是单一选择

6. 单选按钮

单选按钮可以用来实现单一选择，按钮形式以圆框表示。在单选按钮控件中必须设置参数 value 的值。通常需要由多个单选按钮构成单选按钮组，对于该组中所有单选按钮，需要设定为相同的名称，这样才能起到单一选择的效果。

语法格式如下：

```
<input type="radio" value="单选按钮的取值" name="单选按钮名称" checked>
```

单选按钮的属性列表如表 1-6 所示。

表 1-6　单选按钮的属性列表

属性名称	说明
name	用于指定单选按钮的名字。名称相同的单选按钮为一组
value	指定单选按钮的内部值
checked	如果设定该属性，则单选按钮为默认选定。name 相同的各个 radio 中至多只能有一个使用该参数，也可以全部不使用此参数

7. 复选框

对单选按钮能够进行单一选择，在用户操作中有时需要选择的内容有多个。选择一个或者多个选项，需要用到复选框控件 checkbox。复选框在页面中以一个方框来表示。

语法格式如下：

```
<input type="checkbox" value="复选框的值" name="名称" checked>
```

复选框的属性列表如表 1-7 所示。

表 1-7　复选框的属性列表

属性名称	说明
name	用于指定复选框的名字。名称相同的复选框为一组
value	指定复选框的内部值
checked	若设定该属性，则复选框默认选定。name 相同的各个 checkbox 为一组

8. 按钮

按钮可以分为普通按钮、提交按钮、重置按钮。

语法格式如下：

```
<input type="按钮类型" name="按钮名" value="按钮的取值" />
```

按钮的属性列表如表 1-8 所示。

表 1-8　按钮的属性列表

属性名称	说明
type	button 表示普通按钮，submit 表示提交按钮，reset 表示重置按钮
name	用于指定按钮的名字
value	指定按钮上的文字

说明：

（1）普通按钮 button 中可以通过添加 onclick 参数来激发 JS 事件，onclick 参数是设置当用鼠标按下按钮时所进行的处理。

（2）单击提交按钮 submit 时可以进行页面刷新，进而实现表单内容的提交。

（3）reset 按钮可以用来清除用户在页面中输入的信息。注意：表单控件一定要用<form>标签进行包围。

【例 1-2】　编写注册页面，实现数据提交。

页面的主体部分代码如下：

```
<form action="info.jsp" method="post" name="frm" ><br>
<table>
<tr>
<td>用户名：</td>
<td><input type="text" size="15" name="username" onblur="checkuser()"/>
</td><tr>
<tr>
<td>密码：</td>
<td><input type="text" size="15" name="pwd" onblur="checkpwd()"/>
</td><tr>
<tr>
<td>密码确认:</td><td><input type="text" size="15" name="repwd"/>
</td><tr>
<tr>
<td>性别：</td><td><input type="radio" name="rd" value="男" checked>男
<input type="radio" name="rd" value="女" >女</td><tr>
<tr>
<td>电子邮件：</td><td><input type="text" size="20" name="email"/></td><tr>
<tr>
<td>出生日期：</td><td><input type="text" name="date" size="6" onblur=
            "checkdate()"/>年</td><tr>
<tr>
<td>你的职业：</td><td><input type="checkbox" name="cb" value="IT"/>IT
<input type="checkbox" name="cb" value="英雄"/>Hero
<input type="checkbox" name="cb" value="商人"/>商人
<input type="checkbox" name="cb" value="公务员"/>公务员</td><tr>
</table>
<br>
<INPUT type="submit" value="同意以下协议条款并提交"><br>
<textarea rows="" cols="" style="width:480px;height:110px;font-size:12px;color:#666">
一、总则
略
</textarea>
```

1.4.1.4　其他常用标签

除上面介绍的表格和表单标签外，HTML 中还有一些相对常用的标签，如超链接标签、层标签等，下面进行简单介绍。

1. 超链接标签

所谓超链接就是当单击某个文本信息或某个图片时，可以将请求发送给另一个资源，超链接是 HTML 中非常重要的一个标签，应用非常广泛，在后续章节中将经常使用超链接来发送 get 请求。

语法格式如下：

```
<a href="链接地址">链接文字或图片</a>
```

2. 层标签

<div>元素是在 HTML4.0 中新加入的元素。<div>元素是“块级元素”，它的属性和段落元素<p>类似，都可以定义页面段落上的属性，不同的是两个<div>元素之间不会产生像两个<p>元素之间的空行。层是可以叠加在其他页面元素之上的，并且可以设定层的尺寸及大小。可是在 HTML 语言中，<div>元素没有这样的属性，我们要使用 CSS 规范来定义<div>，因此层经常和 CSS 结合使用，经常通过 DIV+CSS 来实现页面的布局及信息的显示。

语法格式如下：

```
<div align=""style=""></div>
```

下面介绍 CSS 相关知识。

1.4.2　CSS 基础

1.4.2.1　CSS 概念及作用

CSS（Cascading Style Sheets，层叠样式表）是一种应用于网页的标记语言，其作用是为 HTML、XHTML 及 XML 等标记语言提供样式描述。在 HTML 中，虽然有很多标签都可以控制页面的效果，但是它们的功能都很有限，利用 CSS 能使得网页的效果更加完美。HTML 与 CSS 的关系是“结构”与“表现”的关系，即 HTML 确定网页的结构，CSS 设置网页的表现形式。利用 CSS 样式可以制作出丰富多彩的网页效果，从精确的页面布局、定位到特定的字体和样式，功能非常强大。

1.4.2.2　CSS 基本语法

CSS 样式表是由若干条样式规则组成的，这些样式规则可以应用到不同的元素或者文档中来定义显示的外观。每条样式规则由 3 部分构成：选择符（selector）、属性（property）和属性的取值（value），基本格式如下：

```
selector{property: value}
```

当多个对象具有相同的样式定义时，多个对象之间可以用逗号分隔，例如：

```
tr,th{font:12px;margin:20px;font-color:#336699}
```

这里要注意，样式列表中的注释应写在“/*　*/ ”之间。

在 CSS 样式中有以下 3 种最基本的选择符。

1．HTML 选择符

在 HTML 页面中使用的标签，如果在 CSS 中被定义，那么此网页的所有该标签都将按照 CSS 中定义的样式显示。HTML 选择符的定义方法如下：

```
tag{property:value}
```

例如，为块标记<div>提供样式，color 为指定文字颜色的属性，red 为属性值，表示标记<div>中的文字使用红色。

```
div{color:red}
```

CSS 可以在一条语句中定义多个选择符，例如将段落文本和单元格内的文字设置为蓝色的 CSS 代码如下：

```
td,p{color:blue;}
```

2．Class 选择符

标记选择器一旦声明，HTML 文件中所有的相应标记都会产生变化。如果希望其中的某一个标记不产生相应的变化，则需要为标记定义一个 class 属性，引入类别（class）选择器。类别（class）选择器的名称由用户自己定义，基本格式如下：

```
.classname{property1:value1; property2:value2}
```

需要注意，多个标记的 class 属性的属性值可以相同。例如，可以将样式 blueone 应用于 div 和 P 中的代码如下：

```
<style>
   .blueone{color:blue}
</style>
<div class="blueone">生活不止眼前的苟且</div>
<p class="blueone">还有诗和远方</p>
```

另外，还可以定义与 HTML 标记相关的类选择符，它只与一种 HTML 标记有关系。

语法格式如下：

```
tag.Classname{property:value}
```

例如，让一部分而不是全部 div 的颜色是红色，可以使用以下代码：

```
<style>
  div.redone{color:red}
</style>
<div class="redone">生活不止眼前的苟且</div>
```

3．ID 选择符

ID 选择符与 Class 选择符的功能基本一样，然而与 Class 选择符与刚好相反。ID 选择符与是用来定义某一特定的 HTML 元素，而 Class 选择符与是用来定义一组功能或格式相同的 HTML 元素。也就是说，多个标记的 class 属性的属性值可以相同，而 ID 属性必须是唯一的，否则不能起到应有的作用。与类选择符不同，使用 ID 选择符定义样式时，必须在 ID 名称前加上一个“#”号。

语法格式如下：

```
#idname{property1:value1;property2:value2}
```

例如，定义 ID 为 content 的样式如下：

```
#content {
    font-family: "宋体";
    font-size: 12px;
    font-weight: bold;
    color: #FFFFFF;
    background-color:#00509F;
}
<div id="content">天门中断楚江开，碧水东流至此回</div>
```

另外还有通用选择符、混合选择符、伪选择符，在此不再赘述。

在 CSS 中可以使用 4 种不同的方法，将 CSS 规则应用到网页中。方法包括定义内联样式表、定义内部样式表、嵌入外链样式表和导入外部样式表。

1．定义内联样式表

HTML 标签直接使用 style 属性，称为内联样式（Inline Style）。它适用于只需要简单地将一些样式应用于某个独立的元素的情况。下面通过一个示例来演示内联样式的用法：

```
<body style="background-image:url
    ("top.jpg");background-position:
    left">
  <h3 style="color:black">使用 CSS 内联样式</h3>
</body>
```

2．定义内部样式表

内部样式表指将 CSS 样式表直接在 HTML 页面代码的<head>标签区中定义，样式表由“<style type="text/css" >”标签开始至“</style>”结束。代码如下：

```
<html>
<head>
<style type="text/css">
td{font:9pt;color:red}
.font105{font:10.5pt;color:blue}
</style>
</head>
<body>
...
```

```
</body>
</html>
```

3. 嵌入外链样式表

外链样式表指先在外部定义 CSS 样式表并形成以.css 为扩展名的文件，然后在页面中通过<link>链接标签链接到页面中，而且该链接语句必须放在页面的<head>标签区中。

语法格式如下：

```
<link rel="stylesheet" type="text/
    css" href="skin.css" />
```

<link>标签的属性 rel 指定链接到样式表，type 表示样式表类型为 CSS 样式表，href 指定 CSS 样式表所在位置，这里使用的是相对路径。如果 HTML 文档与 CSS 样式表没有在同一路径下，则需要指定样式表的绝对路径或者引用位置。

4. 导入外部样式表

导入样式指使用 CSS 的@import 命令将一个外部样式文件输入到另一个样式文件中，被输入的样式文件中的样式规则定义语句就成了输入到的样式文件中的一部分。导入样式的使用示例如下：

```
<html>
<head>
<style type="text/css">
@import url(/css/style.css);
</style>
<body>
...
</body>
</html>
```

上述介绍的 4 种引用 CSS 样式表的方法可以混合使用，但根据优先权原则，方法中引入的样式表的样式应用也不同。样式表的作用优先顺序遵循以下原则。

（1）内联样式中所定义样式的优先级最高。

（2）其他样式按其在 HTML 文件中出现或者被引用的顺序，遵循就近原则，靠近文本越近的优先级越高。

（3）选择符的作用优先顺序为上下文选择符、类选择符、ID 选择符，优先级依次降低。

（4）未在任何文件中定义的样式，将遵循浏览器的默认样式。

以上内容仅仅介绍了 CSS 的基本语法，通过这些基本语法只能创建一个 CSS 规则，并没有具体内容。要想设置更详细的样式属性，需要了解 CSS 的基本属性。这些属性主要包括八大类别，即字体属性、文本属性、颜色和背景属性、容器属性、列表属性、鼠标属性、定位和显示、CSS 滤镜，每个类别又包含很多可以设置样式的属性值。对于这些属性值在此不再详细介绍，用户可以查阅相关手册。

1.4.2.3 页面布局及排版

DIV+CSS 经常用于页面布局及排版。要想了解页面布局及排版技术，需要首先了解盒子模型。CSS 将 HTML 页面中的每个标记看成一个矩形盒子，在页面上占据一定的空间，而 HTML 页面就是由很多这样的盒子组成的，并且盒子之间还会互相影响。因此，掌握盒子模型需要从两方面来理解：一是一个独立的盒子的内部结构；二是多个盒子之间的相互关系。

在 CSS 中，一个独立的盒子模型由 content（内容）、border（边框）、padding（内边距）和 margin（外边距）这 4 个属性组成，如图 1-5 所示。

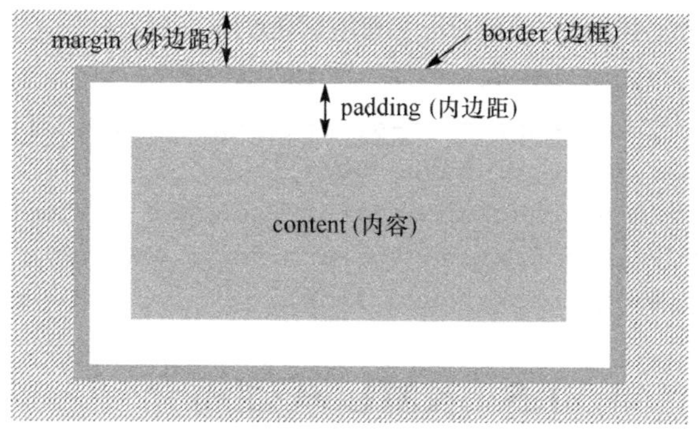

图 1-5　盒子模型

这些属性可以结合日常生活中的盒子来理解，日常生活中所见的盒子也就是能装东西的一种箱子，也具有这些属性，所以叫它盒子模型。content 就是盒子里装的东西，与现实生活中盒子不同的是，现实生活中的东西一般不能大于盒子，否则盒子会被撑坏；而 CSS 盒子具有弹性，若里面的 content 过大，盒子本身最多被撑大，但不会被撑坏。padding 是为防止盒子被里面装的东西撑坏而添加的泡沫塑料或者其他抗震的辅料；border 就是盒子本身了；margin 则说明盒子摆放时不能全部堆在一起，要留一定空隙保持通风，同时也为了方便取出。

如果通过以上所述内容，还不能很好地理解盒子模型的这 4 个属性，我们还可以将盒子模型比成展览馆里展出的一幅幅画，content 就是画本身，padding 就是画与画框之间的空白，border 就是画框，而 margin 就是画与画之间的距离，如图 1-6 所示。

图 1-6　盒子模型举例

一个盒子的实际宽度（或高度）由 content（高度或宽度）+padding（两边）+border（两边）组成。

在 CSS 中，通过 width 和 height 属性设定盒子内容的宽度与高度，通过 border、padding 和 margin 分别设置盒子的边框、内边距、外边距。border、padding、margin 在上、下、左、右 4 个方向上都有对应的属性，可单独设定样式。

margin（外边距）(margin-top、margin-right、margin-bottom、margin-left)：外边距顺序依次是上、右、下、左。

例如：{margin:2em 4em}、{margin-left:-200px}。

padding（内边距）(padding-top、padding-right、padding-bottom、padding-left)：内边距指文本边框与文本之间的距离，顺序依次是上、右、下、左。

例如：{ padding:20px 40px}、{ padding-left:100px}。

【例 1-3】 实现上、中、下布局。

```
body { font-family:Verdana; font-size:14px; margin:0;}
#container {margin:0 auto; width:900px;}
#header { height:100px; background:#6cf; margin-bottom:5px;}
#mainContent { height:500px; background:#cff; margin-bottom:5px;}
#footer { height:60px; background:#6cf;}
```

1.5　XML 基础简介

1.5.1　XML 概述

传统的 Web 技术 HTML 的可扩展性、结构化和灵活性已经不能满足应用需要，并已经影响到互联网应用的进一步发展。1998 年 2 月，W3C 提出了 XML（Extensible Markup Language，可扩展的标记语言）技术的第一个规范 XML1.0，目标是创建一种标记语言，以便在 Web 上能以现有的超文本标记语言（HTML）的使用方式接受和处理通用的标准通用标记语言（Standard Generalized Markup Language，SGML），用来彻底解决在互联网应用中存在的跨平台、跨语种的信息交互问题。XML 技术源自 SGML，它既具备 SGML 的核心特征，又有 HTML 的简单性。XML 提供了一套跨平台、跨网络、跨程序语言的数据描述方式，它是随着人们对信息传输要求的不断提高而产生的一种新技术。目前，XML 技术已经开始在 Web、新型数据库系统中广泛应用，在计算机网络应用、网络编程、跨平台编程、移动互联网、物联网技术中发挥越来越重要的作用。

XML 有如下主要特点。

1．可重用性

XML 被设计用来描述数据，其焦点是数据的内容，这与 HTML 有很大的区别。HTML 把数据和其显示格式捆绑在一起，不能够很好地描述数据的结构；而 XML 的标记和表现形式并没有任何必然的关联。表现 XML 形式的职责，通常并不在 XML 文档上面。由于 XML 文档本身不受表现形式的羁缚，只要对 XML 文档做适当的转换，就可以将其变成不同的形式，如网页、PDF 文档、Word 文档等，达到“一次编写，多处使用”的目的，提高了内容的可重用性。

2．可扩展性

XML 有很强的扩展性，它允许自定义标记。用户可以根据自己的需要制定出一套适用于自身的标记，并利用这些标记来描述自己领域的信息。通常，修改一个数据库的结构非常不容易。但是，更改 XML 文档的结构定义却非常简单。

3．实现数据的分布式处理

XML 可以在 Internet 上自由传送。客户可以通过应用软件从 XML 文档中提取数据，进而对它进行编辑和处理，这种情况下的数据处理可以在客户端完成；而原来的 HTML 的修改都必须在服务器端进行，对于 HTML 的修改导致整个页面的数据的全部重新传输。

4．数据处理

XML 是以文本形式来描述的一种文件格式。使用标记描述数据，可以具体指出开始元素和结束元素，在开始元素结束元素之间是要表现的元素数据。这种用元素表现数据的方法可以嵌套，因而可以表现层状或树状的数据集合。XML 作为数据库，既具有关系型数据库（二维表）的特点，也具有层状数据库（分层树状）的特点，能够更好地反映现实中的数据结构。XML 还可以很方便地与数据库中的表进行相互转换。

因为 XML 具有诸多的优良特性，并且使用方便，受到了很多人的欢迎，所以学习 XML 是非常必要的。

1.5.2　XML 语法

一个完整的 XML 文档由如下部分构成：声明、元素、属性、注释、文本、处理指令、DOCTYPE、实体和 CDATA。下面这个例子是一个完整的 XML 实例。

【例 1-4】　XML 实例。

代码如下：

```
<?xml version="1.0" encoding="UTF-8" standalone="no"?>
<?xml-stylesheet type="text/xsl" href="student.xsl"?>
<!DOCTYPE roster SYSTEM "stu.dtd">
<!--此处为注释信息-->
<rooter>
    <student ID="n101">
        <name>李华</name>
        <sex>男</sex>
        <birthday>1978.9.12</birthday>
        <score>92</score>
        <skill>此学生爱好编程，以下是他编的代码
        <![CDATA[
        <script>
            function f1(a,b) {
                if (name="cai" && a < 0)
                { return 1}
                 else
                { return 0 }
            }
        </script>
        ]]></skill>
        <skill>Visual Basic  &amp;  C#</skill>
```

```
    </student>
</rooter>
```

在 XML 文档的组成部分中，声明、元素、属性、注释是最基础的组成部分。下面对这几个部分进行介绍。

1. XML 声明

根据 XML 语法规定，每个 XML 文档的第一行必须以文档的声明语句开头，XML 声明以“<?xml”标识开始、以“?>”标识结束。以下是 XML 声明的具体语法格式：

<?xml version="1.0|1.1"[encoding="编码方式"] [standalone="yes|no"]?>

属性说明：

（1）version：必须包含该属性，指明以下文档遵循哪个版本的 XML 规范。该属性必须放在其他属性之前，属性的合法值为 1.0 或 1.1。

（2）encoding：该属性可以被省略，指明文档中要采用的字符编码方式。当省略该属性时，属性的默认值为 utf-8。

（3）standalone：该属性可以被省略，指定该 XML 文档是否和一个外部文档配套使用。该属性为 yes，说明当前 XML 文档是一个独立的 XML 文档，与外部文件无关联。否则相反。当省略该属性时，属性的默认值为 yes。

2. XML 元素

XML 元素与 HTML 元素一样，不同的是 HTML 元素由 HTML 规范规定，XML 元素由用户自己规定。在 XML 中，元素分为开始元素和结束元素。开始元素由小于符号“<”和大于符号“>”把元素名括起来。结束元素是在开始元素的小于符号“<”后紧跟符号“/”。如上例中的<name>是开始元素，它们的结束元素是</name>。在开始元素和结束元素中包含的任意字符串称为元素值。除包含元素值外，开始元素和结束元素还可以包含下一级子元素。例如在上例中，<name>李华</name>定义了一个学生姓名的元素，元素值是“李华”。<student>…</ student >包含的就是多个下一级子元素。

XML 元素命名规则如下：

元素名可以由英文字母（a~z，A~Z）、中文字符、数字（0~9），下画线（_），句点字符（.）及短横线（-）组成。在默认字符编码的情况下，元素名必须以英文字母（a~z，A~Z）或下画线（_）开头；在支持中文字符编码的情况下，元素名可以以中文或下画线（_）开头。在指定其他编码字符集后，可使用该字符集中合法字符。元素名中不能有空格。元素名的英文字符区分大小写。

XML 元素分为空元素和非空元素两种。

1）空元素

空元素不包含任何内容，所以空元素不需要开始元素和结束元素，空元素以“<”标识开始，以“/>”标识结束。

```
<张三  age="24"  sex="男"  />
 <张三 />
```

2）非空元素

非空元素必须由“开始元素”与“结束元素”组成，“开始元素”与“结束元素”之间是该元素所包含的内容。

```
    <age>24</age>
     <name>
        张三
     </name>
```

另外，XML 文件必须有且仅有一个根元素，其他元素都必须封装在根元素中。XML 文件的元素必须形成树状结构。

```
<root>
     <性别>
         男
    </性别>
    <出生日期>
         2000年12月6日
     </出生日期>
</root>
```

3．XML 属性

XML 属性指元素的属性，是依附于元素而存在的，属性可以为元素添加附加信息，其定义语法格式如下：

1）非空元素定义属性的语法

```
<开始元素 属性名1="属性值1"...>数据内容</结束元素>
```

2）空元素定义属性的语法

```
<开始元素 属性名1="属性值1"...> </结束元素>
```

或者

```
<开始元素 属性名1="属性值1".../>
```

另外需要注意：可以为一个元素定义多个属性，各个属性之间需要用空格分开。每个属性以属性名和属性值的形式成对出现，中间用等号“=”相连。

属性名称和元素名称的命名规则相同，可以由字母、数字、下画线（“_”）、点（“.”）或连字符（“-”）组成，但必须以字母或下画线开头。属性值是一个用单引号或双引号括起来的字符串，如果属性值中需要包含特殊字符（“<”、“>”、“&”、“'”和“"”），则必须使用字符引用或实体引用。

4．XML 注释

与其他程序设计语言一样，XML 文档中也可以使用注释。系统在解析注释的时候，不把它当作可解析数据处理，并默认其正确性。

在 XML 文档中，注释可以出现在文档中其他标记之外的任何位置。另外，它们还可以在文档类型声明中语法（grammar）允许的地方出现。以“<!--”开始，以“-->”结束，注释的语法格式如下：

```
<!--注释文字-->
```

说明：

（1）注释不能出现在 XML 声明之前，XML 声明必须是文档最前面的部分。

（2）注释不能出现在标记中。

（3）注释可以包围和隐藏标记，但要注意的是，在增加注释之后，要保证剩余的文本仍然是一个结构完整的 XML 文档。

（4）当将注释部分去掉的时候，要保证文档结构仍然是完整的。

（5）字符串“--”（双连字符）不能在注释中出现。

1.5.3 DTD 约束

1. DTD 概念

DTD 是文档类型定义的英文缩写，包含在文档类型声明中，它定义了某种文档类型的所有规则。简单来说，DTD 的作用是定义允许哪些或者不允许哪些内容在文档中出现。在 DTD 中，用户可以控制文档类型的所有元素、属性及实体等格式。如果一个 XML 文档的语法符合 DTD 的规定，那么它就是一个合法有效的 XML 文档。

下面来看一个 DTD 实例。

【例 1-5】 DTD 实例。

```
<?xml version="1.0" encoding="UTF-8"?>
<!ELEMENT struts ((package|include|bean|constant)*, unknown-handler-stack?)>
<!ELEMENT package (result-types?, interceptors?, default-interceptor-ref?, default-action-ref?, default-class-ref?, global-results?, global-exception-mappings?, action*)>
<!ATTLIST package
    name CDATA #REQUIRED
    extends CDATA #IMPLIED
    namespace CDATA #IMPLIED
    abstract CDATA #IMPLIED
    externalReferenceResolver NMTOKEN #IMPLIED>
<!ELEMENT result-types (result-type+)>
<!ELEMENT result-type (param*)>
<!ATTLIST result-type
    name CDATA #REQUIRED
    class CDATA #REQUIRED
    default (true|false) "false">
```

该 DTD 实例是 struts2 框架的 DTD 规范，在编写 struts2 的核心配置文件 struts.xml 时，必须遵循该 DTD 规范进行编写，否则所编写的 struts.xml 文档就不是一个合法有效的 XML 文档。

2. DTD 引入方式

一个 DTD 既可以在 XML 文档中直接定义，也可以独立定义在一个 DTD 文档中，用于被其他的 XML 文档调用。前者称为内部 DTD，后者称为外部 DTD，下面分别进行介绍

1）内部 DTD

内部 DTD 是使用 DTD 的最简单的方式，内部 DTD 是指将语义约束与 XML 文档的内容放在同一个 XML 文档中。紧跟在 XML 声明和处理指令之后，以<!DOCTYPE[开始，以]>结束。

语法格式如下：

```
<!DOCTYPE 根元素名称 [
    元素描述
]>
```

2）外部 DTD

外部 DTD 的引用必须先有一个 dtd 文件，将 DTD 的约束写到文件中，然后在 XML 文档中按以下语法格式添加：

```
<!DOCTYPE （根元素名称） SYSTEM "外部 DTD 的 URL 地址">
```

SYSTEM 关键字表示文档使用的是私有 DTD 文件，“外部 DTD 的 URL 地址”可以是相对 URL 或者绝对 URL，相对 URL 是相对于文档类型声明所在文档的位置。“外部 DTD 的 URL 地址”这部分也被称为系统标识符（system identifier）。

3. DTD 基本结构

DTD 一般由元素声明、属性声明、实体声明等构成，但一个 DTD 文件并非都要用到这些内容。下面重点对元素声明和属性声明进行介绍。

1）元素声明

DTD 中的元素类型主要包括以下几类。

（1）字符串类型元素：即#PCDATA，表示该元素的内容只能是字符串。此类元素定义的语法格式如下：

```
<!ELEMENT 元素名 (#PCDATA)>
```

（2）空元素：EMPTY，表示该元素只能是空元素。此类元素定义的语法格式如下：

```
<!ELEMENT 元素名 EMPTY>
```

（3）包含子元素：表示该元素内部嵌套其他元素，具体包含子元素可能有有序子元素、无序互斥子元素、无序组合子元素。子元素出现的次数也会根据实际的定义而不同。

① 有序子元素定义的语法格式如下：

```
<!ELEMENT 元素名 (子元素 1,子元素 2,...)>
```

子元素之间用逗号分隔，表示子元素的出现顺序必须与声明时一致，并且不能被省略。

② 无序互斥子元素定义的语法格式如下：

```
<!ELEMENT  元素名  (子元素 1|子元素 2|...)>
```

可供选择的各个子元素之间必须用“|”符号分隔，并只能在子元素列表中选择其一作为它的子元素。

③ 无序组合子元素。

在 DTD 中定义枝干元素时，如果该元素中的某个或某些子元素需要重复出现或不出现，可以使用特殊符号表示该元素子元素出现的次数，以此达到对子元素次数的控制。表示子元素出现次数的特殊符号如表 1-9 所示。

表 1-9　表示子元素出现次数的特殊符号

声明符号	表示含义
无符号	子元素只能出现一次
?	子元素只能出现 0 次或 1 次
+	子元素至少出现 1 次或多次
*	子元素可以出现任意次

例如：

```
<!ELEMENT 元素名 (子元素1*,子元素2? 子元素3)>
```

（4）任意类型：即 ANY，表示该标记对于元素内容没有限制。该标记的内容既可以是字符串类型，也可以包含子元素；既可以包含字符串又可以包含子元素的混合类型。该标记也可以是空元素。ANY 类型很有用，但 ANY 类型产生了不确定性，这一点恰恰是 XML 规范努力避免的，因此在实际 XML 应用中，我们应该尽量避免使用产生这种不确定性定义的方式。此类元素定义的语法格式如下：

```
<!ELEMENT 元素名 ANY>
```

（5）混合类型：内容中既包括字符串类型又包括子元素，但混合类型在实际应用中不建议使用。

2）属性声明

属性是在 XML 文档元素中经常使用的，与元素值一同来描述元素的特性。在 DTD 中，属性声明规定了属性的名字、数据类型和默认值，它们与一个给定的元素相联系；还规定了属性是可选择的还是必需的、是否具有默认值等。属性和元素的关系是隶属关系，属性隶属于元素。因此，在书写属性实例时，把属性写在元素标签“>”之前，不能把属性写在开始标签和空元素标签之外。

在一条语句中为某个元素定义多个属性，其语法如下：

```
<! ATTLIST 元素名  属性名1  属性值1类型 属性1附加声明
                   属性名2  属性值2类型 属性2附加声明
                   ...    >
```

对属性的类型和属性的附加声明做如下说明。

（1）属性的类型如表 1-10 所示。

表 1-10　属性的类型

属性类型	含义
CDATA	可解析的文本数据
Enumerated	枚举列表中的一个值
ENTITY	文档中的一个实体
ENTITIES	文档中的一个实体列表
ID	文档中唯一的取值

续表

属性类型	含义
IDREF	文档中某个元素 ID 属性值
IDREFS	文档中若干个元素的 ID 属性值
NMTOKEN	合法的 XML 名称
NMTOKENS	合法的 XML 名称的列表
NOTATION	DTD 中声明的记号名

（2）属性的附加声明如表 1-11 所示。

表 1-11　属性的附加声明

附加声明	含义
只有默认值	如果元素中不包含该属性，解析器将默认值作为属性值。否则，该属性可以有其他值
#REQUIRED	元素的每个实例都必须包含该属性
#IMPLIED	元素的每个实例可以选择是否包含该属性
#FIXED	元素的属性取值不能更改，只能为设定好的默认值，如果元素的实例中不包含该属性，系统自动将该默认值作为元素的属性值

1.5.4　Schema 约束

1. 命名空间

1）命名空间概念

XML 命名空间是 XML 解决元素多义性和名字冲突问题的方案，在下面代码中就存在元素名称冲突的情况。

```
<?xml version="1.0" encoding="UTF-8"?>
<book>
<uname>XML 技术及应用</uname>
<author>
<uname>张三</uname>
<age>34</age>
</author>
</book>
```

在 XML 文档中，命名空间采用一种独特的方式来表示元素或属性所处于的空间，这个独特的标识符需要在元素或属性名前使用，并且必须保证该标识符在 XML 文档中是唯一的。将不同的标识符对元素或属性进行划分，使得具有相同名称的元素设置在不同的空间中，就不会引起命名冲突和混淆了。

2）命名空间的语法

命名空间一般用属性 xmlns 来声明，声明的语法如下：

```
<元素名 xmlns: prefix ="URL">
```

（1）元素名：用户要在其中定义命名空间的某个元素标记的名称。

（2）xmlns：命名空间属性名，是声明命名空间必需的属性。

（3）prefix：命名空间的前缀，它的值不能为 XML。在引用此命名空间中的名称时，需要在名称前加“prefix: ”。

（4）URI：统一资源标识符（Uniform Resource Identifier），是一个标识网络资源的字符串。最普通的 URI 应该是统一资源定位符（Uniform Resource Locator，URL），URL 用于标识网络主机的地址。另一个不常用的 URI 是通用资源名字（Universal Resource Name，URN），这是一个相对固定的地址。

命名空间声明主要包括以下两种形式。

（1）没有前缀限定的命名空间。

```
<?xml version="1.0" encoding="UTF-8"?>
<root xmlns="http://www.dlut.edu.cn/xml/nonamespace">
    <sub>abc</sub>
</root>
```

（2）有前缀限定的命名空间。

```
<?xml version="1.0" encoding="UTF-8"?>
<dlut:root xmlns:dlut="http://www.dlut.edu.cn/xml/nonamespace">
    <dlut:sub>abc</dlut:sub>
</dlut:root>
```

命名空间能够作用于声明该命名空间的元素及其子元素中，除非被子元素中其他同别名的命名空间所覆盖。但并不表示作用域内的元素属于该命名空间。

2. Schema 概述

XML Schema 是 W3C 开发的一种新的约束 XML 文件的模式，是一种特殊的 XML 文件，遵循 XML 的语法规则。DTD 具有自己的语法，懂得 XML 的语法规则即可编写 Schema，不需要学习其他语法规则。

XML Schema 可以弥补 DTD 的不足。例如，DTD 的数据类型有限，当声明一个标记的内容为文本数据时，声明为“#PCDATA”，却不能限制文本的具体类型（如整型、浮点型等）。XML Schema 则可以具体定义数据的具体类型，XML Schema 不但提供了丰富的数据类型，还允许用户自定义类型。

3. Schema 文档结构及其引用方式

XML Schema 是基于 XML 编写的，保存文件的扩展名为.xsd，文档基本结构如下：

```
<?xml version="1.0" encoding="UTF-8"?>
<xs:schema xmlns:xs="http://www.w3.org/2001/XMLSchema">
    <!--XMLSchema 文档中元素及属性的定义-->
</xs:schema>
```

当 XML 引入 XML Schema 时，根据 XML 文档的元素是否属于某个特定命名空间的，可以按照如下两种方式引入。

1）使用命名空间引入 XML Schema 文档

通过属性 xsi:schemaLocation 来声明命名空间的文档，xsi:schemaLocation 属性是在标准命名空间“http://www.w3.org/2001/XMLSchema-instance”中定义的。

```
<根元素名称 [xmlns:命名空间别名="命名空间 URI" ]+ xmlns:xsi="http://www.w3.org/2
001/XMLSchema-instance"
xsi:schemaLocation="[命名空间 URI  Schema 文件路径]+">
```

xsi:schemaLocation="[命名空间 URI　Schema 文件路径]+"：该属性值比较灵活，可以同时引入多个 Schema 文件。每个 Schema 的引入都需要一个命名空间 URI 和 Schema 文件路径，命名空间 URI 和 Schema 文件路径中间使用空格分隔。

2）不使用命名空间引入 XML Schema 文档

通过 xsi:noNamespaceSchemaLocation 属性直接指定，noNamespaceSchemaLocation 属性是在标准命名空间“http://www.w3.org/2001/XMLSchema-instance”中定义的。

具体语法如下：

```
<根元素名称 xmlns:xsi="http://www.w3.org/2001/XMLSchema-instance" xsi:noName
spaceSchemaLocation="XML Schema">
```

xsi:noNamespaceSchemaLocation：属性值为一个 Schema 文件的 URI。该属性值只能是一个 Schema 文件 URI，即只能使用一个 Schema 文件。

4. Schema 语法简介

1）简单类型

XML Schema 可以定义 XML 文件的元素，定义的类型可以分为两种：简单类型、复杂类型。简单类型指那些只包含文本的元素，不包含任何其他的元素或属性。这里的“只包含文本”中的“文本”有很多类型，既可以是 XML Schema 定义中的布尔、字符串、数据等类型，也可以是自定义的类型。简单类型定义语法如下：

```
<xsd:element name="元素名" type="数据类型"/>
或者：
<xsd:attribute name="属性名" type="数据类型"/>
```

2）复杂类型

复杂类型是指包含其他元素或属性的 XML 元素。一般来说，复杂元素有 4 种：空元素、包含子元素的元素、仅包含文本的元素、包含子元素和文本的元素。这些元素都可以包含属性。

定义语法如下：

```
<complexType name="类型名" id=ID mixed=boolean>
    <annotation | simpleContent | complexContent | group| all | choice | sequ
ence | attribute | attributeGroup |anyAttribute>
</ complexType>
```

注意：元素可以有简单或复杂数据类型，属性只能有简单数据类型。

3）元素声明

元素是 XML 文档的基本组成部分，它用来存放和组织数据。在 XMLSchema 中使用 <xs:element>声明元素名称，其语法如下：

```
<xs:element name="元素名">
```

```
<!--简单类型或复杂类型声明-->
...
    </xs:element>
```

4）属性声明

简单类型元素无法拥有属性，假如某个元素拥有属性，它就会被当作某种复杂类型，但属性本身总是作为简单类型使用的。定义属性的语法格式如下：

```
<xs:attribute name="属性名"
        [type="xs:数据类型"]
        [use="使用方法"]
        [default="默认值"] |[ fixed="固定值"]/>
```

1.6 搭建 JSP 的运行环境

1.6.1 JDK 的安装与配置

JSP 程序中的脚本语言是 Java 语言，Java 程序是运行在 Java 的虚拟机即 JVM 上的，所以 JSP 程序的开发首先需要搭建 Java 开发环境。搭建 Java 开发环境主要包括如下步骤：下载并安装 JDK（Java Develop Kit，Java 开发工具包）及配置环境变量。下面分别进行详细介绍。

安装 JDK 及配置环境变量

在 Windows 下安装 JDK 与安装其他程序的步骤基本相同，选择默认项直到单击“下一步”按钮，还需要进行系统环境变量的配置。

所谓环境变量，就是在操作系统中一个具有特定名字的对象，它包含了一个或多个应用程序将使用到的信息。如果安装好 JDK 之后，不配置 Java 的环境变量，那么在 DOS 命令行环境下就找不到 Java 的编译程序和 Java 的运行程序，也就不能在 DOS 环境下进行 Java 编译与运行程序了。与 JDK 或 JRE 的使用有关的是 path、classpath 两个环境变量。Path 环境变量中存储的是 JDK 命令文件的路径，path 环境变量用来告诉操作系统到哪里去查找某个命令，只有设置好 path 环境变量，才能正常地编译和运行 Java 程序。classpath 环境变量表示的是“类”路径，classpath 环境变量中存储的是 JDK 的类文件的路径，classpath 环境变量用来告诉 Java 执行环境，在哪些目录下可以找到执行 Java 程序所需要的类或包，在这些包中包含了常用的 Java 方法和常量。path 环境变量的值是 JDK 命令文件的路径，它的值应该设置成：“C:\Program Files (x86)\Java\jdk1.8.0_11\ bin;”。classpath 环境变量的值是 JDK 类文件的路径，它的值应该设置成：“.;C:\Program Files (x86)\Java\jdk1.8.0_11\lib;”。注意，C:\Program Files (x86)是根路径，用户可以根据自己 JDK 的安装位置，调整 C:\Program Files (x86)的值。下面分别对这两个环境变量进行设置。

在“环境变量”设置窗口（如图 1-7 所示）中，单击“新建”按钮，添加一个名字是 path 的环境变量，该变量的值是：“C:\Program Files (x86)\Java\jdk1.8.0_11\bin;”，如图 1-8 所示。

输入完成后，单击“确定”按钮，即可进行保存。path 环境变量就出现在“系统变量”列表中了，如图 1-9 所示。

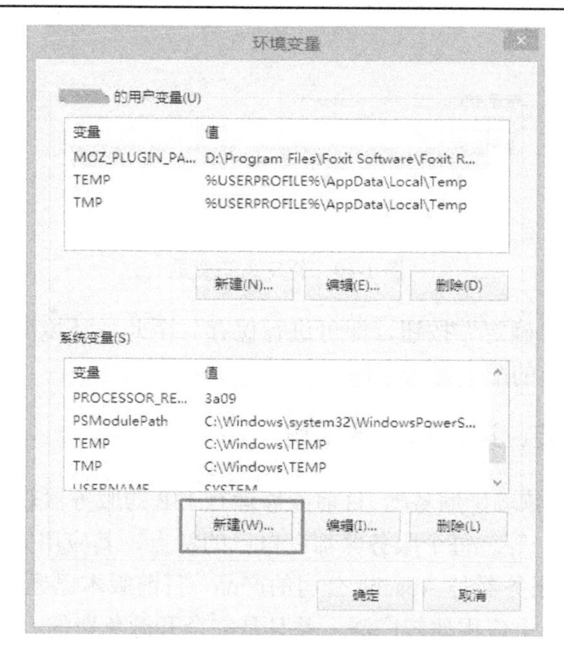

图 1-7　“环境变量”设置窗口

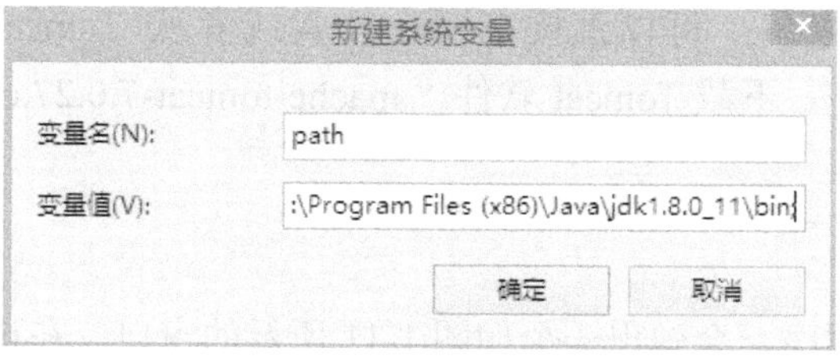

图 1-8　新建系统变量

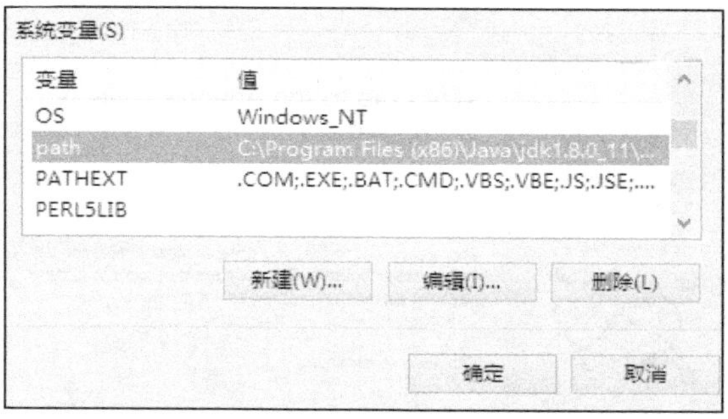

图 1-9　“系统变量”列表

注意：因为安装某些其他软件也需要配置 path 环境变量，可以选中 path 环境变量，单击“编辑”按钮对该变量进行编辑。如果因为其他软件 path 环境变量问题使得 JDK 运行异常，可以将 Java 的 path 环境变量的值放在其他软件 path 环境变量的值的前面，最后以分号结束，这样就能解决这个问题。

然后配置 classpath 环境变量，单击“新建”按钮，添加一个名字是 classpath 的环境变量，该变量的值是：“.;C:\Program Files (x86)\Java\jdk1.8.0_11\lib;”，如图 1-10 所示。

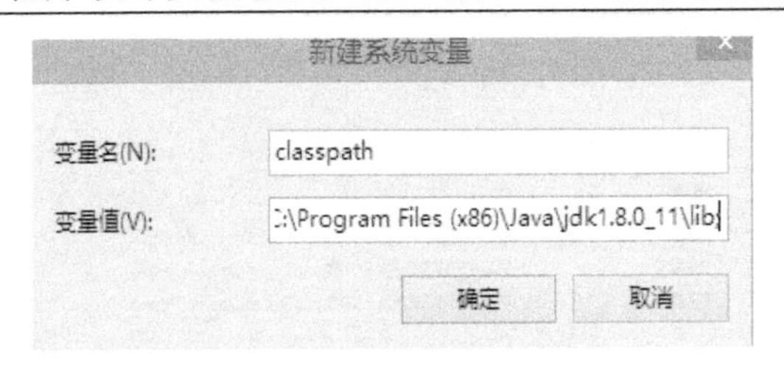

图 1-10 新建系统变量

输入完成后，单击“确定”按钮，即可进行保存。至此，环境变量配置完成，可以编写 Java 程序来测试环境变量的配置是否正确。

1.6.2 Tomcat 的安装、运行与目录结构

JSP 程序的运行必须依赖于服务器。目前能够运行 JSP 的服务器软件有很多，例如 Tomcat、JBoss、Resin、WebLogic 等。每个服务器都有自己的特点，其应用方面也不相同。本书选择 Tomcat 服务器，Tomcat 服务器是 Apache 公司的产品，目前版本已经升级到 9.x。Tomcat 服务器在中、小型的 JSP 网站上应用比较广泛，并且是完全开源免费的。

1. 下载 Tomcat

获取 Tomcat 非常容易，可以直接在网上搜索或者从 Tomcat 官方网站获取。访问“http://tomcat.apache.org/”，下载 Tomcat 软件“apache-tomcat-7.0.27.exe”，下载完毕后，就可以使用 Tomcat 服务器了。

2. 安装 Tomcat

单击下载的可执行程序，会弹出一个如图 1-11 所示的窗口，在该窗口中单击 Next 按钮，会弹出如图 1-12 所示的窗口。

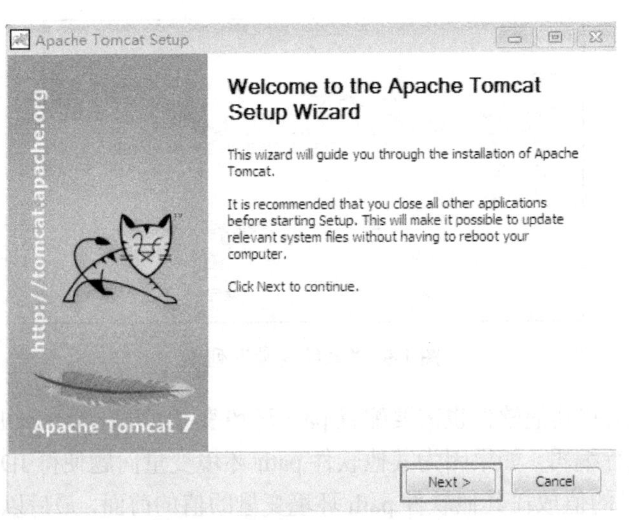

图 1-11 Tomcat 安装启动窗口

在如图 1-12 所示的窗口中单击 I Agree 按钮，进入安装选项窗口，如图 1-13 所示。在该窗口中需要对相关的插件进行选择，在这里把所有的插件全部选中，即选择 Full 选项，选择

好后单击 Next 按钮，会显示如图 1-14 所示的窗口。

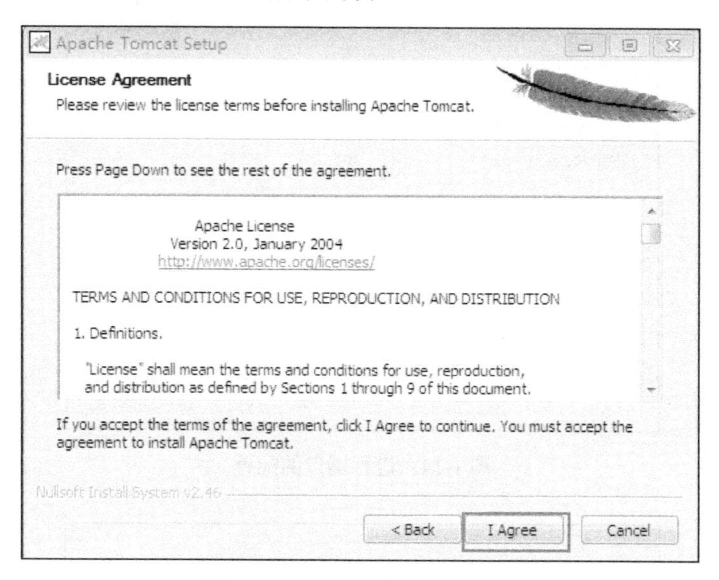

图 1-12　Tomcat 安装显示窗口

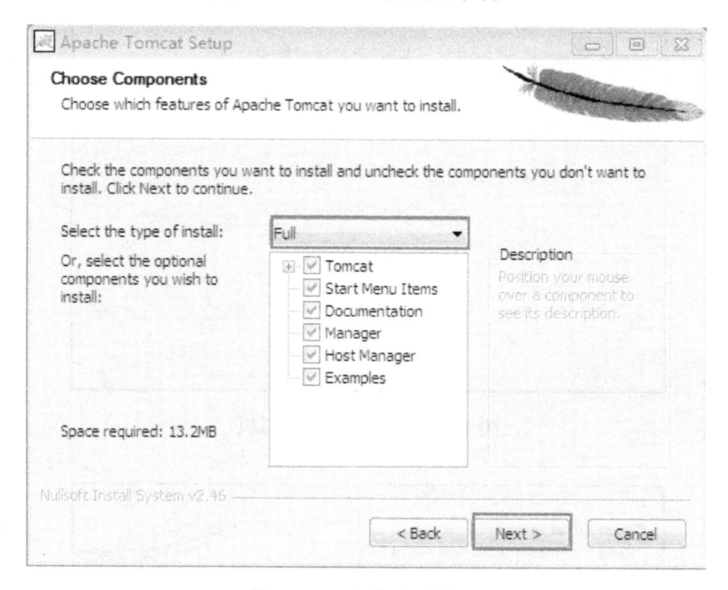

图 1-13　安装选项窗口

在如图 1-14 所示的窗口中，主要进行端口的配置，即配置所编写的 JSP 程序在哪个端口运行，这里 Tomcat 默认的是操作系统的 8080 端口。单击 Next 按钮，会进入下一个窗口（如图 1-15 所示）。

在如图 1-15 所示的窗口中，要选择 Tomcat 服务器在运行时使用哪个开发工具包编译和解释执行 JSP 文件。JSP 文件实质上是一个 Java 文件，是由 Java 中的 Servlet 包产生的。在这里要选择的是 jre1.8.0 文件夹。

单击 Next 按钮，进入如图 1-16 所示的窗口。

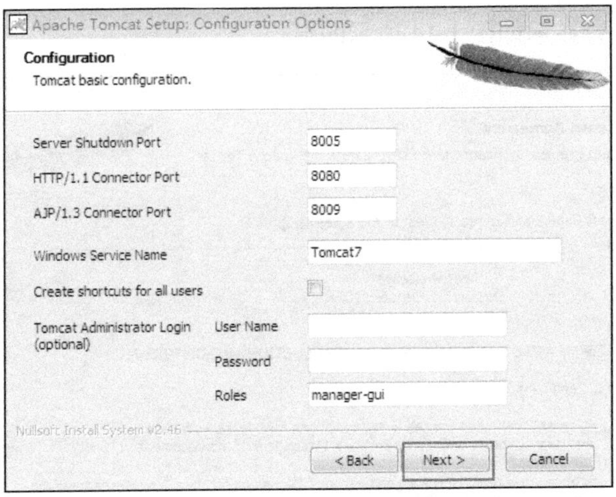

Apache Tomcat Setup: Configuration Options
Configuration
Tomcat basic configuration.
Server Shutdown Port 8005
HTTP/1.1 Connector Port 8080
AJP/1.3 Connector Port 8009
Windows Service Name Tomcat7
Create shortcuts for all users
Tomcat Administrator Login (optional) User Name
Password
Roles manager-gui
Nullsoft Install System v2.46
< Back Next > Cancel

图 1-14 进行端口的配置

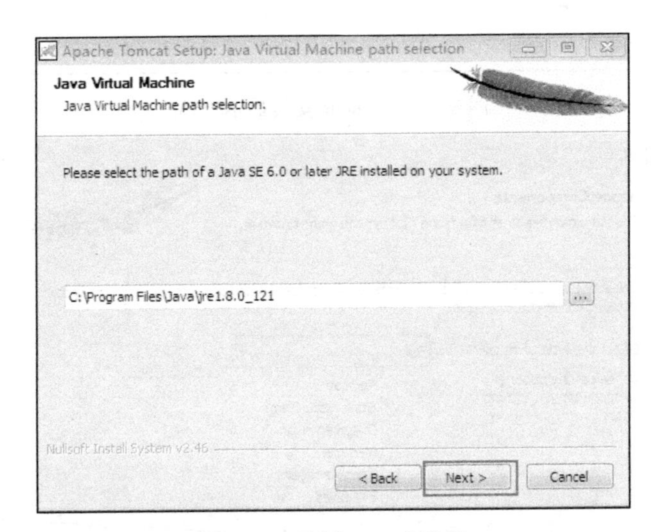

图 1-15 选择 Java 虚拟机

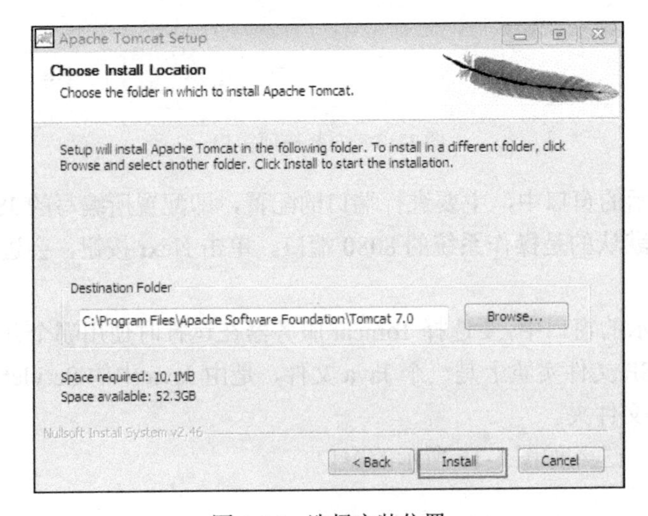

图 1-16 选择安装位置

在该窗口中选择安装路径，选择好后，单击 Install 按钮，程序会自动完成安装。安装完成后，会弹出一个如图 1-17 所示的窗口。

图 1-17　安装成功

在如图 1-17 所示的窗口中选择要运行的软件，如可以直接运行该 Tomcat 服务器或打开 Tomcat 的使用说明书。在这里选择这两项，Tomcat 服务器运行后，会在右下角的状态栏中出现一个图标，绿色表示正常启动，可以使用，红色表示不可以使用。到此为止，Tomcat 已经完成安装了，检验是否安装成功，打开 IE 浏览器，在地址栏中输入“http://localhost:8080/”，单击“转到”按钮，会弹出一个如图 1-18 所示的窗口，这时就表明服务器已经正确安装了。

图 1-18　Tomcat 服务器主页运行窗口

Tomcat 安装完成后，其目录结构的详细介绍如下。

（1）bin 存放在 Windows 平台及 Linux 平台上启动和关闭 Tomcat 的脚本文件。

（2）conf 存放 Tomcat 服务器的各种配置文件，其中最重要的文件是 Server.xml。

（3）server 包含 3 个子目录：classes、lib 和 webapps。

（4）server/lib 存放 Tomcat 服务器所需的 Jar 文件。

（5）server/webapps 存放 Tomcat 自带的两个 Web 应用：admin 应用和 manager 应用。

（6）common/lib 存放 Tomcat 服务器及所有 Web 应用都可以访问的 Jar 应用。

（7）share/lib 存放所有 Web 应用都可以访问的 Jar 文件。

（8）logs 存放 Tomcat 的日志文件。

（9）webapps 在发布 Web 应用时，默认情况下把 Web 应用文件存放于此目录下。

（10）work Tomcat 把由 JSP 生成的 Servlet 存放于此目录下。

1.6.3 开发工具的选择

目前比较流行的开发 JSP 程序的工具为 MyEclipse 和 JavaEE 版的 Eclipse，下面分别进行介绍。

1. MyEclipse

MyEclipse 企业级工作平台（MyEclipse Enterprise Workbench，简称 MyEclipse）是对 Eclipse IDE 的扩展，利用它可以在数据库和 J2EE 的开发、发布，以及应用程序服务器的整合方面极大地提高工作效率。它是功能丰富的 J2EE 集成开发环境，包括了完备的编码、调试、测试和发布功能，完整支持 HTML、Struts、JSF、CSS、JavaScript、SQL、Hibernate。

MyEclipse 有两种发行方式。第一种是以集成的方式发行，该发行版本集成了 Eclipse 和 JRE。在安装的过程中不需要网络连接。在下载完集成版的 MyEclipse 后，直接运行安装程序，并按照提示一步步地安装即可。

第二种是 pulse 发行方式。该发行版本的安装程序非常小（6MB 左右），也是一个可执行的安装程序。在运行该安装程序后，会自动从 MyEclipse 的官方网站下载当前版本的 MyEclipse。也就是说，该发行版本的安装文件虽小，但在安装时需要稳定的网络连接。

MyEclipse 虽然功能强大，但它是收费的，因此在使用前需要输入正确的注册码，注册码输入界面如图 1-19 所示。

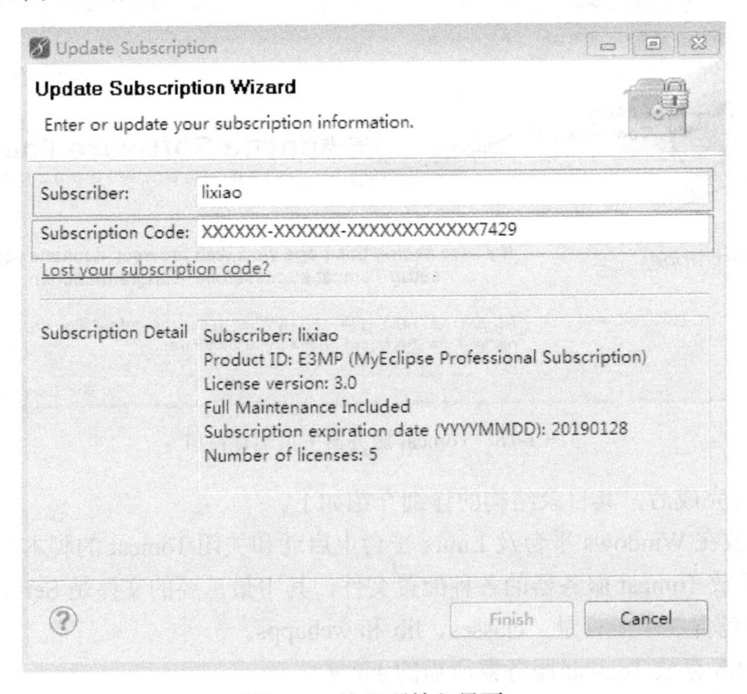

图 1-19　注册码输入界面

在本书中使用 JavaEE 版的 Eclipse，下面对 Eclipse 进行介绍。

2. Eclipse

Eclipse 是一种可扩展的开放源代码 IDE（Integrated Development Environment，集成开发环境）。2001 年 11 月，IBM 公司捐出价值 4000 万美元的源代码组建了 Eclipse 联盟，并由该联盟负责这种工具的后续开发。集成开发环境经常将其应用范围限定在“开发、构建和调试”的周期中。为了帮助集成开发环境克服目前的局限性，业界厂商合作创建了 Eclipse 平台。Eclipse 允许在同一集成开发环境中集成来自不同供应商的工具，并实现了工具之间的互操作性，从而显著改变了项目工作流程，使开发者可以专注在实际的嵌入式目标上。

利用 Eclipse 可以将高级设计（也许是采用 UML）与低级开发工具（如应用调试器等）结合在一起。如果这些互相补充的独立工具采用 Eclipse 扩展点彼此连接，那么当用调试器逐一检查应用时，UML 对话框可以突出显示我们正在关注的器件。事实上，由于 Eclipse 并不了解开发语言，所以无论是 Java 语言调试器、C/C++调试器，还是汇编调试器都是有效的，并可以在相同的框架内同时瞄准不同的进程或节点。

Eclipse 自创建至今，已经有很多版本，如表 1-12 所示。

表 1-12　Eclipse 版本与发布日期

代号	版本	发布日期
IO	Eclipse 3.1	2005 年 6 月 27 日
Callisto	Eclipse 3.2	2006 年 6 月 26 日
Europa	Eclipse 3.3	2007 年 6 月 27 日
Ganymede	Eclipse 3.4	2008 年 6 月 25 日
Galileo	Eclipse 3.5	2009 年 6 月 24 日
Helios	Eclipse 3.6	2010 年 6 月 23 日
Indigo	Eclipse 3.7	2011 年 6 月 22 日
Juno	Eclipse 3.8/4.2	2012 年 6 月 27 日
Kepler	Eclipse 4.3	2013 年 6 月 26 日
Luna	Eclipse 4.4	2014 年 6 月 25 日
Mars	Eclipse 4.5	2015 年 6 月 25 日
Neon	Eclipse 4.6	2016 年 6 月 25 日

自 Eclipse 3.7 Indigo 版的 Eclipse 起都集成了 JavaEE 开发插件，可以进行 Java Web 程序的开发。本书的程序将采用 Indigo 版的 Eclipse 进行开发，在下面的内容中将利用 Eclipse 开发第一个 JSP 程序。

1.7　第一个 JSP 应用

1.7.1　创建 JSP 页面

选择 File→New→Dynamic Web Project，如图 1-20 所示。

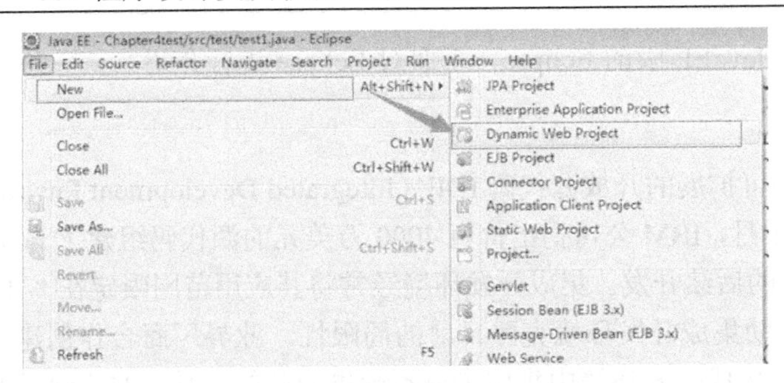

图 1-20 选择动态 Web 工程

单击 Dynamic Web Project 后将会出现如图 1-21 所示的界面，在该界面中输入工程名称 Chapter1_1，单击 Finish 按钮即可。

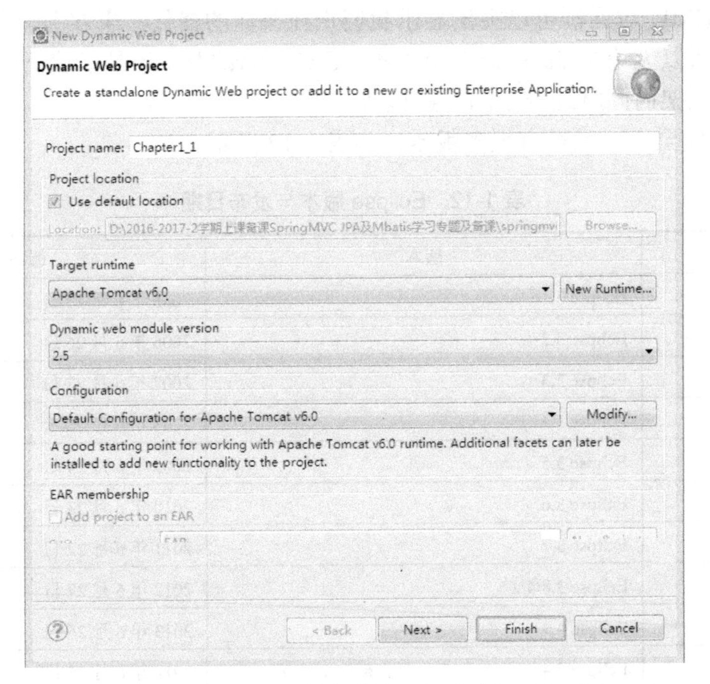

图 1-21 创建动态 Web 工程

建好的动态 Web 工程目录结构如图 1-22 所示。

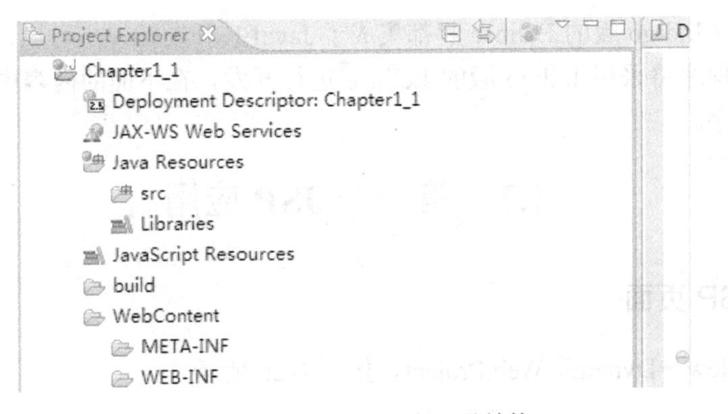

图 1-22 动态 Web 工程目录结构

在动态 Web 工程目录结构中，JavaBean 需要建在 Java Resources 的 src 目录下，Web 元素需要建立在 WebContent 目录下，WebContent 下是要发布到服务器上的内容。其中，META-INF 文件夹下存放的是工程自身相关的一些信息，通常由开发工具自动生成。文件 web.xml：完成 Servlet 在 Web 容器的注册。web.xml 是 Web 应用程序的部署描述文件，是用来给 Web 服务器解析并获取 Web 应用程序相关描述的。若不按照 Sun 公司的规范做应用 Web 程序的结构，则 Web 容器找不到相关资源。例如，.xml 文件写错了，启动 Tomcat 的时候会报错。凡是客户端能访问的资源（*.html,*.jpg），则必须与 WEB-INF 在同一目录下。也就是说，放在 WebContent 根目录下的资源，从客户端是可以通过 URL 地址直接访问的，而不能放在 WEB-INF 下面，因为凡是 WEB-INF 里的文件都不能被客户端直接访问（比如隐藏的信息）。WEB-INF 目录下的资源对用户来说是不可见的，而对 Web 服务器来说则没有这样的限制。

在 WebContent 目录上右击，选择 New→JSP File，创建 JSP 的第一个.jsp 文件，如图 1-23 所示。

图 1-23　创建 helloworld.jsp 文件

单击 Finish 按钮，生成.jsp 文件的程序如下。

【例 1-6】　第一个 JSP 程序。

```
<%@ page language="java"  pageEncoding="ISO-8859-1"%>
<html>
<head>
<title>Insert title here</title>
</head>
<body>
helloworld!
</body>
</html>
```

1.7.2 运行 JSP 程序

因为 JSP 程序的运行依赖 Tomcat 服务器，所以运行 JSP 程序需要首先配置 Tomcat 服务器，配置方法如下。

在 Eclipse 开发环境中的 Servers 窗口中，单击 New Server Wizard，出现如图 1-24 所示的界面。

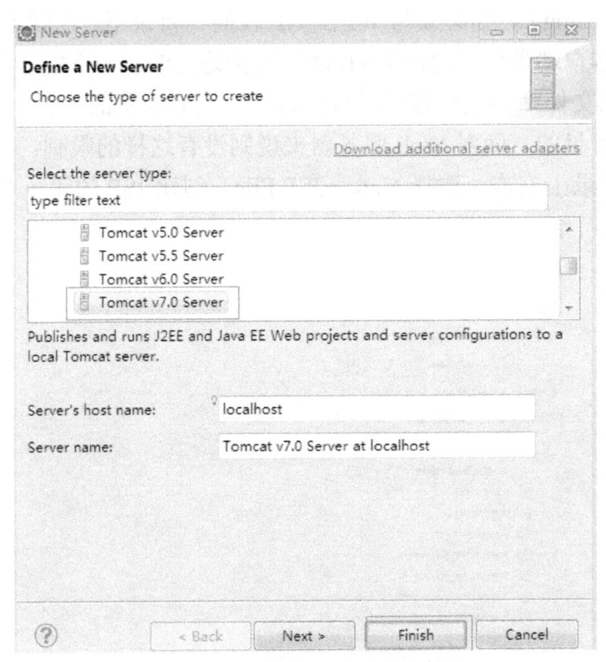

图 1-24 配置 Tomcat 服务器步骤 1

单击 Finish 按钮后出现如图 1-25 所示的界面，在该界面中单击 Browse 按钮后选择 Tomcat 的安装路径。

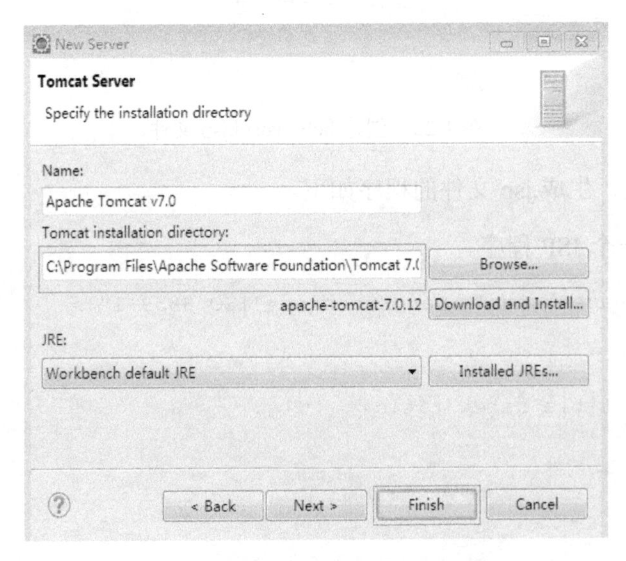

图 1-25 配置 Tomcat 服务器步骤 2

单击 Finish 按钮即可完成 Tomcat 服务器的配置。

配置完成后，在 Servers 窗口中显示如图 1-26 所示的内容。

图 1-26　在 Servers 窗口中显示的内容

在 Servers 窗口中右击 Tomcat v7.0 Server at localhost [Stopped, Republish]，选择 Add and Remove 进入工程部署窗口（如图 1-27 所示）。

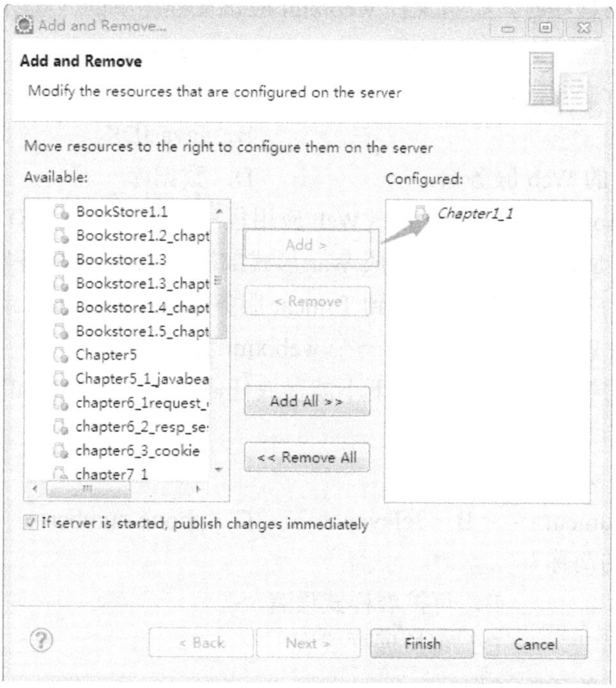

图 1-27　工程部署窗口

将左侧的待运行工程 Chapter1_1 通过单击 Add 按钮添加到右侧，单击 Finish 按钮即可完成部署。

在 Chapter1_1 工程下，选择待运行 JSP 文件 helloworld.jsp，右击该文件，选择 Run as→Run on Server，以 Run on Server 方式运行该文件。

若出现如图 1-28 所示的界面，则表示环境搭建成功。

图 1-28　成功界面

习 题 1

1．如果想在 Tomcat 服务器启动时将 jar 包加载到内存，且该 jar 包可以被 Tomcat 服务器上所有的应用使用，应该将该 jar 包复制到 Tomcat 的（ ）目录下。

A．common B．server C．lib D．server\lib

2．Tomcat 服务器的默认端口为（ ）。

A．8888 B．8001 C．8080 D．80

3．创建 JSP 应用程序时，配置文件 web.xml 应该在程序下的（ ）目录中。

A．admin B．servlet C．WebRoot D．WEB-INF

4．不是 JSP 运行必需的是（ ）。

A．操作系统 B．Java JDK

C．支持 JSP 的 Web 服务器 D．数据库

5．关于部署到 Tomcat 服务器的 Java Web 应用程序，正确的选项有（ ）。

A．Java Web 应用程序总是打包成 War 形式部署到 Tomcat 服务器中

B．Java Web 应用程序应该部署到 Tomcat 服务器的 server 子目录中

C．每个 Java Web 应用程序都有一个 web.xml 文件

D．Java Web 应用程序的根目录下不能存放任何文件，所有 html、gif 等文件必须存放到某一子目录中

6．正确的 XML 元素名字是______。

A. <xmldo cument> B. <7eleven> C. <phone number> D.<xmldocument>

7．CSS 是____的简称？

A．样式表 B．可扩展样式语言

C．层叠样式表 D．可扩展样式表

8．简述 JSP 程序的运行过程。

9．简述 B/S 模式和 C/S 模式。

10．简述三层架构及其特点。

11．简述 Tomcat 的目录结构。

12．开发第一个 JSP 程序，测试 JSP 开发环境的搭建。

第2章　在线图书销售平台项目案例设计

本书采用项目驱动的案例教学方法，在本章中将介绍贯穿本书始终的一个项目案例：在线图书销售平台。本书的内容将以此项目为驱动，将所介绍的知识点融入其中，从而提高学生的学习积极性。另外，通过此项目的编写，学生也将掌握目前比较流行的电子商城类的项目设计方法。

2.1　系统需求分析

2.1.1　系统需求及权限分析

随着“互联网+”概念的提出及电子商务的不断发展，网上购物越来越普及，越来越多的商家都建立了自己的网上销售平台，人们可以通过网上销售平台足不出户地购买自己需要的商品。在线图书销售平台项目就是电子商城的一个具体应用。

在线图书销售平台是一个网上商店。像大多数电子商店一样，用户可以浏览和搜索产品目录，选择商品添加到购物车，修改购物车，订购购物车中的物品等。在大部分操作中，用户不用登录也可进行操作，然而，在用户订购商品之前，必须登录到该应用程序中。为了登录，用户必须有一个账户，也就是说用户在使用前必须注册。

在线图书销售平台的用户主要有两类：游客用户和注册用户。两类使用人员的操作权限各不相同。

对于游客用户，所允许的功能有浏览图书类别、浏览图书信息、浏览图书明细信息、浏览图书库存信息及图片、添加到购物车、查询图书信息。

对于注册用户，所允许的功能有浏览图书类别、浏览图书信息、浏览图书明细信息、浏览图书库存信息及图片、添加到购物车、查询图书信息、结账功能、确认付费细节及邮寄地址。

结账功能、确认付费细节及邮寄地址功能，必须在登录系统后才可以使用，这和用户的网上购物体验是一样的。

2.1.2　系统功能详细介绍

在线图书销售平台的系统结构如图2-1所示。

1．浏览图书类别

功能描述：用户登录系统首页，可以浏览图书类别，单击“图书类别”按钮可以浏览图书信息。

功能参与者：游客用户和注册用户。

浏览图书类别参考界面如图2-2所示。

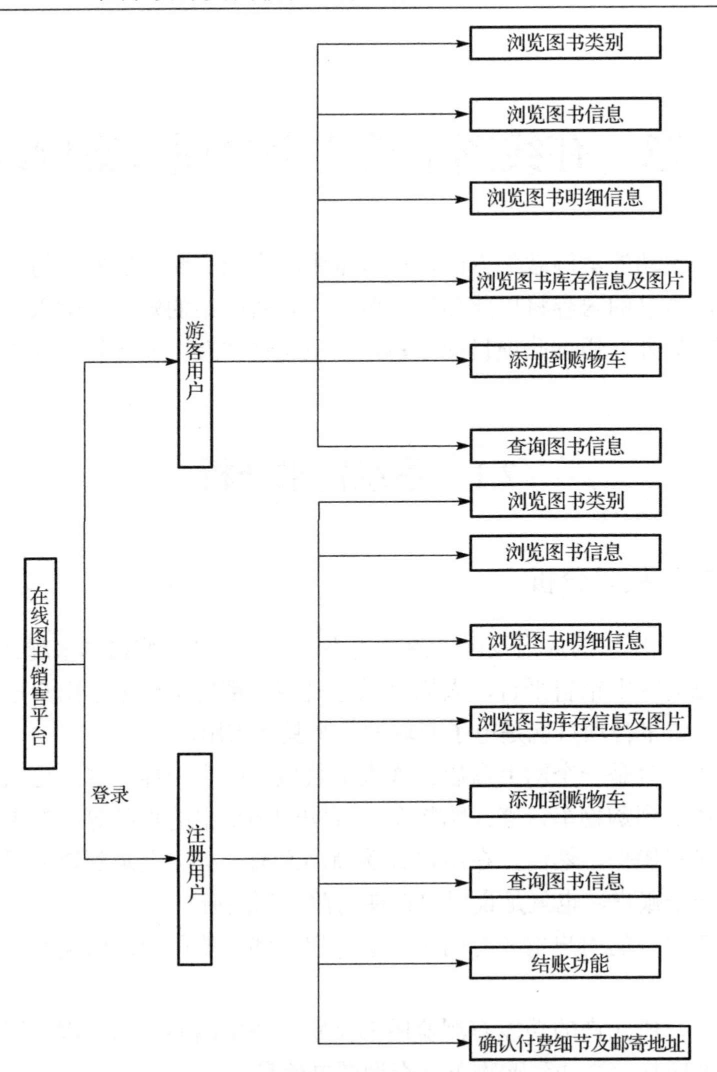

图 2-1　在线图书销售平台的系统结构

图 2-2　浏览图书类别参考界面

2．浏览图书信息

功能描述：用户单击“图书类别”按钮或超链接可以显示该类别的图书信息，图书信息包括图书编号、图书名称、图书描述。

功能参与者：游客用户和注册用户。

浏览图书信息参考界面如图 2-3 所示。

在线图书销售平台

图书信息　　搜索

图书编号	图书名称	图书描述
tp3-2737	VB实用教程	略

版权信息

图 2-3　浏览图书信息参考界面

3．浏览图书明细信息

功能描述：用户单击图书信息列表中的“图书编号”超链接，可以显示图书明细信息，图书明细信息包括明细编号、图书完整名称、单价、图书描述等。

功能参与者：游客用户和注册用户。

浏览图书明细信息参考界面如图 2-4 所示。

在线图书销售平台

图书明细　　搜索

明细编号	图书完整名称	单价	图书描述	操作
tp3-2737	VB实用教程		略	加入购物车

版权信息

图 2-4　浏览图书明细信息参考界面

4．浏览图书库存信息及图片

功能描述：用户单击图书明细信息列表中的“明细编号”超链接，可以显示图书库存信息，图书库存信息包括库存、单价、图片、操作等。

功能参与者：游客用户和注册用户。

浏览图书库存信息及图片参考界面如图 2-5 所示。

图 2-5　浏览图书库存信息及图片参考界面

5．查询图书信息

功能描述：用户在界面的“搜索”框中输入图书信息，单击“搜索”按钮后可以查阅图书信息，该查询是模糊查询，可以查得包含文本框中关键字的图书信息。

功能参与者：游客用户和注册用户。

查询图书信息参考界面如图 2-6 所示。

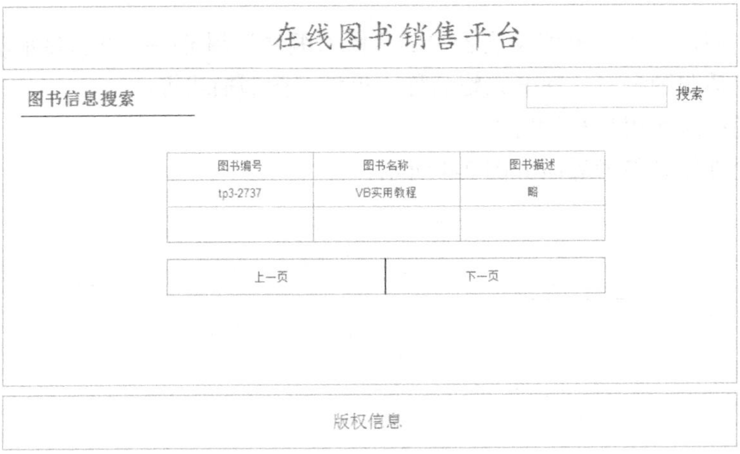

图 2-6　查询图书信息参考界面

6．添加到购物车

功能描述：用户单击图书明细信息或图书库存信息界面中的“加入购物车”可以将一个项目添加到用户的购物车中。这个操作也展示用户的购物车。用户可以通过单击“移除”按钮来删除该项。可以继续购物。在购物车中输入该项目的数量字段，然后单击“更新”按钮来调整项目的数量。如果超过最大库存量，则会有所提示。

功能参与者：游客用户和注册用户。

添加到购物车参考界面如图 2-7 所示。

图 2-7　添加到购物车参考界面

7．结账功能

功能描述：用户在购物车页面中单击 Check Cart 按钮，系统将显示一个只读的购物车产品列表。若要进行结账，则单击Continue按钮。如果用户没有登录，应用程序则转到登录页面，用户需要提供其账户名和密码。若用户已经登录，该应用程序则显示一个页面请求的付款和发货信息。当用户已填写所需信息时，单击“提交”按钮，该应用程序将显示包含用户的账单和发货地址的只读页。如果用户需要更改任何信息，则单击浏览器的“后退”按钮，输入正确的信息。若要完成订单，则单击“提交”按钮。

功能参与者：注册用户。

结账功能参考界面如图 2-8 所示。

图 2-8　结账功能参考界面

8．登录和注册功能

功能描述：用户可以通过注册成为注册用户，系统将提供注册界面，在该界面中，用户需要录入详细的个人信息。用户注册后可以在登录界面中登录，登录后可以进行结账及付费操作。

功能参与者：游客用户和注册用户。

登录功能参考界面如图 2-9 所示。注册功能参考界面如图 2-10 所示。

图 2-9　登录功能参考界面

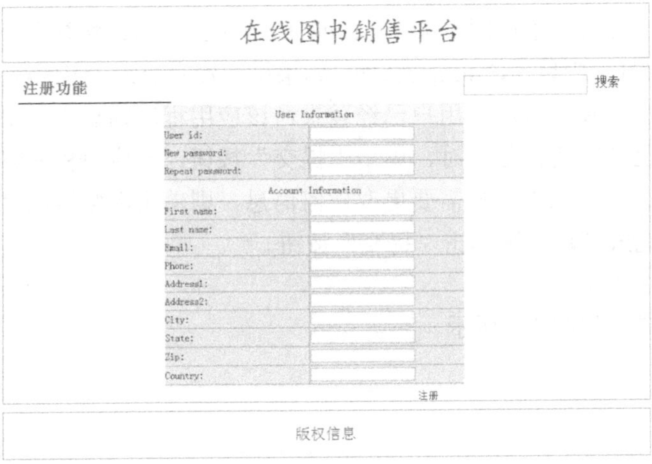

图 2-10　注册功能参考界面

2.2　数据库设计

2.2.1　数据库设计的三大范式

数据库设计的范式是数据库设计所需要满足的规范，满足这些规范的数据库是简洁的、结构明晰的，同时，不会发生插入（insert）、删除（delete）和更新（update）操作异常。反之则是乱七八糟，不仅给数据库的编程人员制造麻烦，而且可能存储了大量不需要的冗余信息。

1．第一范式

第一范式（1NF）指数据库表的每列都是不可分割的基本数据项，同一列中不能有多个值，即实体中的某个属性不能有多个值或者不能有重复的属性。如果出现重复的属性，则可能需要定义一个新实体，新实体由重复的属性构成，新实体与原实体之间为一对多关系。在第一范式中，表的每行只包含一个实例的信息。简而言之，第一范式就是无重复的列。

第一范式的目标是确保每列的原子性，如果每列都是不可再分的最小数据单元（也称为最小的原子单元），则满足第一范式。

如图 2-11 所示，因为左表中的 Address 字段不满足第一范式所要求的每列的原子性，所以需要将这个字段拆分成两个字段（Country 和 City），这样可以确保每列的原子性。

Buyer	Address
1	中国北京
2	美国纽约
3	英国利物浦
4	日本东京
……	……

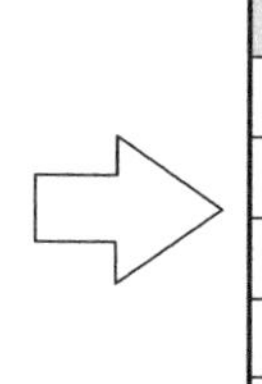

Buyer	Country	City
1	中国	北京
1	中国	北京
4	日本	东京
2	美国	纽约
……	……	……

图 2-11　第一范式例图

2. 第二范式

第二范式（2NF）是在第一范式的基础上建立起来的，即满足第二范式必须先满足第一范式。如果一个关系满足第一范式，并且除主键外的其他列都依赖于该主键，则满足第二范式，第二范式要求每个表只描述一件事情。

如图 2-12 所示，左表中的价格并不依赖主键订单编号，而是依赖产品编号，这样左表一个表就描述了两件事情，很显然这是不符合第二范式的。因此，可以将左表一个表拆分成两个表，分别来描述订单信息和产品信息，这样就满足第二范式了。

Orders

字段	例子
订单编号	001
产品编号	A001
订购日期	2000-2-3
价格	$29.00
……	……

Orders

字段	例子
订单编号	001
订购日期	2000-2-3

Products

字段	例子
订单编号	001
价格	$29.00

图 2-12　第二范式例图

3. 第三范式

如果一个关系满足第二范式，并且除主键外的其他列都不传递依赖主键列，则满足第三范式（3NF）。

满足第三范式必须先满足第二范式。第三范式要求一个数据库表中不包含在其他表中已包含的非主关键字信息。

如图 2-13 所示，因为顾客姓名是顾客表中的非主键信息，而在 Orders 表中已经有顾客编号了，所以根据第三范式不需要顾客姓名这个字段。

一个好的数据库设计只需要满足两个基本要素：一是满足系统功能的需要，二是满足数据库设计的三大范式。

Orders

字段	例子
订单编号	001
订购日期	2000-2-3
顾客编号	AB001
顾客姓名	Tony
……	……

Orders

字段	例子
订单编号	001
订购日期	2000-2-3
顾客编号	AB001
……	……

图 2-13　第三范式例图

2.2.2　数据表结构详细介绍

根据 2.1 节的系统需求分析及功能模块，依据 2.2.1 节的数据库设计的三大范式，在 MySQL 数据库下设计出在线图书销售平台的数据库。该数据库共需要 12 张数据表，根据这些表的功能和特点，可以分为与“登录账号”相关的表、与“产品”相关的表、与“订单”相关的表，下面分别加以详细说明。

1．account 表——账户表

account 表——账户表如表 2-1 所示。

表 2-1　account 表——账户表

字段名称	字段类型	字段描述
USERID	VARCHAR(80)	用户名
EMAIL	VARCHAR(80)	电子邮箱
FIRSTNAME	VARCHAR(80)	姓
LASTNAME	VARCHAR(80)	名
STATUS	VARCHAR(2)	身份
ADDR1	VARCHAR(80)	地址 1
ADDR2	VARCHAR(80)	地址 2
CITY	VARCHAR(80)	城市
STATE	VARCHAR(80)	州（省）
ZIP	VARCHAR(80)	邮编
COUNTRY	VARCHAR(80)	国家
PHONE	VARCHAR(80)	电话

2．signon 表——用户口令表

signon 表——用户口令表如表 2-2 所示。

表 2-2　signon 表——用户口令表

字段名称	字段类型	字段描述
USERNAME	VARCHAR(25)	用户名
PASSWORD	VARCHAR(25)	密码

3．profile 用户配置文件表——存放用户个性化信息

profile 用户配置文件表——存放用户个性化信息如表 2-3 所示。

表 2-3　profile 用户配置文件表——存放用户个性化信息

字段名称	字段类型	字段描述
USERID	VARCHAR(80)	用户编号
LANGPREF	VARCHAR(80)	母语
FAVCATEGORY	VARCHAR(30)	喜欢的种类
MYLISTOPT	INT	选择标记
BANNEROPT	INT	选择标记

4．bannerdata 表——存放图书种类及图片信息

bannerdata 表——存放图书种类及图片信息如表 2-4 所示。

表 2-4　bannerdata 表——存放图书种类及图片信息

字段名称	字段类型	字段描述
FAVCATEGORY	VARCHAR(80)	图书种类
BANNERNAME	VARCHAR(255)	图片路径

5．category 表——图书分类表

category 表——图书分类表如表 2-5 所示。

表 2-5　category 表——图书分类表

字段名称	字段类型	字段描述
CATID	VARCHAR(10)	分类编号
NAME	VARCHAR(80)	分类名称
DESCN	VARCHAR(255)	描述

6．product 表——图书信息表

product 表——图书信息表如表 2-6 所示。

表 2-6　product 表——图书信息表

字段名称	字段类型	字段描述
PRODUCTID	VARCHAR(10)	图书编号
CATEGORY	VARCHAR(10)	分类编号
NAME	VARCHAR(80)	图书名称
DESCN	VARCHAR(255)	图书描述

7．item 表——图书明细表

item 表——图书明细表如表 2-7 所示。

表 2-7　item 表——图书明细表

字段名称	字段类型	字段描述
ITEMID	VARCHAR(10)	项目编号
PRODUCTID	VARCHAR(10)	商品编号
LISTPRICE	DECIMAL	价格
UNITCOST	DECIMAL	单位价格
SUPPLIER	INT	出版社名称
STATUS	VARCHAR(2)	图书状态
ATTR1	VARCHAR(80)	附加信息
ATTR2	VARCHAR(80)	出版日期
ATTR3	VARCHAR(80)	版次
ATTR4	VARCHAR(80)	图书简介
ATTR5	VARCHAR(80)	封面图片

8．supplier 表——出版社信息表

supplier 表——出版社信息表如表 2-8 所示。

表 2-8　supplier 表——出版社信息表

字段名称	字段类型	字段描述
SUPPID	INT	出版社 ID
NAME	VARCHAR(80)	出版社名称
STATUS	VARCHAR(2)	出版状态
ADDR1	VARCHAR(80)	地址 1
ADDR2	VARCHAR(80)	地址 2
CITY	VARCHAR(80)	城市
STATE	VARCHAR(80)	州
ZIP	VARCHAR(5)	邮编
PHONE	VARCHAR(80)	电话

9．inventory 表——库存表

inventory 表——库存表如表 2-9 所示。

表 2-9　inventory 表——库存表

字段名称	字段类型	字段描述
ITEMID	VARCHAR(10)	项目编号
QTY	INT	库存量

10．orders 表——用户订单表

orders 表——用户订单表如表 2-10 所示。

表 2-10　orders 表——用户订单表

字段名称	字段类型	字段描述
ORDERID	INT	订单编号
USERID	VARCHAR(80)	用户编号
ORDERDATE	DATE	订单日期
SHIPADDR1	VARCHAR(80)	邮寄地址 1
SHIPADDR2	VARCHAR(80)	邮寄地址 2
SHIPCITY	VARCHAR(80)	邮寄城市
SHIPSTATE	VARCHAR(80)	邮寄省份
SHIPZIP	VARCHAR(20)	邮编
SHIPCOUNTRY	VARCHAR(20)	邮寄国家
BILLADDR1	VARCHAR(80)	订单地址 1
BILLADDR2	VARCHAR(80)	订单地址 2
BILLCITY	VARCHAR(80)	订单城市
BILLSTATE	VARCHAR(80)	订单省份
BILLZIP	VARCHAR(20)	订单编码
BILLCOUNTRY	VARCHAR(20)	订单国家
COURIER	VARCHAR(80)	快递员
TOTALPRICE	DECIMAL	总价
BILLTOFIRSTNAME	VARCHAR(80)	订单首字母
BILLTOLASTNAME	VARCHAR(80)	订单名称
SHIPTOFIRSTNAME	VARCHAR(80)	邮寄首字母
SHIPTOLASTNAME	VARCHAR(80)	邮寄名称
CREDITCARD	VARCHAR(80)	信用卡
EXPRDATE	VARCHAR(7)	信用卡日期
CARDTYPE	VARCHAR(80)	卡类型
LOCALE	VARCHAR(80)	地址

11．orderstatus 表——订单状态表

orderstatus 表——订单状态表如表 2-11 所示。

表 2-11　orderstatus 表——订单状态表

字段名称	字段类型	字段描述
ORDERID	INT	订单编号
LINENUM	INT	行号
TIMESTAMP	DATE	时间戳
STATUS	VARCHAR(2)	订单状态

12．lineitem 表——订单详情表

lineitem 表——订单详情表如表 2-12 所示。

表 2-12 lineitem 表——订单详情表

字段名称	字段类型	字段描述
ORDERID	INT	订单编号
LINENUM	INT	行号
ITEMID	VARCHAR(10)	明细编号
QUANTITY	INT	数量
UNITPRICE	DECIMAL	价格

2.3 系统编写要求及分工

2.3.1 系统总体架构

在第 1 章中已详细介绍过 Java Web 程序的分层架构，本系统将采用两层架构模式（如图 2-14 所示）。在两层架构中，由同一程序来实现逻辑计算和数据处理，即把逻辑层与数据处理层合并为一层。这时，应用服务器和数据库服务器可能是同一台计算机。

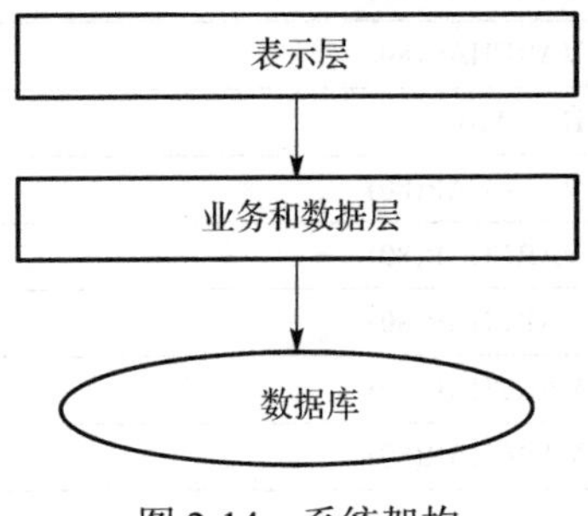

图 2-14 系统架构

表示层将由 JSP 或 HTML 及 jQuery 等文件来实现，狭义的数据层指数据库，而广义的数据层则可以由数据库访问代码组成。在该系统中，数据层的代码将由 Dao 模式来进行构建，在本系统中，业务层的很多操作均由数据层来进行完成，而不再专门开辟业务层，也可以说是将业务层和数据层混为一层。

2.3.2 系统分工及要求

本书将以这个项目案例作为驱动，来进行知识点的介绍和讲解。该项目的各个功能模块将在第 3 章～第 10 章中实现（如表 2-13 所示），下面对该项目各个功能所体现知识点进行介绍，并对功能模块的实现进行分工。

表 2-13 在第 3 章～第 10 章中完成的工作

章节	完成工作
第 3 章 Java 数据库编程技术	完成数据层代码的编写及测试
第 4 章 Bootstrap 前端技术及应用	完成表示层静态页面的编写
第 5 章 JSP 基本语法详解	完成浏览图书类别功能和浏览图书信息功能的实现

续表

章节	完成工作
第 6 章 JSP 内置对象详解	完成登录、注册功能
第 7 章 EL 表达式和 JSTL 标签	实现表示层和业务代码的分离，完成查询图书信息功能、浏览图书明细信息功能、浏览图书库存信息及图片功能
第 8 章 MVC 模式和 Servlet 技术详解	完成购物车功能
第 9 章 过滤器和监听器	完成结账功能、确认付费细节及邮寄地址功能，以及完善其他程序细节问题
第 10 章 Ajax 技术简介及应用	利用 Ajax 技术对注册功能进行优化

习　题　2

1．在线图书销售平台的用户角色有哪几个？请简述其功能模块。
2．简述在线图书销售平台的 product 表的结构。
3．简述数据库设计的三大范式。
4．在线图书销售平台采用的架构是什么样的？请简单描述。

第 3 章　Java 数据库编程技术

数据库编程是 JSP 应用中非常重要的一个环节，而 JSP 操作数据库的核心实现归根到底还是 Java 对数据库的操作，因此在本章中将对 Java 数据库编程技术进行详细的介绍。本章对 Java 数据库编程技术从以下几个方面进行介绍：常用数据库、JDBC 技术、数据库操作常用接口、Java 数据库操作技术、Dao 模式。

3.1　常用数据库

数据库是信息管理系统应用程序开发的核心，应用程序的开发往往都是围绕数据库展开的。根据数据的存储规模，数据库可以分为大型数据库、中型数据库和小型数据库。大型数据库有 Sybase、DB2、Oracle 等，中型数据库有 SQL Server、MySQL 等，小型数据库有 Access 等。在上面所列的这些数据库中，目前在 Oracle（甲骨文）公司旗下的有 Oracle 和 MySQL。因为 Java 已经是 Oracle 公司旗下的程序开发语言，所以 Oracle 数据库和 MySQL 数据库往往是 Java 程序员的首选。下面对 Oracle 数据库和 MySQL 数据库进行简单介绍。

3.1.1　Oracle 数据库

Oracle 数据库是由美国 Oracle 公司提供的以分布式数据库为核心的一组软件产品，是目前最流行的 C/S（Client/Server，客户/服务器）或 B/S 结构的数据库之一。比如，SilverStream 就是基于数据库的一种中间件。Oracle 数据库是目前世界上使用最为广泛的数据库管理系统，作为一个通用的数据库系统，它具有完整的数据管理功能；作为一个关系数据库，它是一个完备关系的产品；作为分布式数据库，它实现了分布式处理功能。只要在一种机型上学习了 Oracle 知识，便能在各种类型的机器上使用它。

自 20 世纪 70 成功推出 Oracle 产品以来，Oracle 公司已经成为世界上最大的数据库专业厂商之一。1996 年，Oracle 公司成功地推出了专门面向中国市场的数据库产品，即 Oracle 7。1997 年，Oracle 公司推出了基于网络计算的数据库产品，即 Oracle 8。1999 年，针对 Internet 技术的发展，Oracle 公司推出了第一个基于 Internet 的数据库，即 Oracle 8i。2001 年，Oracle 公司又推出了新一代 Internet 电子商务基础架构，即 Oracle 9i。2003 年 9 月，Oracle 公司发布了其数据库产品，即 Oracle Database 10g。

Oracle 数据库的常用版本为 Oracle Database 12c。Oracle Database 12c 引入了一个新的多承租方架构，使用该架构可轻松部署和管理数据库云。此外，一些创新特性可最大限度地提高资源使用率和灵活性，如 Oracle Multitenant 可快速整合多个数据库，而 Automatic Data Optimization、Heat Map 能以更高的密度压缩数据和对数据分层。这些独一无二的技术进步再加上在可用性、安全性和大数据支持方面的增强，使得 Oracle Database 12c 成为私有云和公有云部署的理想平台。

Oracle 数据库之所以备受用户喜爱是因为它有以下突出的特点。

（1）支持大型数据库、多用户的高性能的事务处理。Oracle 支持大型数据库；支持大量用户，同时在同一数据上执行各种数据应用，并使数据争用最小，保证数据一致性。系统维护具有高的性能，Oracle 每天可连续 24 小时工作，正常的系统操作（后备或个别计算机系统故障）不会中断数据库的使用；可控制数据库数据的可用性，可在数据库级或在子数据库级上控制。

（2）Oracle 遵守数据存取语言、操作系统、用户接口和网络通信协议的工业标准。因此，它是一个开放系统，保护了用户的投资。美国标准化和技术研究所（NIST）对 Oracle 7 Server 进行检验，100%地与 ANSI/ISO SQL89 标准的二级相兼容。

（3）实施安全性控制和完整性控制。Oracle 为限制各监控数据存取提供系统、可靠的安全性。Oracle 实施数据完整性，为可接受的数据指定标准。

（4）支持分布式数据库和分布处理。Oracle 为了充分利用计算机系统和网络，允许将处理分为数据库服务器和客户应用程序，所有共享的数据管理由数据库管理系统的计算机处理，而运行数据库应用的工作站集中于解释和显示数据。通过网络连接的计算机环境，Oracle 将存放在多台计算机上的数据组合成一个逻辑数据库，可被全部网络用户存取。分布式系统像集中式数据库一样具有透明性和数据一致性。

（5）具有可移植性、可兼容性和可连接性。由于 Oracle 软件可在许多不同的操作系统上运行，Oracle 所开发的应用可移植到任何操作系统上，只需要很少修改或不需要修改。Oracle 软件同工业标准相兼容，包括许多工业标准的操作系统，所开发应用系统可在任何操作系统上运行。可连接性指 Oracle 允许不同类型的计算机和操作系统通过网络共享信息。

3.1.2　MySQL 数据库

MySQL 是最流行的开放源码 SQL 数据库管理系统，它是由 MySQL AB 公司开发、发布并支持的。MySQL AB 是由多名 MySQL 开发人创办的一家商业公司。它是一家第二代开放源码公司，结合了开放源码价值取向、方法和成功的商业模型。在 MySQL 的网站（http://www.mysql.com/）上，给出了关于 MySQL 的最新信息。

MySQL 是一种数据库管理系统，数据库是数据的结构化集合。它可以是任何东西，从简单的购物清单到画展，或企业网络中的海量信息。要想将数据添加到数据库，或访问、处理计算机数据库中保存的数据，需要使用数据库管理系统，如 MySQL 服务器。计算机是处理大量数据的理想工具，因此，数据库管理系统在计算方面扮演着关键的中心角色，或是作为独立的实用工具，或是作为其他应用程序的组成部分。

MySQL 是一种关联数据库管理系统，关联数据库将数据保存在不同的表中，而不是将所有数据放在一个大的仓库内，这样就加快了速度并提高了灵活性。MySQL 中的 SQL（Structured Query Language）的意思是“结构化查询语言”。SQL 是用于访问数据库的最常用标准化语言，它是由 ANSI/ISO SQL 标准定义的。SQL 标准自 1986 年以来不断演化发展，有数种版本。“SQL-92”指的是在 1992 年发布的标准，“SQL:1999”指的是在 1999 年发布的标准，“SQL:2003”指的是在 2003 年发布的版本。

MySQL 软件是一种开放源码软件，“开放源码”意味着任何人都能使用和改变软件。任何人都能从 Internet 下载 MySQL 软件，而无须支付任何费用。如果愿意，用户可以研究源码并进行恰当的更改，以满足自己的需求。MySQL 软件采用了 GPL（GNU 通用公共许可证，

http://www.fsf.org/licenses/），定义了在不同情况下可以用软件做的事和不可做的事。如果你对 GPL 不满意，或需要在商业应用程序中嵌入 MySQL 代码，可向 MySQL 官方购买商业许可版本。

MySQL 的主要特性：具有良好的内部构件和可移植性；使用 C 和 C++编写；能够工作在众多不同的平台上；提供事务性和非事务性存储引擎；采用极快的基于线程的内存分配系统；MySQL 服务器提供了对 SQL 语句的内部支持，可用于检查、优化和修复表；服务器可使用多种语言向客户端提供错误消息；在任何平台上，客户端可使用 TCP/IP 协议连接到 MySQL 服务器上。

MySQL 的体积小、速度快、总体拥有成本低，尤其是具有开放源码这一特点。许多网站为了降低网站总体拥有成本而选择了 MySQL 作为网站数据库。

3.2 JDBC 技术

3.2.1 JDBC 简介

JDBC（Java Data Base Connectivity，Java 数据库连接）是一种用于执行 SQL 语句的 Java API，可以为多种关系数据库提供统一访问，它由一组用Java 语言编写的类和接口组成。JDBC 提供了一种基准，据此可以构建更高级的工具和接口，使数据库开发人员能够编写数据库应用程序。

JDBC规范采用接口和实现分离的思想设计了Java数据库编程的框架。接口包含在java.sql 及 javax.sql 包中，其中 java.sql 属于 JavaSE，javax.sql 属于 JavaEE。这些接口的实现类称为数据库驱动程序，由数据库的厂商或其他厂商或个人提供。

为了使客户端程序独立于特定的数据库驱动程序，JDBC 规范建议开发者使用基于接口的编程方式，即尽量使应用仅依赖 java.sql 及 javax.sql 中的接口和实现类。

3.2.2 JDBC 驱动程序

JDBC 驱动程序用于解决应用程序与数据库通信的问题。Java 中的 JDBC 驱动可以分为四种类型，即 JDBC-ODBC 桥、本地 API 驱动、网络协议驱动和本地协议驱动。

1. JDBC-ODBC 桥

JDBC-ODBC 桥连接数据库时，应用程序只需要建立 JDBC 和 ODBC 之间的连接，即所谓的 JDBC-ODBC 桥，而和数据库的连接由 ODBC 完成。这种方法通过建立 ODBC 数据源而不是直接连接数据库的方式屏蔽了不同数据库的异构性，在需要更换数据库系统时，操作非常简单。然而，这种方法也使应用程序依赖于 ODBC，其移植性较差，即应用程序所驻留的计算机必须提供 ODBC。

2. 本地 API 驱动

对于 JDBC-Native API Bridge 驱动程序，JDBC API 调用被转换成原生的 C/C++ API 调用的数据库是唯一的。这些驱动程序通常由数据库厂商提供，并以与 JDBC-ODBC 桥接相同的方式使用。必须在每台客户机上安装供应商特定的驱动程序。如果用户改变了数据库，则必须改变原生 API，因为它是特属于数据库的，大多已过时，即使这样，用 JDBC-Native API Bridge 驱动程序也能提高一些速度，因为它消除了 ODBC 的开销。需要注意的是，和 JDBC- ODBC Bridge 驱动程序一样，这种类型的驱动程序要求将某些二进制代码加载到每台客户机上。

3．网络协议驱动

这种驱动实际上是根据三层架构建立的。JDBC 先把对数据库的访问请求传递给网络上的中间件服务器，然后中间件服务器把请求翻译为符合数据库规范的调用，再把这种调用传给数据库服务器。如果中间件服务器也是用 Java 开发的，那么在中间层也可以使用 1 型、2 型 JDBC 驱动程序作为访问数据库的方法。由于这种驱动是基于 Server 的，所以它不需要在客户端加载数据库厂商提供的代码库。而且，它在执行效率和可升级性方面是比较好的。因为大部分功能实现都在 Server 端上，所以这种驱动可以设计得很小，可以非常快速地加载到内存中。但是，这种驱动在中间层仍然需要配置其他数据库驱动程序，并且由于多了一个中间层传递数据，它的执行效率还不是最高的。

4．本地协议驱动

这种驱动直接把 JDBC 调用转换为符合相关数据库系统规范的请求。由于使用 4 型驱动写的应用可以直接和数据库服务器通信，这种类型的驱动完全由 Java 实现，因此实现了平台独立性。由于这种驱动不需要先把 JDBC 的调用传给 ODBC 或本地数据库接口或者中间层服务器，所以它的执行效率是非常高的。而且，它根本不需要在客户端或服务器端装载任何软件或驱动。这种驱动程序可以被动态地下载。但是，对于不同的数据库需要下载不同的驱动程序。

3.3　数据库操作常用接口

3.3.1　驱动程序接口 Driver

每种数据库的驱动程序都应该提供一个实现 java.sql.Driver 接口的类，简称为 Driver 类。在加载 Driver 类时，应该创建自己的实例并向 java.sql.DriverManager 类注册该实例。通常情况下，通过 java.lang.Class 类的静态方法 forName(String className)加载要连接数据库的 Driver 类，该方法的入口参数为要加载 Driver 类的完整包名。成功加载后，会将 Driver 类的实例注册到 DriverManager 类中。如果加载失败，将抛出 ClassNotFoundException 异常，即未找到指定 Driver 类的异常。

3.3.2　驱动程序管理器 DriverManager 类

java.sql.DriverManager 类负责管理 JDBC 驱动程序的基本服务，是 JDBC 的管理层，作用于用户和驱动程序之间，负责跟踪可用的驱动程序，并在数据库和驱动程序之间建立连接。另外，DriverManager 类也处理驱动程序登录时间限制及登录和跟踪消息的显示等工作。成功加载 Driver 类并在 DriverManager 类中注册后，DriverManager 类即可用来建立数据库连接。

当调用 DriverManager 类的 getConnection()方法请求建立数据库连接时，DriverManager

类将试图定位一个适当的 Driver 类，并检查定位到的 Driver 类是否可以建立连接。如果可以，则建立连接并返回；如果不可以，则抛出 SQLException 异常。

3.3.3 数据库连接接口 Connection

java.sql.Connection 接口负责与特定数据库的连接，在连接的上下文中可以执行 SQL 语句并返回结果，还可以通过 getMetaData()方法获得由数据库提供的相关信息，例如数据表、存储过程和连接功能等信息。

3.3.4 执行 SQL 语句接口 Statement

java.sql.Statement 接口用来执行静态的 SQL 语句，并返回执行结果。例如，对于 insert、update 和 delete 语句，调用 executeUpdate(String sql)方法，而 select 语句则调用 executeQuery (String sql)方法，并返回一个永远不能为 null 的 ResultSet 实例。

3.3.5 执行动态 SQL 语句接口 PreparedStatement

java.sql.PreparedStatement 接口继承自 Statement 接口，是 Statement 接口的扩展，用来执行动态的 SQL 语句，即包含参数的 SQL 语句。通过 PreparedStatement 实例执行的动态 SQL 语句，将被预编译并保存到 PreparedStatement 实例中，从而可以反复且高效地执行该 SQL 语句。

需要注意的是，在通过 setXxx()方法为 SQL 语句中的参数赋值时，必须通过与输入参数的已定义 SQL 类型兼容的方法，也可以通过 setObject()方法设置各种类型的输入参数。

3.3.6 执行存储过程接口 CallableStatement

java.sql.CallableStatement 接口继承自 PreparedStatement 接口，是 PreparedStatement 接口的扩展，用来执行 SQL 的存储过程。

JDBC API 定义了一套存储过程 SQL 转义语法，该语法允许对所有 RDBMS 通过标准方式调用存储过程。该语法定义了两种形式，分别是包含结果参数和不包含结果参数。如果使用结果参数，则必须将其注册为 OUT 型参数，参数是根据定义位置按顺序引用的，第一个参数的索引为 1。

为参数赋值的方法使用从 PreparedStatement 中继承来的 setXxx()方法。在执行存储过程之前，必须注册所有 OUT 参数的类型；它们的值是在执行后通过 getXxx()方法检索的。

CallableStatement 可以返回一个或多个 ResultSet 实例。处理多个 ResultSet 对象的方法是从 Statement 中继承来的。

3.3.7 访问结果集接口 ResultSet

java.sql.ResultSet 接口类似于一个数据表，通过该接口的实例可以获得检索结果集，以及对应数据表的相关信息，例如列名和类型等，ResultSet 实例通过执行查询数据库的语句生成。

ResultSet 实例具有指向其当前数据行的指针。最初，指针指向第一行记录的前方，通过 next()方法可以将指针移动到下一行，因为该方法在没有下一行时将返回 false，所以可以通过

while 循环来迭代 ResultSet 结果集。在默认情况下，ResultSet 对象不可以更新，只有一个可以向前移动的指针，因此，只能迭代它一次，并且只能按从第一行到最后一行的顺序进行。如果需要，可以生成可滚动和可更新的 ResultSet 对象。

ResultSet 接口提供了从当前行检索不同类型列值的 getXxx()方法，均有两个重载方法，即可以通过列的索引编号或列的名称检索。通过列的索引编号较为高效，列的索引编号从 1 开始。对于不同的 getXxx()方法，JDBC 驱动程序尝试将基础数据转换为与 getXxx()方法相应的 Java 类型，并返回适当的 Java 类型的值。

在 JDBC 2.0 API（JDK 1.2）之后，为该接口添加了一组更新方法 updateXxx()，均有两个重载方法，即可以通过列的索引编号或列的名称指定列，用来更新当前行的指定列，或者初始化要插入行的指定列。但是，该方法并未将操作同步到数据库，需要执行 updateRow()或 insertRow()方法完成同步操作。

3.4　Java 数据库操作技术

Java 操作数据库一般需要进行如下几个步骤：加载驱动，建立连接，执行 SQL 语句，获取结果集，关闭资源。下面对这几个步骤分别进行详细介绍。

3.4.1　加载驱动

加载驱动又可以分为两个步骤：首先加载驱动包，然后注册驱动字符串。不同数据库的驱动包是不一样的，Oracle 数据库的驱动包为 ojdbc14.jar，MySQL 数据库的驱动包为 mysql-connector-java-3.1.13-bin.jar。这些驱动包可以在官网上下载。在 Eclipse 下，通过 Properties→Java Build Path→Add Jars 导入相应的驱动包。

注册驱动字符串需要使用 java.lang.Class 类的静态方法 forName(String className)实现，不同数据库的驱动字符串也是不一样的，Oracle 数据库的驱动字符串为 oracle.jdbc.driver.OracleDriver，而 MySQL 数据库的驱动字符串为 com.mysql.jdbc.Driver。

例如操作的是 Oracle 数据库，注册驱动字符串的语句如下：

```
try {
Class.forName("oracle.jdbc.driver.OracleDriver");
		} catch (ClassNotFoundException e) {
		// TODO Auto-generated catch block
		e.printStackTrace();
	}
```

如果操作的是 MySQL 数据库，注册驱动字符串的语句如下：

```
try {
Class.forName("com.mysql.jdbc.Driver");
		} catch (ClassNotFoundException e) {
		// TODO Auto-generated catch block
		e.printStackTrace();
	}
```

如果在注册前没有导入相应的驱动包，则会抛出 ClassNotFoundException 异常，即未找到指定的驱动类，所以驱动包的导入是数据库程序开发的第一步。

3.4.2　建立连接

建立连接需要用到前面介绍的 Connection 接口和 DriverManager 类。通过 DriverManager 类的静态方法 getConnection(String url, String user, String password)可以建立数据库连接，3 个入口参数依次为要连接字符串、用户名和密码，该方法的返回值类型为 java.sql.Connection。

同样，不同数据库连接字符串的语法格式也是不一样的。Oracle 数据库连接字符串的书写格式为 jdbc:oracle:thin:@localhost:1521:orcl，其中 jdbc:oracle:thin:@是固定的；localhost 可以根据服务器的 IP 进行修改，例如所访问的数据库是安装在 IP 为 192.168.2.210 计算机上，则 localhost 可以修改为 192.168.2.210；1521 指的是 Oracle 数据库的端口号，这个端口号是可以修改的；orcl 指的是数据库实例的名称。用户名和密码指的是访问数据库的用户的名称和密码，这个比较容易理解。

MySQL 数据库连接字符串的书写格式为 jdbc:mysql://localhost:3306/jpetstore，其中 jdbc:mysql://是固定不变的；localhost 的含义和上面介绍的一样；3306 是 MySQL 数据库的默认端口号，是可以修改的；jpetstore 指的是所访问的数据库的名称。结合上面所述内容加载驱动，建立连接的语句分别如下。

建立 Oracle 数据库连接：

```
try {
Class.forName("oracle.jdbc.driver.OracleDriver");
conn=DriverManager.getConnection("jdbc:oracle:thin:@localhost:1521:orcl",
        "tom", "1234");
        } catch (ClassNotFoundException e) {
            // TODO Auto-generated catch block
            e.printStackTrace();
        } catch (SQLException e) {
            // TODO Auto-generated catch block
            e.printStackTrace();
        }
```

建立 MySQL 数据库连接：

```
try {
Class.forName("com.mysql.jdbc.Driver");
conn=DriverManager.getConnection("jdbc:mysql://localhost:3306/jpetstore",
         "tom", "1234");
        } catch (ClassNotFoundException e) {
            // TODO Auto-generated catch block
            e.printStackTrace();
        } catch (SQLException e) {
            // TODO Auto-generated catch block
            e.printStackTrace();
        }
```

上面的代码可以采用这样的方法进行优化：首先把驱动字符串、连接字符串、用户名和密码从代码中剥离出来。

```
public static String url="oracle.jdbc.driver.OracleDriver";
public static String user="jdbc:oracle:thin:@localhost:1521:orcl";
public static String pwd="tom";
public static String driver="1234";
```

这样上面的代码就可以变成：

```
try {
            Class.forName(driver);
            conn=DriverManager.getConnection(url, user, pwd);
        } catch (ClassNotFoundException e) {
            // TODO Auto-generated catch block
            e.printStackTrace();
        } catch (SQLException e) {
            // TODO Auto-generated catch block
            e.printStackTrace();
        }
```

这样的优化可以提高代码的可复用性。

另外，通常将这部分代码放在 static 块中。这样做的好处是，只有 static 块所在的类第一次被加载时才执行加载和建立连接，从而避免了反复加载和反复连接，节约运行成本，提高运行效率。

3.4.3 执行 SQL 语句

1. SQL 语句简介

1）插入语句

（1）使用 insert 插入单行数据。

语法：insert [into] <表名> [列名] values <列值>

例：insert into Students (姓名,性别,出生日期) values ('王伟华','男','1983/6/15')

注意：如果省略表名后的小括号，则依次插入所有列。

（2）使用 insert、select 语句将现有表中的数据添加到已有的新表中。

语法：insert into <已有的新表> <列名> select <原表列名> from <原表名>

例：insert into addressList ('姓名','地址','电子邮件')select name,address,email from Students

注意：查询得到的数据个数、顺序、数据类型等，必须与插入的项保持一致。

2）删除语句

（1）使用 delete 删除某些数据。

语法：delete from <表名> [where <删除条件>]

例：delete from a where name='王伟华'（删除表 a 中列值为王伟华的行）

注意：因为删除整行不是删除单个字段，所以在 delete 后面不能出现字段名。

（2）使用 truncate table 删除整个表的数据。

语法：truncate table <表名>

例：truncate table addressList

注意：删除表的所有行，但表的结构、列、约束、索引等不会被删除；不能用于有外键约束引用的表。

3）修改更新语句

语法：update <表名> set <列名=更新值> [where <更新条件>]

例：update addressList set 年龄=18 where 姓名='王伟华'

注意：set 后面可以紧随多个数据列的更新值（非数字要有引号）；where 子句是可选的（非数字要有引号），用来限制条件，如果不选，则整个表的所有行都被更新。

4）查询语句

（1）普通查询。

语法：select <列名> from <表名> [where <查询条件表达式>] [order by <排序的列名>[asc 或 desc]]

① 查询所有数据行和列。

例：select * from a

说明：查询表 a 中所有行和列。

② 查询部分行和列——条件查询。

例：select i,j,k from a where f=5

说明：查询表 a 中 f=5 的所有行，并显示 i、j、k 3 列。

③ 在查询中使用 as 更改列名。

例：select name as 姓名 from a where gender='男'

说明：查询表 a 中性别为男的所有行，显示 name 列，并将 name 列改名为（姓名）显示。

④ 查询空行。

例：select name from a where email is null

说明：查询表 a 中 email 为空的所有行，并显示 name 列；SQL 语句中用 is null 或者 is not null 来判断是否为空行。

⑤ 在查询中使用常量。

例：select name '北京' as 地址 from a

说明：查询表 a，显示 name 列，并添加地址列，其列值都为'北京'。

⑥ 查询返回限制行数（关键字：top）。

例：select top 6 name from a

说明：查询表 a，显示 name 列的前 6 行，top 为关键字（Oracle 中没有 top 关键字，用 rownum 替代）。

例：select * from a where rownum<6

⑦ 查询排序（关键字：order by, asc, desc）。

例：select name from a where grade>=60 order by desc

说明：查询表中成绩大于等于 60 的所有行，并按降序显示 name 列；默认为 asc 升序。

（2）模糊查询。

① 使用 like 进行模糊查询。

例：select * from a where name like '赵%'

注意：like 运算符只用于字符串。

说明：查询显示表 a 中 name 字段第一个字为赵的记录。

② 使用 between 在某个范围内进行查询。

例：select * from a where age between 18 and 20

说明：查询显示表 a 中年龄为 18～20 岁的记录。

③ 使用 in 在列举值内进行查询（in 后是多个数据）。

例：select name from a where address in ('北京','上海','唐山')

说明：查询表 a 中 address 值为北京或者上海或者唐山的记录，显示 name 字段。

（3）分组查询。

① 使用 group by 进行分组查询。

例：select studentID as 学员编号, AVG(score) as 平均成绩（注释：这里的 score 是列名）from score（注释：这里的 score 是表名）group by studentID

② 使用 having 子句进行分组筛选。

例：select studentID as 学员编号, AVG from score group by studentIDhaving count(score)>1

说明：接上面例子，显示分组后 count(score)>1 的行，由于 where 只能在没有分组时使用，所以分组后只能使用 having 来限制条件。

另外还有多表连接查询，在此不再赘述。

从上面的介绍中可以看到，这四种基本的 SQL 语句中最复杂的语句是 select 语句，在对数据库的操作中，使用最频繁的语句也是 select 语句。

2．使用 Statement 方式执行 SQL 语句

该类型的实例只能用来执行静态的 SQL 语句。在上面执行加载驱动建立连接后，Statement 操作的顺序是首先创建 Statement 实例，然后执行 SQL 语句。

创建 Statement 实例语法如下：

```
Statement st=conn.createStatement();    //conn 是建立连接的实例
```

执行增删改语句如下：

```
st.executeUpdate(sql);                  //sql 是增删改语句
```

执行查询语句的语法如下：

```
st.executeQuery(sql);   //sql 是查询语句，返回的是一个 ResultSet 类型的结果集
```

3．使用 PreparedStatement 方式执行 SQL 语句

该类型的实例可以执行动态 SQL 语句。PreparedStatement 实例的创建是和 SQL 语句的预编译一起实现的。

例如执行增删改操作，如下所示：

```
PreparedStatement ps=conn.prepareStatement("update student set stuname=?");
                              //conn 是连接对象实例
ps.setString(1, "jack");      //设置参数
ps.executeUpdate();           //执行 SQL 语句
```

执行查询操作，如下所示：

```
PreparedStatement ps = conn
```

```
    .prepareStatement("select * from table_name where id>? and (name=? or name=?)");
                                            //conn 是连接对象实例
ps.setInt(1, 1);                            //设置参数 1
ps.setString(2, "wgh");                     //设置参数 2
ps.setObject(3, "sk");                      //设置参数 3
ResultSet rs = ps.executeQuery();           //执行 SQL 语句
```

注意：以 PreparedStatement 方式执行 SQL 语句时，需要注入参数的位置先用?占位，然后在后续语句中进行参数设置，最后进行执行操作。执行增删改用的是 executeUpdate()方法，执行查询用的是 executeQuery()方法。

4．使用 CallableStatement 方式执行 SQL 语句

CallableStatement 类型的实例增加了执行数据库存储过程的功能。

例如：

```
CallableStatement cs=null;                        //定义 CallableStatement 对象
cs=conn.prepareCall("call insertpro(?,?,?,?)");//实例化 CallableStatement
cs.setString(1, "1111111");                       //设置参数 1
cs.setString(2, "2222222");                       //设置参数 2
cs.setString(3, "33");                            //设置参数 3
cs.setInt(4, 80);                                 //设置参数 4
cs.execute();                                     //执行存储过程
```

在这三种执行 SQL 语句的方式中，Statement 是最基础的，PreparedStatement 继承了 Statement，并做了相应的扩展；而 CallableStatement 继承了 PreparedStatement，又做了相应的扩展，从而保证在基本功能的基础上，各自又增加了一些独特的功能。

3.4.4　获取结果集

通过 Statement 接口的 executeUpdate()或 executeQuery()方法，可以执行 SQL 语句，同时将返回执行结果。如果执行的是 executeUpdate()方法，则返回一个 int 型数值，代表影响数据库记录的条数，即插入、修改或删除记录的条数；如果执行的是 executeQuery()方法，则返回一个 ResultSet 型的结果集，其中不仅包含所有满足查询条件的记录，还包含相应数据表的相关信息，如列的名称、类型和列的数量等。

例如：

```
ResultSet rs=st.executeQuery(sql);
ResultSet rs = ps.executeQuery();
```

结果集获得后，可以从结果集中取得数据。ResultSet 接口提供了丰富的获得数据的方法，对于每种数据类型都有相应的获得数据的方法。例如，获得整型数据的方法是 getInt()，获得字符串类型的方法是 getString()。

基本语法格式如下：

```
rs.get****(字段名称或字段索引号);
```

其中，rs 是 ResultSet 类型的对象，get****表示获得相应数据类型的方法。

例如：通过循环输出结果集中的内容。

```
    while(rs.next())
    {
        String id=rs.getString (1) ;
        String name=rs.getString (2) ;
        String sex=rs.getString (3) ;
        int score=rs.getInt (4) ;
        System.out.println(id+"\t"+name+"\t"+sex+"\t"+score);
    }
```

3.4.5 关闭资源

因为在建立 Connection、Statement 和 ResultSet 实例时，均需占用一定的数据库和 JDBC 资源，所以每次访问数据库结束后，应该及时销毁这些实例，释放它们占用的所有资源。方法是通过各个实例的 close()方法，并且在关闭时建议按照以下的顺序：resultSet.close(); statement.close(); connection.close();。

采用上面的顺序关闭的原因在于 Connection 是一个接口，close()方法的实现方式可能多种多样。如果是通过 DriverManager 类的 getConnection()方法得到的 Connection 实例，在调用 close()方法关闭 Connection 实例时会同时关闭 Statement 实例和 ResultSet 实例。但是，通常情况下需要采用数据库连接池，在调用通过连接池得到的 Connection 实例的 close()方法时，Connection 实例可能并没有被释放，而是被放回到了连接池中，又被其他连接调用，在这种情况下如果不手动关闭 Statement 实例和 ResultSet 实例，它们在 Connection 中可能会越来越多，虽然 JVM 的垃圾回收机制会定时清理缓存，但是如果清理得不及时，当数据库连接达到一定数量时，将严重影响数据库和计算机的运行速度，甚至导致软件或系统瘫痪。

3.5 Dao 模式

Dao 的英文全称为 Data Access Object（数据访问对象）。顾名思义，这是与数据库打交道、夹在业务逻辑与数据库资源中间的一种数据库技术。Dao 是属于 J2EE 数据层的操作，使用 Dao 模式可以简化大量代码，增强程序的可移植性。

把数据库层对数据库进行操作的代码全部封装到一个 Dao 类中。这个类中方法的作用是和数据库打交道，为业务对象提供抽象化的数据访问 API，这样业务对象就不需要关心具体的 select、insert、update 等对数据库的操作。通过 Dao 模式对数据库对象进行封装，对业务层屏蔽了数据库访问的底层实现。这样做的好处是：第一，避免了业务代码中混杂 JDBC 语句，使得业务实现更加清晰；第二，由于数据访问和业务操作实现分离，也使得开发人员的专业划分更加细致，团队合作更加有效率，对数据库操作技术熟练的开发人员提供数据库访问的最优化实现，而精通业务的开发人员则可以不去管底层的数据库操作，专注于业务的逻辑编码。Dao 模式在程序架构中所处的层次如图 3-1 所示。

Dao 模式包括以下 4 个主要部分。

1. 数据库工具类——DataBase

数据库工具类的主要功能是连接数据库并获得连接对象，抽象出对数据库的增删改查函数，以及关闭数据库等。通过数据库工具类可以简化开发，在进行数据库连接时，只需创建该类或者该类子类的实例，并调用其中的方法就可以获得数据库连接对象、关闭数据库及增删改查操作了，不必再进行重复操作。在 src 下建立目录 com.hkd.util 将数据库工具类建在这个目录之下，代码如下：

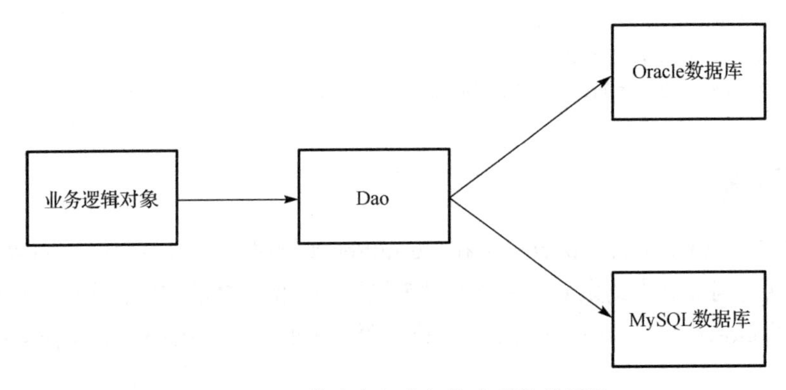

图 3-1　Dao 模式在程序架构中所处的层次

```
    package com.hkd.util;
    import java.sql.Connection;
    import java.sql.DriverManager;
    import java.sql.ResultSet;
    import java.sql.SQLException;
    import java.sql.Statement;
    public class DataBase {
    static String driver="com.mysql.jdbc.Driver";
    static String url="jdbc:mysql://localhost:3306/bookstore?characterEncoding
=utf-8";
    static String user="root";
    static String pwd="root";
    public static Connection conn=null;
    static Statement sm=null;
    ResultSet rs=null;
    static {
        try {
            Class.forName(driver);
            conn=DriverManager.getConnection(url,user,pwd);
            sm=conn.createStatement();
        } catch (ClassNotFoundException e) {
            // TODO Auto-generated catch block
            e.printStackTrace();
        } catch (SQLException e) {
            // TODO Auto-generated catch block
            e.printStackTrace();
        }
    }
    public ResultSet getResult(String sql) {
        try {
            rs=sm.executeQuery(sql);
```

```
        } catch (SQLException e) {
            // TODO Auto-generated catch block
            e.printStackTrace();
        }
        return rs;
    }
    public void executeDML(String sql) throws SQLException {
            sm.executeUpdate(sql);
    }
    public void closeDb() {
        try {
            if(rs!=null)
                rs.close();
            if(sm!=null)
                sm.close();
            if(conn!=null)
                conn.close();
        } catch (SQLException e) {
            // TODO Auto-generated catch block
            e.printStackTrace();
        }
    }
}
```

2．实体类——Entity

实体类是一个包含属性和表中字段完全对应的类，并在该类中提供 setter 和 getter 方法来设置并获取该类中的属性。在 src 下建立目录 com.hkd.entity，将实体类建在这个目录之下。以 signon 表的实体类为例，代码如下：

```
package com.hkd.entity;
public class Signon {
    //对应字段 username
    String username;
    //对象字段 password
    String password;
    public String getUsername() {
        return username;
    }
    public void setUsername(String username) {
        this.username = username;
    }
    public String getPassword() {
        return password;
    }
    public void setPassword(String password) {
        this.password = password;
    }
```

```
    }
```

3. Dao 接口——xxxDao

Dao 接口中封装了可能对该表进行的数据库操作，例如增删改查操作。接口的命名规范通常以类名开头，后缀为 Dao，例如 SignonDao。将 Dao 接口建立在 com.hkd.dao 目录下，代码如下：

```
    package com.hkd.dao;
    import java.sql.SQLException;
    import java.util.ArrayList;
    import com.hkd.entity.Signon;
    public interface SignonDao {
        public ArrayList<Signon> checkByName(String username,String password);
        public void insertSignon(String username,String password) throws SQLEx
ception;
        public ArrayList<Signon> getAllSignon();
        public void updateSignon(String uname,String pwd) throws SQLException;
        public void deleteSignon(String uname) throws SQLException;
    }
```

4. Dao 实现类——xxxDaoImp

Dao 实现类需要继承数据库工具类 DataBase，并实现 Dao 接口，需要实现接口中的各个抽象函数，Dao 实现类的类名命名规范通常为以类名开头，后缀为 DaoImp，例如 SignonDaoImp。在 src 下建立 com.hkd.daoimp，将 Dao 实现类建立在这个目录下，代码如下：

```
    package com.hkd.daoimp;
    import java.sql.ResultSet;
    import java.sql.SQLException;
    import java.util.ArrayList;
    import com.hkd.dao.SignonDao;
    import com.hkd.entity.Signon;
    import com.hkd.util.DataBase;
    public class SignonDaoImp extends DataBase implements SignonDao {
        @Override
        public ArrayList<Signon> checkByName(String username, String password)
     {
            String sql = "select * from signon where username='" + username + "'
 and password='" + password + "'";
            ArrayList<Signon> list = new ArrayList<Signon>();
            ResultSet rs = this.getResult(sql);
            try {
                while (rs.next()) {
                    Signon signon = new Signon();
                    signon.setUserName(rs.getString("username"));
                    signon.setPassword(rs.getString("password"));
                    list.add(signon);
                }
```

```
        } catch (SQLException e) {
            e.printStackTrace();
        }
        return list;
    }
    @Override
    public void insertSignon(String username, String password) throws SQLEx
ception {
        String sql = "insert into signon values('" + username + "','" + pass
word + "')";
        this.executeDML(sql);
    }
    @Override
    public ArrayList<Signon> getAllSignon() {
        String sql = "select * from signon";
        ArrayList<Signon> list = new ArrayList<Signon>();
        ResultSet rs = this.getResult(sql);
        try {
            while (rs.next()) {
                Signon signon = new Signon();
                signon.setUserName(rs.getString("username"));
                signon.setPassword(rs.getString("password"));
                list.add(signon);
            }
        } catch (SQLException e) {
            e.printStackTrace();
        }
        return list;
    }
    @Override
    public void updateSignon(String uname, String pwd) throws SQLException
  {
        String sql = "update signon set password='" + pwd + "' where userna
me='" + uname + "'";
        this.executeDML(sql);
    }
    @Override
    public void deleteSignon(String uname) throws SQLException {
        String sql = "delete from signon where username='" + uname + "'";
        this.executeDML(sql);
    }
}
```

Dao 模式实际上是一种间接的访问数据库的技术，使用该模式可以使得 JavaEE 的数据层更加容易实现，代码更加易于规范。关于该模式的测试，在下节中进行介绍。

3.6　Java 单元测试技术

测试在软件生命周期中是非常重要的。软件测试有很多分类，从测试的方法上可分为黑盒测试、白盒测试、静态测试、动态测试等；从软件开发的过程上可分为单元测试、集成测试、确认测试、验收、回归等。JUnit 是由 Erich Gamma 和 Kent Beck 编写的一个回归测试框架（Regression Testing Framework），供 Java 开发人员编写单元测试用。

1．概述

JUnit 测试是程序员测试，即白盒测试，因为程序员知道被测试的软件如何完成功能和完成什么样的功能。JUnit 本质上是一套框架，即开发者制定了一套条条框框，遵循这些条条框框要求编写测试代码，如继承某个类，实现某个接口，就可以用 JUnit 进行自动测试了。由于 JUnit 相对独立于所编写的代码，测试代码的编写可以先于实现代码的编写，XP 中推崇的 test first design 的实现有了现成的手段：用 JUnit 写测试代码，写实现代码，运行测试，测试失败，修改实现代码，再运行测试，直到测试成功。以后对代码进行修改和优化，若运行测试成功，则修改成功。

2．单元测试

JUnit 测试的实现方法可以分为三个步骤：导入单元测试包、编写单元测试类、编写单元测试方法。下面逐一进行介绍。

1）导入单元测试包

在目前较高版本的 Eclipse 中，已经默认安装了 JUnit 单元测试包，用户使用时只需要导入即可。

选中 Java 工程，右击鼠标→选择 Properties→在窗口中选择 Java Build Path→在右侧单击 Add Library→在弹出的窗口列表中选中 JUnit→单击“下一步”按钮→选择 JUnit3。用户也可以选择 JUnit4，在 JUnit4 库下进行单元测试可以使用注解方式，对此将在下面的内容中进行详细介绍。

2）编写单元测试类

在 src 下建立 com.hkd.test，将单元测试类建立在这个目录下，单元测试类需要继承 TestCase 父类。

3）编写单元测试方法

在单元测试类中编写单元测试方法，单元测试方法一般类型为 void，测试方法以 test 开头，例如：

```
public void testXXX()
{
//单元测试方法体
}
```

测试代码如下：

```
package com.hkd.test;
```

```
    import com.hkd.daoimp.SignonDaoImp;
    import junit.framework.TestCase;
    public class TestBookstore2 extends TestCase {
        public void testSelect() {
            SignonDaoImp sdi = new SignonDaoImp();
            ArrayList<Signon> slist = sdi.getAllSignon();
            for (Signon signon : slist) {
                System.out.println(signon.getUserName() + "\t" + signon.getPass
word());
            }
        }
    }
```

进行运行测试，选中需要测试的类→右击鼠标→选择 Run As→选择 JUnit Test。

若测试通过，则测试结果如图 3-2 所示。

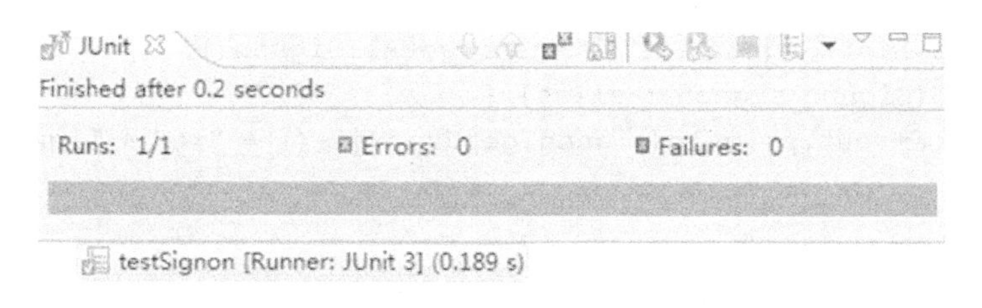

图 3-2　测试通过

若测试未通过，则测试结果如图 3-3 所示。

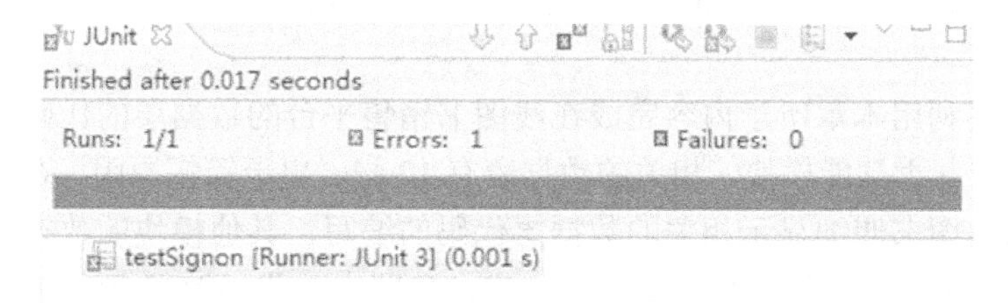

图 3-3　测试未通过

用户也可以选择 JUnit4 包，在 JUnit4 单元测试中，可以使用注解方式进行编程，下面介绍注解方式单元测试。首先，单元测试类不需要继承 TestCase；其次，单元测试函数也不需要前缀为 test，但单元测试函数需要进行注解，常用的注解有三个，即@Before、@After、@Test。

其中，@Before 表示在测试函数执行前进行执行，@After 表示在测试函数执行后进行执行，@Test 表示当前函数是测试函数。这样，用户根据实际情况，把初始化信息内容写在@Before 标注的函数中，把关闭资源信息写在@After 函数标注的函数中。注解方式可以简化代码的编写，注解方式单元测试代码如下：

```
    package com.hkd.test;
    import org.junit.After;
    import org.junit.Before;
    import org.junit.Test;
    import com.hkd.daoimp.SignonDaoImp;
```

```
    public class TestBookstore3 {
        SignonDaoImp sdi=null;
        @Before
        public void init()
        {
            sdi=new SignonDaoImp();
        }
        @After
        public void end()
        {
            sdi.close();
        }
        @Test
        public void testSelect()
        {
            ArrayList<Signon> slist = sdi.getAllSignon();
            for (Signon signon : slist) {
            System.out.println(signon.getUserName() + "\t" + signon.getPassword
());
        }
```

JUnit4 下的单元测试和 JUnit3 下的单元测试略有不同，用户可以根据自己的编程习惯，选择使用。

3.7 应 用 实 例

在本节中，将利用本章所学内容完成在线图书销售平台的数据层的代码的编写。在线图书销售平台主要有九大功能模块，相关的数据表有 12 张，出于篇幅原因，在该本节中主要完成图书信息显示及图书明细显示相关的数据层代码的编写，其他模块的数据层代码将穿插在后续章节中完成。读者也可以利用本章所学内容，参照本节代码编写方法自行完成。

3.7.1 浏览图书信息功能数据层代码

数据库工具类的代码和 3.4 节的代码相同，不再赘述，在此仅列出 Dao 模式其他部分的代码，并进行测试。

1. 图书实体类——Product

在 com.hkd.entity 目录下，根据数据表 product，建立相应的实体类，实体的数据成员和数据表的字段在名称、类型上一一对应，代码如下：

```
package com.hkd.entity;
public class Product {
    String productid;
    String category;
    String name;
    String descn;
```

```
    public String getProductid() {
        return productid;
    }
    public void setProductid(String productid) {
        this.productid = productid;
    }
    public String getCategory() {
        return category;
    }
    public void setCategory(String category) {
        this.category = category;
    }
    public String getName() {
        return name;
    }
    public void setName(String name) {
        this.name = name;
    }
    public String getDescn() {
        return descn;
    }
    public void setDescn(String descn) {
        this.descn = descn;
    }
}
```

2. 图书表操作接口——ProductDao

在 com.hkd.dao 目录下，编写接口 ProductDao，在该接口中封装了对 product 表操作的抽象函数。对 product 表将要进行的操作有很多，根据图书类别的查询操作就是其中之一，ProductDao 接口代码如下：

```
package com.hkd.dao;
import java.util.ArrayList;
import com.hkd.entity.Product;
public interface ProductDao {
    public ArrayList<Product> getProductByCategory(String category);
}
```

3. 接口实现类——ProductDaoImp

在 com.hkd.daoimp 目录下，编写接口实现类 ProductDaoImp，该实现类继承 DataBase 类，实现 ProductDao 接口。重写 getProductByCategory 函数，代码如下：

```
package com.hkd.daoimp;
import java.sql.ResultSet;
import java.sql.SQLException;
import java.util.ArrayList;
import com.hkd.util.DataBase;
```

```
import com.hkd.dao.ProductDao;
import com.hkd.entity.Product;
public class ProductDaoImp extends DataBase implements ProductDao {
    public ArrayList<Product> getProductByCategory(String category) {
        String sql="select * from product where category='"+category+"'";
            ResultSet rs=this.getResult(sql);
            ArrayList<Product> slist=new ArrayList<Product>();
        try {
            while(rs.next()) {
            String cardnum1=rs.getString("productID");
            String caid=rs.getString("category");
            String bookname=rs.getString("name");
            String bookdescn=rs.getString("descn");
            Product product=new Product();
            product.setProductID(cardnum1);
            product.setCategory(caid);
            product.setName(bookname);
            product.setDescn(bookdescn);
            slist.add(product);
            }
        } catch (SQLException e) {
            e.printStackTrace();
        }
        return slist;
    }
}
```

编写单元测试类进行测试，在编写大型程序时要养成测试的好习惯，在使用数据层代码之前，首先要进行测试，测试无误后再使用。

```
public void testproser()
    {
        ProductDaoImp pdi=new ProductDaoImp();
        ArrayList<Product> list=pdi.getProductByCategory("01");
        for(Product product:list)
        {
            System.out.println(product.getName());
        }
    }
```

3.7.2　浏览图书明细信息功能数据层代码

该功能所要实现的内容：当用户单击图书信息列表中的“图书编号”超链接时，可以显示图书明细信息。图书明细信息列表包括明细编号、图书名称、图书描述、出版社、图书单价、状态等。分析该功能可以发现，视图所要显示的信息是来自两个表中的，其中图书名称、图书描述是来自图书信息表 product 的，而明细编号、出版社、单价等信息是来自明细信息表（item 表）的，所以该功能的查询需要用到两表连接查询。

如何构建两表连接查询的 Dao 模式呢？如何创建两表连接情况下的实体类呢？

创建连接查询情况下的 Dao 模式的技术点在于如何创建实体类，因为根据前面 Dao 模式的实现步骤，实体类实际上就是数据表的一个映射，而连接查询情况下并没有一个客观存在的数据表，而仅仅是一个连接查询，所以在这种情况下创建实体类是个问题。解决这个问题的策略有两种：一是创建一个基于虚拟表（连接查询）的实体类，当然这个实体类并没有一个物理存在的数据表和它对应；二是不创建实体类，而在接口实现类中利用 Java 技术来折中实现。我们采用后者。

因为第二种策略是不需要创建实体类的，所以 Dao 模式的创建从抽象 Dao 接口开始。

1．编写 ItemDao 接口

```
package com.hkd.dao;
import java.util.ArrayList;
import java.util.HashMap;
public interface ItemDao {
    public ArrayList<HashMap> getInfoByPid(String productid);
}
```

注意：ArrayList<>泛型所使用的类型一般都是所要操作的实体类，因为在本策略中，没有定义实体类，所以该 ArrayList 后面的泛型采用 HashMap 类型。

2．编写 ItemDao 接口实现类

```
package com.hkd.daoimp;
import java.sql.ResultSet;
import java.sql.SQLException;
import java.util.ArrayList;
import java.util.HashMap;
import com.hkd.util.DataBase;
import com.hkd.dao.ItemDao;
public class ItemDaoImp extends DataBase implements ItemDao {
    public ArrayList<HashMap> getInfoByPid(String productid) {
       String sql="select itemid,item.productid,attr1,name,listprice from
       product join item on product.productid=item.productid where product.
productid='"+productid+"'";
        ArrayList<HashMap> pilist=new ArrayList<HashMap>();
        ResultSet rs=this.getResult(sql);
        try {
            while(rs.next())
            {
                HashMap map=new HashMap();
                map.put("itemid", rs.getString("itemid"));
                map.put("productid", rs.getString("productid"));
                map.put("attr1", rs.getString("attr1"));
                map.put("name", rs.getString("name"));
                map.put("listprice", rs.getDouble("listprice"));
                pilist.add(map);
            }
```

```
        } catch (SQLException e) {
            e.printStackTrace();
        }
        return pilist;
    }
}
```

从程序可以看出，该策略中利用 map 技术实现了数据的间接存储，从而解决了没有实体类的问题。

编写单元测试函数进行测试：

```
public void testItemService()
    {
        ItemDaoImp pisi=new ItemDaoImp();
        ArrayList<HashMap> list=pisi.getInfoByPid("FI-SW-01");
        for(HashMap map:list)
        {
            System.out.println(map.get("itemid"));
        }
    }
```

习　题　3

一、选择题

1．下面哪一项不是 JDBC 的工作任务？（　　）

A．与数据库建立连接　　B．操作数据库，处理数据库返回的结果

C．在网页中生成表格　　D．向数据库管理系统发送 SQL 语句

2．下面哪一项不是加载驱动程序的方法？（　　）

A．通过 DriverManager.getConnection 方法加载

B．调用方法 Class.forName

C．通过添加系统的 jdbc.drivers 属性

D．通过 registerDriver 方法注册

3．DriverManager 类的 getConnection(String url,String user,String password)方法中，参数 url 的格式为 jdbc:<子协议>:<子名称>，下列哪个 url 是不正确的？（　　）

A．"jdbc:mysql://localhost:3306/数据库名"

B．"jdbc:odbc:数据源"

C．"jdbc:oracle:thin@host：端口号：数据库名"

D．"jdbc:sqlserver://172.0.0.1:1443;DatabaseName=数据库名"

4．在 JDBC 中，下列哪个接口不能被 Connection 创建？（　　）

A．Statement　　B．PreparedStatement

C．CallableStatement　　D．RowsetStatement

5．下面是加载 JDBC 数据库驱动的代码片段：

```
try{
    Class.forName("sun.jdbc.odbc.JdbcOdbcDriver");
}
catch(ClassNotFoundException e){
    out.print(e);
}
```

该程序加载的是哪个驱动？（　　）

A．JDBC-ODBC 桥连接驱动　　B．部分 Java 编写本地驱动

C．本地协议纯 Java 驱动　　D．网络纯 Java 驱动

二、填空题

1．JDBC 的英文全称是________，译为中文是________。

2．简单地说，JDBC 能够完成下列三件事：与一个数据库建立连接（connection）、________、________。

3．JDBC 主要由两部分组成：一是访问数据库的高层接口，即通常所说的________；二是由数据库厂商提供的使 Java 程序能够与数据库连接通信的驱动程序，即________。

4．目前，JDBC 驱动程序可以分为四类：________、________、________、________。

5．数据库的连接是由 JDBC 的________管理的。

第4章　Bootstrap 前端技术及应用

一个合格的 Java Web 服务器端（后端）开发人员必须熟悉最基本的前端开发技术，因为后端所处理的数据一般都是前端发送过来的，后端处理好的数据也需要在前端进行显示，但使用基础的 HTML、CSS 及 JS 来进行前端页面开发并不是一件简单的事情。快速地进行前端页面开发对于大部分后端程序员来说是比较头疼的工作，Bootstrap 前端框架的出现在一定程度上解决了这个问题，Bootstrap 技术可以让前端页面开发变得更加快捷、高效。

4.1　Bootstrap 概述

4.1.1　Bootstrap 简介

Bootstrap 是由 Twitter（著名社交网站）推出的前端开源工具包，它基于 HTML、CSS、JavaScript 等前端技术，是目前比较受欢迎的前端框架，用于开发响应式布局、移动设备优先的 Web 项目。Bootstrap 框架提供非常棒的视觉效果，并且使用 Bootstrap 可以确保整个 Web 应用程序的风格完全一致、用户体验一致、操作习惯一致。它还可以对不同级别的提醒使用不同的颜色。通过测试可知，市面上的主流浏览器都支持 Bootstrap 这一完整的框架解决方案，开发人员只需要使用它而不需要重新制作。而且，这个框架专为 Web 应用程序而设计，所有元素都可以非常完美地在一起工作，它简洁灵活，很适合快速开发。

Bootstrap 是于 2011 年 8 月在 GitHub 上发布的开源产品。其中，Bootstrap 2 的最新版本的是 2.3.2，Bootstrap 3 的最新版本是 3.3.7。2015 年 8 月下旬，Bootstrap 团队发布了 Bootstrap 4 alpha 版，在 2017 年 8 月 10 日发布了 4.0 beta 版。2018 年 1 月下旬，Bootstrap 团队发布了 Bootstrap 4 正式版。

本章将以 Bootstrap 3 为例介绍 Bootstrap 框架。

4.1.2　Bootstrap 特点

Bootstrap 具有以下技术特点。

（1）移动设备优先：自 Bootstrap 3 起，框架包含了贯穿于整个库的移动设备优先的样式。

（2）能兼容多种浏览器：主流浏览器都支持 Bootstrap，包括 IE、Firefox、Chrome、Safari 等。

（3）简单易学：学习 Bootstrap，读者只需具备 HTML 和 CSS 的基础知识。

（4）支持响应式设计：Bootstrap 的响应式 CSS 能够自适应于台式机、平板电脑和手机的屏幕大小。

（5）良好的代码规范：为开发人员创建接口提供了一个简洁统一的解决方案，减少了测试的工作量。

（6）具有丰富的组件：Bootstrap 包含功能强大的内置组件，易于定制。

4.1.3　Bootstrap 下载及使用

Bootstrap 的安装是比较容易的，本书使用 Bootstrap V3.3.7 版本。该版本可以从 http://getbootstrap.com/下载 Bootstrap，也可以在其中文网 http://v3.bootcss.com 进行下载。Bootstrap 中文网首页界面如图 4-1 所示。

图 4-1　Bootstrap 中文网首页界面

在 Bootstrap 中文网首页界面上单击“下载 Bootstrap”按钮，出现 Bootstrap 下载页面（如图 4-2 所示）。

图 4-2　Bootstrap 下载页面

在下载页面上单击“下载 Bootstrap”按钮，会得到 bootstrap-3.3.7-dist.zip；单击“下载源码”按钮，会得到 bootstrap-3.3.7.zip。为了使用 Bootstrap 提供的 JavaScript 插件，还需要下载 jQuery 库，本书中使用的 jQuery 库为 jquery-1.11.3.min.js。

4.1.4　第一个 Bootstrap 程序

本书中使用 HBuilder 来开发 Bootstrap 前端程序，要想在网页中使用 Bootstrap，首先需要导入相关的 CSS 文件和 JavaScript 文件。

（1）导入 Bootstrap CSS 文件可以使用<link>标签来完成。

```
<link rel="stylesheet" href="css/bootstrap.css">
```

（2）导入相关的 JavaScript 文件：

```
<script src="js/jquery-1.11.3.min.js"></script>
<script src="js/bootstrap.js"></script>
```

在导入 JavaScript 文件时需要注意的是，首先导入 jQuery 库文件，然后导入 Bootstrap 库文件，否则会导致一些需要JS支持的组件不可用。

第一个Bootstrap程序代码如［例4-1］所示。

【例4-1】

```
<!DOCTYPE html>
<html>
<head>
    <meta charset="UTF-8">
    <!--Bootstrap 设计的页面支持响应式布局 -->
    <meta name="viewport" content="width=device-width, initial-scale=1">
    <title></title>
    <!--引入 Bootstrap 的 CSS-->
    <link rel="stylesheet" href="css/bootstrap.css" type="text/css"/>
    <!--引入 jQuery 的 JS 文件：jQuery 的 JS 文件要在 BootStrap 的 JS 文件的前面引入-->
    <script type="text/javascript" src="js/jquery-1.11.3.min.js" ></script>
    <!--引入 Bootstrap 的 JS 文件-->
    <script type="text/javascript" src="js/bootstrap.js" ></script>
    </head>
    <body>
    <!--页面部分-->
    </body>
</html>
```

4.2 布局容器和栅格系统

4.2.1 布局容器

使用Bootstrap时需要为页面内容和栅格系统包裹一个布局容器。Bootstrap包提供了两个布局容器类：container类和container-fluid类。

1．container容器

使用container类样式定义的容器根据视口宽度的不同，通过媒体查询来设置固定的宽度。由于container容器的最大宽度（max-width）在每个断点处都会发生变化，因此当改变视口宽度时，整个页面布局将呈现出阶段性变化。

```
<div class="container">
    ...
</div>
```

2．container-fluid容器

container-fluid 容器的左、右内边距也是 15px。所不同的是，无论视口的宽度如何，container-fluid容器的宽度始终为100%，换言之，此类容器具有全宽度。

```
<div class="container-fluid">
    ...
</div>
```

简而言之，container 类用于设置视口（viewport）宽度为固定宽度并支持响应式布局的容器，container-fluid 类用于设置视口（viewport）宽度为 100%的容器。另外，出于 padding 等属性的原因，这两种容器类不能互相嵌套。

4.2.2　栅格系统

Bootstrap 提供了一套响应式、移动设备优先的流式栅格系统，栅格系统是通过一系列的行（row）与列（column）的组合来进行页面布局的，其实现原理非常简单，首先将容器宽度平分为 12 份，然后再调整内外边距，并结合媒体查询来进行页面布局。如果栅格系统使用的容器总宽度不固定，那么也可以按百分比对容器进行划分。

栅格系统的基本用法：container 容器包含行 row，行 row 包含列 col-*-*。每行包含 12 格，如果定义的列超过 12 格，则自动换行。其中，列 col-*-*的第一个“*”号表示屏幕的大小，当屏幕<768px 时，表示超小屏幕，第一个“*”为 xs；当 768px≤屏幕＜992px 时，表示小屏幕，第一个“*”为 sm；当 992px≤屏幕＜1200px 时，表示中等屏幕，第一个“*”为 md；当屏幕≥1200px 时，表示大屏幕，第一个“*”为 lg。第二个“*”号表示列数。下面分别从列组合、列偏移、列排序、列嵌套等几个方面对栅格系统进行介绍。

1．列组合

栅格系统规定每行由 12 列组成，若超过 12 列，则自动换行，代码如［例 4-2］所示。

【例 4-2】

```
<div class="container">
    <div class="row" style="padding: 10px;">
    <div class="col-md-3" style="background-color: red;">.col-md-3</div>
    <div class="col-md-3" style="background-color: blue;">.col-md-3</div>
    <div class="col-md-3" style="background-color: yellow;">.col-md-3</div>
    <div class="col-md-3" style="background-color: green;">.col-md-3</div>
    </div>
    <div class="row" style="padding: 10px;">
    <div class="col-md-3" style="background-color: red;">.col-md-3</div>
     <div class="col-md-4" style="background-color: blue;">.col-md-4</div>
     <div class="col-md-5" style="background-color: green;">.col-md-5</div>
    </div>
    <div class="row" style="padding: 10px;">
    <div class="col-md-4" style="background-color: red;">.col-md-4</div>
     <div class="col-md-4" style="background-color: blue;">.col-md-4</div>
    <div class="col-md-5" style="background-color: green;">.col-md-5</div>
    </div>
</div>
```

列组合运行效果如图 4-3 所示。

图 4-3　列组合运行效果

2．列偏移

若不想让两个相邻的列挨在一起，则可以使用栅格系统中的列偏移功能来实现。其类为.col-xs-offset-*、.col-sm-offset-*、.col-md-offset-*、.col-lg-offset-*，其中*为数字，表示向右偏移的列数，其值不能大于 12。同时，这里也需要注意偏移列和显示列合计不能超过 12，如果超过 12，则换到下一行，代码如［例 4-3］所示。

【例 4-3】

```
<div class="container">
<div class="row" style="margin: 10px;">
<div class="col-md-4" style="background-color: red;">.col-md-4</div>
<div class="col-md-4 col-md-offset-2" style="background-color:green;">
.col-md-4 .col-md-offset-2</div>
</div>
<div class="row" style="margin: 10px;">
<div class="col-md-3 col-md-offset-3" style="background-color: red;">
.col-md-3 .col-md-offset-3</div>
<div class="col-md-3 col-md-offset-3" style="background-color: green;">
.col-md-3 .col-md-offset-3</div>
</div>
<div class="row" style="margin: 10px;">
<div class="col-md-4" style="background-color: red;">.col-md-4</div>
<div class="col-md-4 col-md-offset-6" style="background-color:green;">
.col-md-4 .col-md-offset-6</div>
</div>
</div>
```

列偏移运行效果如图 4-4 所示。

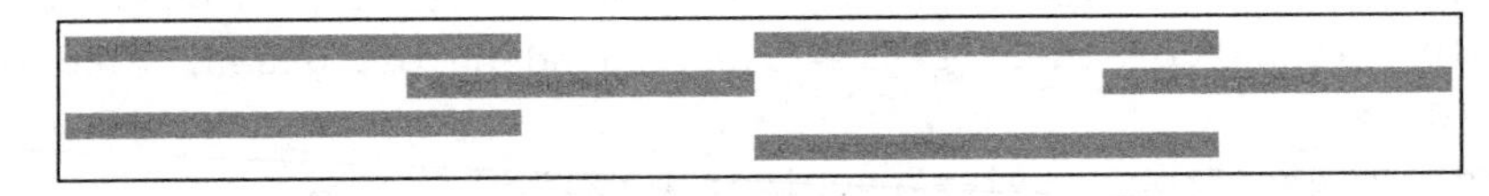

图 4-4　列偏移运行效果

3．列排序

列排序其实就是改变列的方向，也就是改变左右浮动，并设置浮动的距离。在栅格系统中，可以通过.col-X-push-* 和.col-X-pull-*来实现这一目的。其中，col-X-push-*是向右浮动，col-X-pull-*是向左浮动，代码如［例 4-4］所示。

【例 4-4】

```
<div class="container">
<div class="row" style="margin: 10px;">
<div class="col-md-9 col-md-push-3" style="background-color: red;">col-md
-9 col-md-push-3</div>
<div class="col-md-3 col-md-pull-9" style="background-color:green;">col-md
-3 col-md-pull-9</div>
</div>
</div>
```

列排序运行效果如图 4-5 所示。

图 4-5　列排序运行效果

4．列嵌套

栅格系统支持列的嵌套，即在一个列里再声明一个或多个行（row）。注意，内部所嵌套的 row 的宽度为 100%，就是当前外部列的宽度，并且内部所嵌套的 row 同样可以分为 12 列，代码如［例 4-5］所示。

【例 4-5】

```
<div class="container">
<div class="row" style="padding: 10px;">
<div class="col-md-4" style="background-color: red;">.col-md-4</div>
<div class="col-md-8" style="background-color: yellow;">
<div class="row">
<div class="col-md-3" style="background-color: orange;">.col-md-3</div>
<div class="col-md-3" style="background-color: blue;">.col-md-3</div>
<div class="col-md-3" style="background-color: yellow;">.col-md-3</div>
<div class="col-md-3" style="background-color: green;">.col-md-3</div>
</div>
</div>
</div>
</div>
```

列嵌套运行效果如图 4-6 所示。

图 4-6　列嵌套运行效果

4.3　常用 CSS 样式

Bootstrap 框架在 CSS 基础样式的基础上对 CSS 样式进行了优化，解决了部分潜在的问题，对一些细节上的用户体验进行了提升。Bootstrap 提供给 HTML 各元素的 CSS 布局样式包括标题、段落等基础文本排版样式，以及列表、表格、按钮、图片等样式。本节将重点介绍 CSS 样式中最常用的几个样式：排版、表格、表单。

4.3.1　排版

1．标题

在浏览网页时最先关注的就是文章的标题，Bootstrap 和普通的 HTML 页面一样，都是使用从<h1>到<h6>的标签来定义标题，但 Bootstrap 对从<h1>到<h6>的标签默认样式进行了优化和覆盖，从而提供了一套用户体验更加良好的标题样式，代码如［例 4-6］所示。

【例 4-6】

```
<div class="container">
<h1>标题 1</h1>
<h2>标题 2</h2>
<h3>标题 3</h3>
<h4>标题 4</h4>
<h5>标题 5</h5>
<h6>标题 6</h6>
</div>
```

需要注意的是，想使用 Bootstrap 的 CSS 样式，需要导入 Bootstrap 框架的 CSS 库，代码如下：

```
<link rel="stylesheet" href="css/bootstrap.css" type="text/css"/>
```

另外，还可以在标题内嵌套添加<small>元素或者给元素使用样式类.small，来添加副标题，副标题是一个字号更小、颜色更浅的文本，代码如下：

```
<h1>一级标题<small>小标题</small></h1>
<h2>二级标题<span class="small">小标题</span></h2>
```

2. 段落

段落<p>元素是网页布局中的重要组成部分，在 Bootstrap 中为文本设置了一个全局的正文文本样式，将页面的全局字体大小 font-size 设置为 14px，行高 line-height 设置为 1.428；为了显示美观及便于阅读，特意给 p 元素设置了等于 1/2 行高（10px）的底部外边距（margin-bottom）；在多个段落中，为了突出显示某个段落的重要性，可以通过使用.lead 样式来定义一个中心段落，用于强调其中心领导地位，代码如［例 4-7］所示。

【例 4-7】

```
<link rel="stylesheet" href="css/bootstrap.css" type="text/css"/>
<body>
<div class="container">
<p>春眠不觉晓</p>
<p>处处闻啼鸟</p>
<p>夜来风雨声</p>
<p class="lead">花落知多少</p>
</div>
```

段落测试程序运行效果如图 4-7 所示。

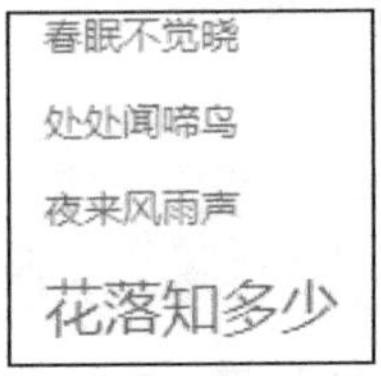

春眠不觉晓
处处闻啼鸟
夜来风雨声
花落知多少

图 4-7 段落测试程序运行效果

3．强调和对齐

常用的文本强调样式如表 4-1 所示。

表 4-1　常用的文本强调样式

样式 class 名称	作用	颜色
.text-muted	提示	浅灰色（#999）
.text-primary	主要	蓝色（#428bca）
.text-success	成功	浅绿色（#3c763d）
.text-info	通知信息	浅蓝色（#31708f）
.text-warning	警告	黄色（#8a6d3b）
.text-danger	危险	褐色（#a94442）

常用的文本对齐样式如表 4-2 所示。

表 4-2　常用的文本对齐样式

样式 class 名称	作用
.text-left	左对齐
.text-center	居中对齐
.text-right	右对齐
.text-justify	两端对齐

4．列表

Bootstrap 提供了 3 种列表结构，分别是无序列表、有序列表和定义列表。下面重点介绍无序列表和有序列表，并介绍 Bootstrap 为列表所提供的.list-unstyled 样式和.list-inline 样式。

1）无序列表和有序列表

无序列表指没有特定顺序的一列元素，是以传统风格的着重号开头的列表。有序列表指顺序至关重要的一组元素，是以数字或其他有序字符开头的列表，代码如［例 4-8］所示。

【例 4-8】

```
<h4>无序列表</h4>
<ul>
  <li>锄禾日当午</li>
  <li>汗滴禾下土</li>
  <li>谁知盘中餐</li>
  <li>粒粒皆辛苦</li>
</ul>
<h4>有序列表</h4>
<ol>
  <li>第一题</li>
  <li>第二题</li>
  <li>第三题</li>
</ol>
```

无序列表和有序列表测试程序运行效果如图 4-8 所示。

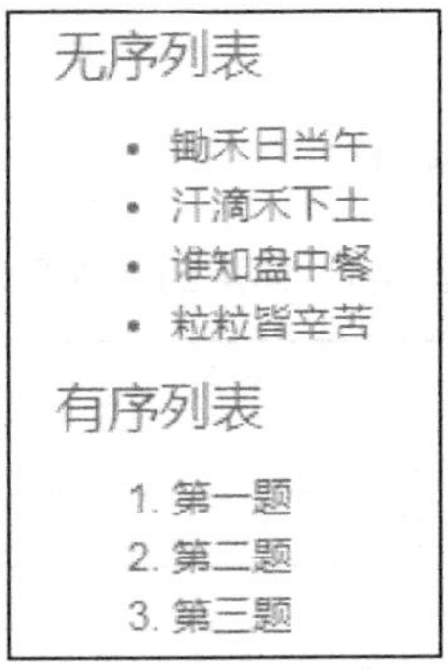

无序列表

- 锄禾日当午
- 汗滴禾下土
- 谁知盘中餐
- 粒粒皆辛苦

有序列表

1. 第一题
2. 第二题
3. 第三题

图 4-8　无序列表和有序列表测试程序运行效果

2）list-unstyled 样式

如图 4-8 所示，Bootstrap 中无序列表和有序列表默认是带有项目编号的。但是，在实际开发中，为了方便使用，列表通常无须带有前面的编号，Bootstrap 为列表提供了.list-unstyled 样式来解决这个问题，代码如［例 4-9］所示。

【例 4-9】

```
<h4>无项目编号无序列表</h4>
<ul class="list-unstyled">
  <li>锄禾日当午</li>
  <li>汗滴禾下土</li>
  <li>谁知盘中餐</li>
  <li>粒粒皆辛苦</li>
</ul>
<h4>无项目编号有序列表</h4>
<ol class="list-unstyled">
  <li>第一题</li>
  <li>第二题</li>
  <li>第三题</li>
</ol>
```

无项目编号列表测试程序运行效果如图 4-9 所示。

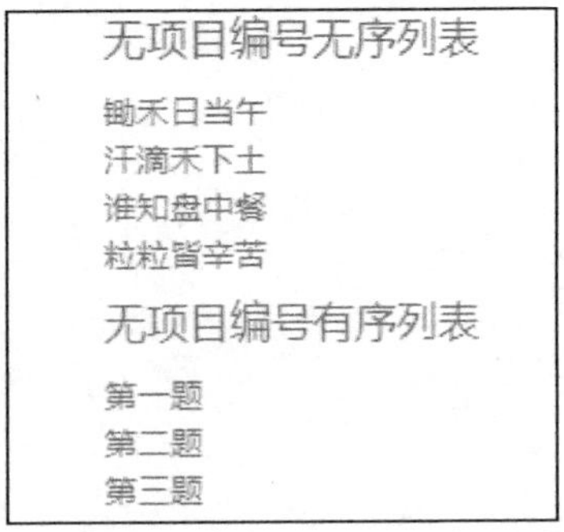

无项目编号无序列表

锄禾日当午
汗滴禾下土
谁知盘中餐
粒粒皆辛苦

无项目编号有序列表

第一题
第二题
第三题

图 4-9　无项目编号列表测试程序运行效果

3）list-inline 样式

如图 4-8 和图 4-9 所示，列表<ul>或<ol>默认的排列方式是垂直排列的。在实际开发中，经常会有水平排列的样式需求，Bootstrap 通过给列表<ul>或<ol>元素应用样式类.list-inline，可以将列表的所有元素放置于同一行，代码如［例 4-10］所示。

【例 4-10】

```
<ul class="list-inline">
 <li>首页</li>
 <li>我的</li>
 <li>帮助</li>
</ul>
```

水平排列列表测试程序运行效果如图 4-10 所示。

首页　我的　帮助

图 4-10　水平排列列表测试程序运行效果

4.3.2　表格

HTML 默认的表格样式远远不能满足项目编写的需要，Bootstrap 提供了 6 种不同风格的表格布局样式：1 个基础样式、4 个附件样式、1 个响应式设计样式。表格布局样式如表 4-3 所示。

表 4-3　表格布局样式

	样式 class 名称	描述
1个基础样式	.table	基础表格
4个附件样式	.table-striped	斑马线表格
	.table-bordered	带边框的表格
	.table-hover	鼠标悬停高亮的表格
	.table-condensed	紧凑型表格
1个响应式设计样式	.table-responsive	响应式表格

在表 4-3 中，.tablc 是表格的一个基类，如果想要添加其他样式，则要在.table 的基础上添加。表内的样式可以组合使用，多个样式之间使用空格隔开即可，代码如［例 4-11］所示。

【例 4-11】

```
<div class="container">
<table class="table table-striped  table-bordered table-hover">
     <thead>
    <tr>
    <th>编号</th>
    <th>姓名</th>
    <th>年龄</th>
    </tr>
</thead>
<tbody>
    <tr>
    <td>1001</td>
    <td>张三</td>
    <td>22</td>
    </tr>
```

```
    <tr>
    <td>1002</td>
     <td>李四</td>
     <td>24</td>
     </tr>
     <tr>
     <td>1003</td>
     <td>王五</td>
      <td>21</td>
      </tr>
</tbody>
    </table>
</div>
```

表格样式测试程序运行效果如图 4-11 所示。

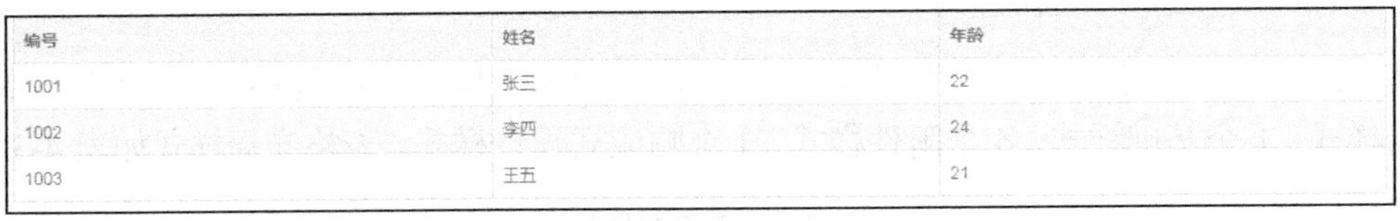

编号	姓名	年龄
1001	张三	22
1002	李四	24
1003	王五	21

图 4-11　表格样式测试程序运行效果

除此之外，Bootstrap 为表格提供了 5 种状态的样式类，通过这些状态类可以为表格中的行或单元格设置不同的背景颜色。表格状态类如表 4-4 所示。

表 4-4　表格状态类

样式 class 名称	描述
.active	表示当前活动的信息
.success	表示成功或者正确的行为
.info	表示中立的信息或行为
.warning	表示警告，需要特别注意
.danger	表示危险或者可能是错误的行为

表格状态类的测试代码如［例 4-12］所示。

【例 4-12】

```
<div class="container">
<table class="table table-bordered">
  <thead>
    <tr>
      <th>类名</th>
      <th>描述</th>
    </tr>
  </thead>
  <tbody>
    <tr class="active">
      <td>.active</td>
      <td>活动</td>
    </tr>
```

```
        <tr class="success">
          <td>.success</td>
          <td>成功</td>
        </tr>
        <tr class="info">
          <td>.info</td>
          <td>信息</td>
        </tr>
        <tr class="warning">
          <td>.warning</td>
          <td>警告</td>
        </tr>
        <tr class="danger">
          <td>.danger</td>
          <td>危险</td>
        </tr>
      </tbody>
    </div>
```

4.3.3 表单

1. 表单控件

在 Bootstrap 框架中，定制一个类名.form-control 的样式，所有设置了.form-control 样式的<input>、<textarea>和<select>等元素都将被默认设置为以下效果。

（1）width：100%。

（2）设置了一个浅灰色（#ccc）的边框。

（3）具有 4px 的圆角。

（4）设置了阴影效果，并且元素得到焦点时，阴影和边框效果会有所变化。

（5）设置了 placeholder 的颜色为#999。

另外，将 label 和前面提到的这些控件包裹在样式为.form-group 的 div 中可以获得最好的用户体验效果，通常还需要指定<form>的 role 属性为“form”。

下面对常用的表单控件进行介绍。

1）文本输入框

文本输入框的基本语法为<input type="*" />，另外还需要设置 Bootstrap 所提供的一些样式。其中，"*"包括 HTML5 支持的所有类型：text、password、datetime、datetime-local、date、month、time、week、number、email、url、search、tel 和 color。

测试代码如［例 4-13］所示。

【例 4-13】

```
<div class="container">
<form role="form">
<div class="form-group">
<label for="InputText">用户名</label>
<input type="text" class="form-control"id="InputText" placeholder="用户名">
```

```
    </div>
    <div class="form-group">
    <label for="InputPassword">密码</label>
    <input type="password" class="form-control" id="InputPassword" placeholder
="密码">
    </div>
    <div class="form-group">
    <label for="InputEmail">电子邮件</label>
    <input type="email" class="form-control" id="InputEmail" placeholder="电子
邮件">
    </div>
    </form>
    </div>
```

文本输入框测试程序运行效果如图 4-12 所示。

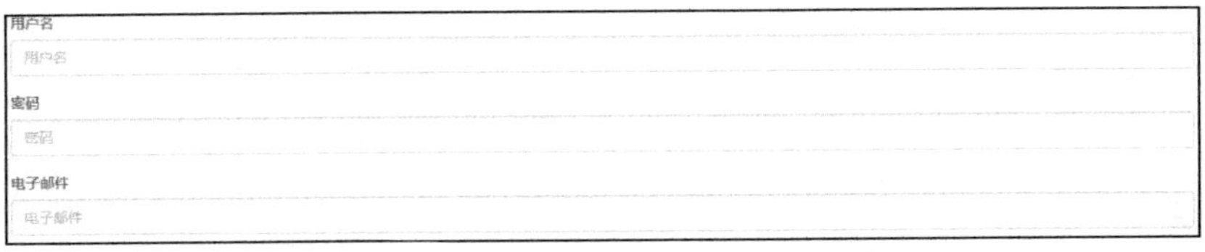

图 4-12　文本输入框测试程序运行效果

2）下拉框和文本域

下拉框也是表单中的基本组件，允许用户从多个选项中进行选择。默认情况下，下拉框只能选择一个选项，如果需要实现多选，则可以设置属性 multiple="multiple"。文本域是支持多行文本的表单控件，可根据需要改变 rows 属性。使用这两个控件时，需要在标签中设置 class ="form-control"。

测试代码如［例 4-14］所示。

【例 4-14】

```
<form role="form">
  <div class="form-group">
  <label for="InputText1">选择城市</label>
  <select class="form-control">
  <option>郑州</option>
  <option>洛阳</option>
  <option>开封</option>
  <option>许昌</option>
  </select>
  </div>
  <div class="form-group">
  <label for="InputText2">备注信息</label>
  <textarea class="form-control" rows="4"></textarea>
  </div>
</form>
```

下拉框和文本域测试程序运行效果如图 4-13 所示。

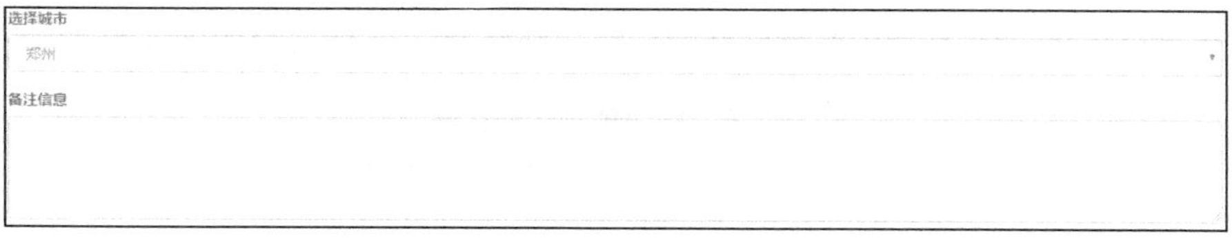

图 4-13　下拉框和文本域测试程序运行效果

3）复选框和单选按钮

如果用户需要从列表中选择若干选项，则可以使用复选框（checkbox）；如果限制用户只能选择其中一个选项，则可以使用单选按钮（radio）。使用复选框和单选按钮时需要注意，各个选项的 name 属性值要相同，value 属性要有具体的值。另外，对单选按钮和复选框，若添加 checked 属性，就会实现默认选中效果，测试代码如［例 4-15］所示。

【例 4-15】

```
<form role="form">
<div class="checkbox">
   <input type="checkbox" name="hobby" value="篮球">篮球
</div>
<div class="checkbox">
   <input type="checkbox" name="hobby" value="足球">足球
</div>
<div class="checkbox">
   <input type="checkbox" name="hobby" value="排球">排球
</div>
<div class="radio">
   <input type="radio" name="sex"  value="男" checked> 男
</div>
<div class="radio">
   <input type="radio" name="sex" value="女">女
</div>
</form>
```

注意，在 Bootstrap 中使用复选框和单选按钮时，除了要设置 type 的值为"checkbox"和"radio"，还需要分别为每个复选框和单选按钮括上一个样式为"checkbox"和"radio"的 div，这样才能得到预期的效果。单选按钮和复选框测试程序运行效果如图 4-14 所示。

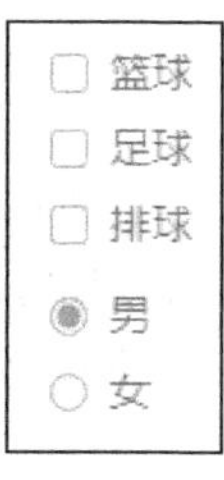

图 4-14　单选按钮和复选框测试程序运行效果

图 4-14 显示的运行效果是垂直方向排列的，若要实现水平方向的排列效果，则可以将上例中 div 的样式分别变为.checkbox-inline 和 .radio-inline。

4）按钮

Bootstrap 为按钮提供了一个基本样式类.btn，所有按钮元素都使用它。此外，还提供了一些预定义样式类，可以用来定义不同风格的按钮。按钮预定义样式类如表 4-5 所示。

表 4-5　按钮预定义样式类

样式 class 名称	描述
.btn-default	默认按钮
.btn-primary	主要按钮
.btn-success	成功按钮
.btn-info	信息按钮
.btn-warning	警告按钮
.btn-danger	危险按钮
.btn-link	链接按钮

按钮测试程序如［例 4-16］所示。

【例 4-16】

```
<form role="form">
  <button class="btn" type="button">基础按钮</button>
  <button class="btn btn-default" type="button">默认按钮</button>
  <button class="btn btn-primary" type="button">主要按钮</button>
  <button class="btn btn-success" type="button">成功按钮</button>
  <button class="btn btn-info" type="button">信息按钮</button>
  <button class="btn btn-warning" type="button">警告按钮</button>
  <button class="btn btn-danger" type="button">危险按钮</button>
  <button class="btn btn-link" type="button">链接按钮</button>
</form>
```

按钮测试程序运行效果如图 4-15 所示。

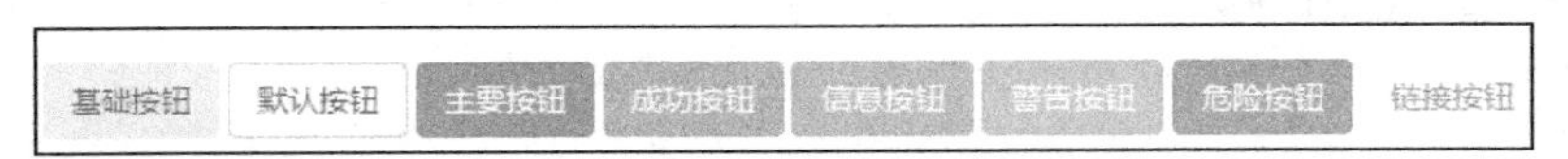

图 4-15　按钮测试程序运行效果

除使用<button>标签元素来制作按钮外，还可以把一些标签制作成按钮效果，例如<a>、<div>、<span>等，在这些需要制作成标签效果的标签中应添加样式类名“btn”，否则不会有任何按钮效果。测试代码如［例 4-17］所示。

【例 4-17】

```
<form role="form">
<span class="btn btn-default">span 标签按钮</span>
<div class="btn btn-primary">div 标签按钮</div>
<a href="" class="btn btn-success">标签</a>
</form>
```

其他标签制作按钮测试程序运行效果如图 4-16 所示。

图 4-16　其他标签制作按钮测试程序运行效果

2．表单布局

1）水平表单

［例 4-13］中的表单默认的布局方向是垂直方向的，每个样式为 form-group 的 div 中的多个表单都是垂直排列的。如果要将［例 4-13］中的标签 label 和输入框显示在同一行，则需要向 form 标签添加 class= "form-horizontal"样式，并且向 label 标签添加 class= "control-label"样式，同时结合栅格系统进行布局，代码如［例 4-18］所示。

【例 4-18】

```
<div class="container">
<form  class="form-horizontal" role="form" >
<div class="form-group">
<label class="col-sm-2 control-label" for="InputText">用户名</label>
<div class="col-sm-10">
<input type="text" class="form-control" id="InputText" placeholder="用户名"/>
</div>
</div>
<div class="form-group">
<label class="col-sm-2 control-label" for="InputPassword">密码</label>
<div class="col-sm-10">
<input type="password" class="form-control" id="InputPassword" placeholder="
密码"/>
</div>
</div>
<div class="form-group">
<label class="col-sm-2 control-label" for="InputEmail">电子邮件</label>
<div class="col-sm-10">
<input type="email" class="form-control" id="InputEmail" placeholder="电子
邮件"/>
</div>
</div>
</form>
</div>
```

水平表单测试程序运行效果如图 4-17 所示。

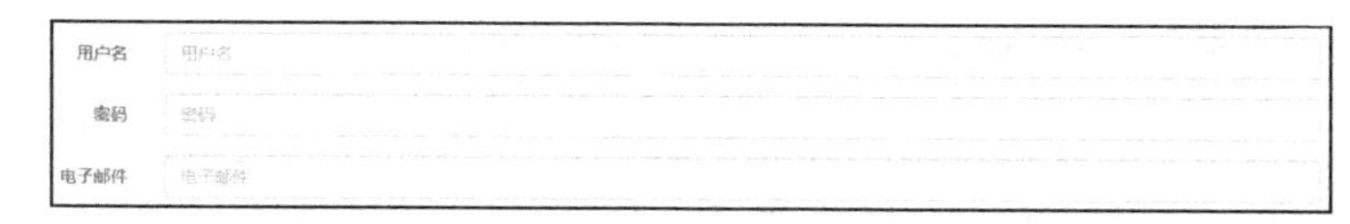

图 4-17　水平表单测试程序运行效果

2）内联表单

［例 4-18］仅仅实现了一个样式为 form-group 的 div 中的表单的水平排列效果。如果需要把所有的表单都在一行中显示，则需要向<form> 标签添加 class=“form-inline”，代码如［例 4-19］所示。

【例 4-19】

```
<form  class="form-inline" role="form" >
```

```
    <div class="form-group">
    <label class="control-label" for="InputText">用户名</label>
    <input type="text" class="form-control" id="InputText" placeholder="用户名"/>
    </div>
    <div class="form-group">
    <label class="control-label" for="InputPassword">密码</label>
    <input type="password" class="form-control" id="InputPassword" placeholder="
密码"/>
    </div>
    <div class="form-group">
    <label class="control-label" for="InputEmail">电子邮件</label>
    <input type="email" class="form-control" id="InputEmail" placeholder="电子
邮件"/>
    </div>
    </form>
```

内联表单测试程序运行效果如图 4-18 所示。

图 4-18　内联表单测试程序运行效果

4.4　Bootstrap 常用组件

Bootstrap 能够快速开发前端页面的原因之一是，Bootstrap 框架提供了非常丰富的组件。组件是由其他基础 HTML 元素组合而成的，具有一定特效及功能的元素。Bootstrap 框架提供的组件有很多，包括字体图标、下拉菜单、按钮组、按钮下拉菜单、输入框组、导航、导航条、路径导航、分页、标签、徽章、巨幕、页头、缩略图、警告框、进度条、媒体对象、列表组、面板等。本节重点介绍最常用的几种组件：下拉菜单、导航、分页。这几种组件将在本书的在线图书销售平台项目中用到。

4.4.1　下拉菜单

在网页交互的时候经常会用到下拉菜单。下拉菜单的交互效果为：当用户单击页面中的选项按钮时，页面会展示当前选项下的菜单选项；当用户再次单击页面中的该选项按钮时，页面会自动隐藏当前选项按钮下的菜单选项。因此，一个基本的下拉菜单由触发按钮和下拉列表构成，测试代码如［例 4-20］所示。

【例 4-20】

```
    <div class="dropdown">
       <button class="btn btn-default dropdown-toggle" type="button" id="dropdo
wnMenu1" data-toggle="dropdown">
    图书类别
        <span class="caret"></span>
      </button>
```

```
    <ul class="dropdown-menu" role="menu" aria-labelledby="dropdownMenu1">
      <li class="dropdown-header">标题</li>
      <li><a role="menuitem"  href="#">科技类图书</a></li>
      <li><a role="menuitem"  href="#">教育类图书</a></li>
      <li><a role="menuitem"  href="#">少儿类图书</a></li>
      <li  class="divider"></li>
      <li class="dropdown-header">标题</li>
      <li class="disabled"><a role="menuitem"  href="#">艺术类图书</a></li>
    </ul>
  </div>
```

在这段代码中，将一个下拉菜单的触发按钮和下拉列表放在一个 div 中，这个 div 的样式需要设置为 dropdown，触发按钮除设置基本的按钮样式外，还需要设置样式 dropdown-toggle，并设置属性 data-toggle="dropdown"，下拉列表的<ul>元素需要设置样式 dropdown-menu，默认的下拉列表对齐方式是左对齐的，若需要下拉列表的右对齐效果，则可以为下拉列表<ul>元素添加.dropdown-menu-right 类样式。下拉列表的<li>元素可以通过添加 dropdown-header 样式标明是标题列，可以通过添加 divider 样式添加分隔线，并可以通过添加 disabled 样式实现禁用菜单项的效果。

下拉菜单测试程序运行效果如图 4-19 所示。

图 4-19　下拉菜单测试程序运行效果

4.4.2　导航

为了快捷方便地查找网站所提供的各项功能，Bootstrap 提供了导航组件。在 Bootstrap 中，导航组件都依赖一个.nav 类，这是所有导航组件的基类，除了这个基类，Bootstrap 还提供了常用导航组件修饰类，如表 4-6 所示。

表 4-6　常用导航组件修饰类

样式 class 名称	描述
nav-tabs	标签式导航
nav-pills	胶囊式导航
nav-justified	自适应导航

导航列表的样式需要以基类.nav 开头，修改导航组件修饰类，可以得到不同的导航样式。

下面以胶囊式导航为例进行测试，测试代码如［例 4-21］所示。

【例 4-21】

```
<ul class="nav nav-pills">
  <li role="presentation" class="active"><a href="#">首页</a></li>
  <li role="presentation"><a href="#">科技类</a></li>
  <li role="presentation"><a href="#">艺术类</a></li>
  <li role="presentation"><a href="#">少儿类</a></li>
  <li role="presentation" class="dropdown">
    <a class="dropdown-toggle" data-toggle="dropdown" href="#">其他<span cl
ass="caret"></span></a>
      <ul class="dropdown-menu">
      <li><a href="#">教育类</a></li>
      <li><a href="#">音乐类</a></li>
    </ul>
  </li>
</ul>
```

在这段代码中，还实现了二级导航效果，即也实现了导航选项的下拉菜单效果。导航测试程序运行效果如图 4-20 所示。

图 4-20 导航测试程序运行效果

4.4.3 分页

在前端页面进行信息显示时，如果不进行分页，则大量的信息显示在一个页面中，这样一方面不利于用户浏览，另一方面也加大了数据加载的负担。因此，在前端页面开发时经常要用到分页功能。有了分页功能，数据就能一页一页地进行加载，可以大大减小数据的加载负担，并且也便于用户进行浏览，提高了用户的使用体验。带页码的分页组件，可能是最常见的一种分页组件。这种分页组件实现起来也非常方便，创建一个带有.pagination 的<ul>列表元素，将页码放在这个列表中，即可生成一个分页组件，测试代码如［例 4-22］所示。

【例 4-22】

```
<div class="container">
  <ul class="pagination">
    <li>
      <a href="#" aria-label="Previous">
      <span aria-hidden="true">&laquo;</span>
      </a>
    </li>
    <li><a href="#">1</a></li>
    <li><a href="#">2</a></li>
    <li><a href="#">3</a></li>
    <li><a href="#">4</a></li>
    <li>
      <a href="#" aria-label="Next">
```

```
      <span aria-hidden="true">&laquo;</span>
      </a>
    </li>
  </ul>
</div>
```

分页测试程序测试效果如图 4-21 所示。

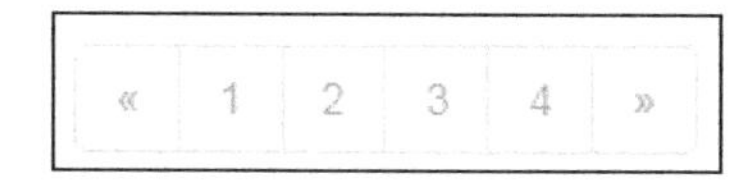

图 4-21　分页测试程序运行效果

需要注意的是，.pagination 类是分页组件的基类，如果要加大或减小分页页码的字号，则可以在基类的基础上添加.pagination-lg 或.pagination-sm 样式。

```
<ul class="pagination pagination-lg">...</ul>
<ul class="pagination pagination-sm">...</ul>
```

4.5　应 用 实 例

在本节中，将根据第 2 章中对在线图书销售平台系统原型图的设计，设计出该系统的主体页面。

经过对在线图书销售平台系统原型图的分析，该系统的首页布局与其他页面的布局方式不一样。首页布局总体上是“上中下”结构，其中中间主体部分又分为“左右”结构。其他页面都是“上中下”结构。根据页面设计的一般规律，上面部分多为页面的 logo 信息，下面部分多为页面的版权信息，中间部分一般为页面的主体信息。

利用本章 Bootstrap 技术设计出首页 index.html 和其他页面 other.html，其中 index.html 代码如下：

```
<!DOCTYPE html>
<html>
<head>
<meta charset="UTF-8">
<!--BootStrap 设计的页面支持响应式布局-->
<meta name="viewport" content="width=device-width, initial-scale=1">
<title></title>
<!--引入 BootStrap 的 CSS-->
<link rel="stylesheet" href="css/bootstrap.css" type="text/css" />
<!--引入 jQuery 的 JS 文件：jQuery 的 JS 文件要在 BootStrap 的 JS 文件的前面引入-->
<script type="text/javascript" src="js/jquery-3.3.1.min.js"></script>
<!--引入 BootStrap 的 JS 文件-->
<script type="text/javascript" src="js/bootstrap.js"></script>
<style type="text/css">
#logo ul li {
list-style: none;
```

```
float: left;
padding: 5px 10px;
line-height: 60px;
}
</style>
</head>
<body>
<div class="container">
<!--logo-->
<div class="row">
<div class="col-md-4">
<h3>在线图书销售平台</h3>
</div>
<div class="col-md-4">
<img src="img/header.jpg" />
</div>
<div class="col-md-4" id="logo">
<ul>
<li>登录</li>
<li>注册</li>
<li>购物车</li>
</ul>
</div>
</div>
<!--导航-->
<div id="">
<nav class="navbar navbar-inverse" role="navigation">
<!-- Brand and toggle get grouped for better mobile display -->
<div class="navbar-header">
<button type="button" class="navbar-toggle" data-toggle="collapse"
data-target=".navbar-ex1-collapse">
<span class="sr-only">Toggle navigation</span> <span
class="icon-bar"></span> <span class="icon-bar"></span> <span
class="icon-bar"></span>
</button>
<a class="navbar-brand" href="#">首页</a>
</div>
<!-- Collect the nav links, forms, and other content for toggling -->
<div class="collapse navbar-collapse navbar-ex1-collapse">
<ul class="nav navbar-nav">
<li class="active"><a href="#">科学类</a></li>
<li><a href="#">文学类</a></li>
<li><a href="#">动漫类</a></li>
<li><a href="#">计算机类</a></li>
<li class="dropdown"><a href="#" class="dropdown-toggle"
data-toggle="dropdown">其他 <b class="caret"></b></a>
<ul class="dropdown-menu">
```

```
<li><a href="#">数据库</a></li>
<li><a href="#">Java</a></li>
<li><a href="#">概率论</a></li>
<li class="divider"></li>
<li><a href="#">新概念</a></li>
<li class="divider"></li>
<li><a href="#">大数据</a></li>
</ul></li>
</ul>
<form class="navbar-form navbar-right" role="search">
<div class="form-group">
<input type="text" class="form-control" placeholder="Search">
</div>
<button type="submit" class="btn btn-default">Submit</button>
</form>
</div>
<!-- /.navbar-collapse -->
</nav>
</div>
<!--页面主题-->
<div class="row">
<!--类别列表-->
<div class="col-md-4">
<ul class="nav nav-pills nav-stacked">
<li><a href="#">当前流行</a></li>
<li><a href="#">科学类</a></li>
<li><a href="#">文学类</a></li>
<li><a href="#">动漫类</a></li>
<li><a href="#">计算机类</a></li>
</ul>
</div>
<!--轮播图-->
<div class="col-md-8">
<div id="">
<div id="carousel-example-generic" class="carousel slide">
<!-- Indicators -->
<ol class="carousel-indicators">
<li data-target="#carousel-example-generic" data-slide-to="0"
class="active"></li>
<li data-target="#carousel-example-generic" data-slide-to="1"></li>
<li data-target="#carousel-example-generic" data-slide-to="2"></li>
</ol>
<!-- Wrapper for slides -->
<div class="carousel-inner">
<div class="item active">
<img src="img/12.jpg" alt="...">
<div class="carousel-caption">第一张图片</div>
```

```
</div>
<div class="item ">
<img src="img/12.jpg" alt="...">
<div class="carousel-caption">第二张图片</div>
</div>
<div class="item">
<img src="img/12.jpg" alt="...">
<div class="carousel-caption">第三张图片</div>
</div>
</div>
<!-- Controls -->
<a class="left carousel-control" href="#carousel-example-generic"
data-slide="prev"> <span
class="glyphicon glyphicon-chevron-left"></span>
</a> <a class="right carousel-control"
href="#carousel-example-generic" data-slide="next"> <span
class="glyphicon glyphicon-chevron-right"></span>
</a>
</div>
</div>
</div>
</div>
<!--版权部分-->
<div>
<div align="center" style="margin-top: 20px;">
<img src="img/footer.jpg" width="100%">
</div>
<div>
<!--友情链接-->
<div align="center">
<a href="">关于我们</a>     <a href="">联系我们</a> 
   
<a href="">招贤纳士</a>     <a href="">法律声明</a> 
   
<a href="#">友情链接</a>     <a href="">支付方式</a> 
   
<a href="">配送方式</a>     <a href="">服务声明</a> 
   
<a href="">广告声明</a>     <br /> © 2021 版权所有
Copyright
</div>
</div>
</div>
</div>
</body>
</html>
```

首页 index.html 运行效果如图 4-22 所示。

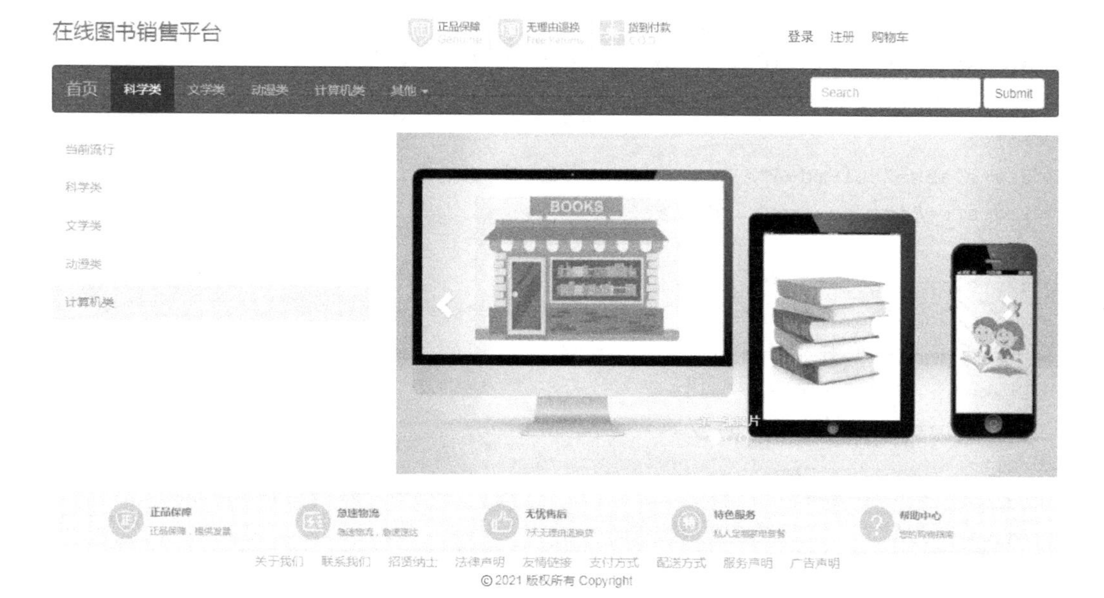

图 4-22　首页运行效果

其他页面 other.html 的代码如下：

```
<!DOCTYPE html>
<html>
<head>
<meta charset="UTF-8">
<!--BootStrap 设计的页面支持响应式布局-->
<meta name="viewport" content="width=device-width, initial-scale=1">
<title></title>
<!--引入 BootStrap 的 CSS-->
<link rel="stylesheet" href="css/bootstrap.css" type="text/css" />
<!--引入 jQuery 的 JS 文件：jQuery 的 JS 文件要在 BootStrap 的 JS 文件的前面引入-->
<script type="text/javascript" src="js/jquery-1.11.3.min.js"></script>
<!--引入 BootStrap 的 JS 文件-->
<script type="text/javascript" src="js/bootstrap.js"></script>
<style>
#logo ul li {
list-style: none;
float: left;
padding: 5px 10px;
/*margin-top: 15px;*/
line-height: 60px;
}
</style>
</head>
<body>
<div class="container">
<!--logo-->
```

```
<div id="logo" class="row">
<div class="col-md-4">
<h2>在线图书销售平台</h2>
</div>
<div class="col-md-4">
<img src="img/header.png" />
</div>
<div class="col-md-4">
<ul>
<li><a href="">登录</a></li>
<li><a href="">注册</a></li>
<li><a href="">购物车</a></li>
</ul>
</div>
</div>
<!--导航-->
<div>
<nav class="navbar navbar-inverse">
<div class="container-fluid">
<!-- Brand and toggle get grouped for better mobile display -->
<div class="navbar-header">
<button type="button" class="navbar-toggle collapsed"
data-toggle="collapse"
data-target="#bs-example-navbar-collapse-1" aria-expanded="false">
<span class="sr-only">Toggle navigation</span> <span
class="icon-bar"></span> <span class="icon-bar"></span> <span
class="icon-bar"></span>
</button>
<a class="navbar-brand" href="#">首页</a>
</div>
<!-- Collect the nav links, forms, and other content for toggling -->
<div class="collapse navbar-collapse"
id="bs-example-navbar-collapse-1">
<ul class="nav navbar-nav">
<li class="active"><a href="#">科学 <span class="sr-only">(current)</span>
</a></li>
<li><a href="#">文学</a></li>
<li><a href="#">动漫</a></li>
<li><a href="#">计算机</a></li>
<li class="dropdown"><a href="#" class="dropdown-toggle"
data-toggle="dropdown" role="button" aria-haspopup="true"
aria-expanded="false">其他 <span class="caret"></span></a>
<ul class="dropdown-menu">
<li><a href="#">装修</a></li>
<li><a href="#">饮食</a></li>
<li><a href="#">科幻</a></li>
```

```
<li><a href="#">青春</a></li>
<li><a href="#">怀旧</a></li>
</ul></li>
</ul>
<form class="navbar-form navbar-right">
<div class="form-group">
<input type="text" class="form-control" placeholder="Search">
</div>
<button type="submit" class="btn btn-default">Submit</button>
</form>
</div>
<!--/.navbar-collapse-->
</div>
<!--/.container-fluid-->
</nav>
</div>
<!--body-->
<div class="row" style="height: 300px; text-align: center;">
<div class="col-md-10 col-md-push-1">
<table class="table table-striped">
<tr>
<td>图书编号</td>
<td>图书名称</td>
<td>图书描述</td>
</tr>
<tr>
<td>1001</td>
<td>java</td>
<td>图书描述</td>
</tr>
<tr>
<td>1002</td>
<td>.net</td>
<td>图书描述</td>
</tr>
<tr>
<td>1003</td>
<td>jsp</td>
<td>图书描述</td>
</tr>
</table>
<ul class="pagination">
<li><a href="#">&laquo;</a></li>
<li><a href="#">1</a></li>
<li><a href="#">2</a></li>
<li><a href="#">3</a></li>
```

```
<li><a href="#">4</a></li>
<li><a href="#">5</a></li>
<li><a href="#">&laquo;</a></li>
</ul>
</div>
</div>
<!--版权部分-->
<div>
<div align="center" style="margin-top: 20px;">
<img src="img/footer.jpg" width="100%">
</div>
<div align="center">
<a href="">关于我们</a>     <a href="">联系我们</a> 
   
<a href="">招贤纳士</a>     <a href="">法律声明</a> 
   
<a href="#">友情链接</a>     <a href="">支付方式</a> 
   
<a href="">配送方式</a>     <a href="">服务声明</a> 
   
<a href="">广告声明</a>     <br /> © 2021 版权所有 Copyright
</div>
</div>
</div>
</body>
</html>
```

other.html 运行效果如图 4-23 所示。

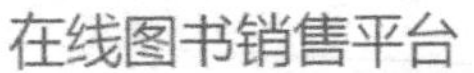

图 4-23　other.html 运行效果

习　题　4

1．Bootstrap 插件全部依赖于（　　）。

A. JavaScript　　B. jQuery　　C. Angular JS　　D. Node JS

2．栅格系统小屏幕使用的类前缀是（　　）。

A. .col-xs-　　B. .col-sm-　　C. .col-md-　　D. .col-lg-

3．下面可以实现列偏移的类是（　　）。

A. .col-md-offset-*　　B. .col-md-push-*　　C. .col-md-pull-*　　D. .col-md-move-*

4．可以把导航固定在顶部的类是（　　）。

A. navbar-fixed-top　　B. navbar-fixed-bottom

C. navbar-static-top　　D. navbar-inverse

5．实现 nav 平铺整行应该使用哪个类？（　　）

A. nav-center　　B. nav-justified　　C. nav-left　　D. nav-right

第5章　JSP基本语法详解

在前面的章节中介绍过，JSP程序实际上就是在HTML代码中嵌入Java代码，在本章的内容中将详细介绍JSP的基本语法。在本章的内容中将陆续介绍JSP程序的组成，并对JSP程序的各个组成部分进行介绍。在最后的应用实例中，会利用本章所学知识，完成主要功能页面的JSP文件的编写及浏览图书类别功能的实现。

5.1　JSP程序的基本结构

一个完整的JSP程序一般由JSP指令标识、HTML标记、JSP脚本程序、JSP注释、JSP表达式等基本组成部分组成，如［例5-1］所示。

【例5-1】　一个完整的JSP程序的基本组成部分如下。

```
<%@ page language="java" contentType="text/html; charset=gbk"
pageEncoding="gbk" %> <!--JSP指令标识-->
<!--HTML标记-->
<html>
<head>
<title>第一个jsp页面</title>
</head>
<body>
<%
out.print("第一个jsp页面");            //Java脚本代码
int num=100;
%>
<%=num %> <!--jsp表达式-->
</body>
</html>
```

从上面的代码段可以看到,JSP页面的基本组成部分是由HTML部分和Java部分组成的，JSP页面的开始必须以JSP的指令标识开头，以表明该文件是一个JSP文件。下面将对JSP页面的各个部分进行详细的介绍。

5.2　JSP 指　令

JSP指令主要用于设定整个JSP页面范围内都有效的相关信息，它是被服务器解析并执行的，不会产生任何内容输出到网页。

JSP指令的语法格式：

<%@ 指令名　属性1="值1"　属性2="值2"%>

注意：<%@ 和%>是完整的标记，不能添加空格。

在 JSP 指令语法格式中，指令名可以是 page、include 或 taglib。不同的指令有不同的属性，在一条指令中，不同的属性用空格或逗号分开。下面分别对这三种指令的使用方法及属性进行详细介绍。

5.2.1 page 指令

page 指令用于设置页面的各种属性，如导入包、指明输出内容类型、控制 session 等。page 指令一般位于 JSP 页面的开头部分，一个 JSP 页面可包含多条 page 指令。

page 指令的设置语法格式如下：

```
<%@ page attribute1="value1" attribute2="value2"...%>
```

page 指令的属性如表 5-1 所示。

表 5-1 page 指令的属性

属性名	说明
language	设定 JSP 页面使用的脚本语言。默认为 Java，目前只可使用 Java 语言
extends	此 JSP 页面生成的 Servlet 的父类
import	指定导入的 Java 软件包或类名列表。有多个类时，中间用逗号分开
session	设定 JSP 页面是否使用 session 对象。值为“true | false”，默认为 true
buffer	设定输出流是否有缓冲区。默认为 8KB，值为“none | sizekb”
autoFlush	设定输出流的缓冲区是否要自动清除。值为“true | false”，默认为 true
isThreadSafe	设定 JSP 页面生成的 Servlet 是否实现 SingleThreadModel 接口。值为“true | false”，默认为 true
info	主要表示此 JSP 网页的相关信息
errorPage	设定 JSP 页面发生异常时重新指向的页面 URL
isErrorPage	指定 JSP 页面是否为处理异常错误的网页。值为“true | false”，默认为 false
contentType	指定 MIME 类型和 JSP 页面的编码方式
pageEncoding	指定 JSP 页面的编码方式
isELIgnored	指定 JSP 页面是否忽略 EL 表达式。值为“true | false”，默认为 false

下面介绍指令中包括的几个常用属性，并进行详细说明。

1．pageEncoding 和 contentType 属性

pageEncoding 属性用来设置 JSP 页面字符的编码集，常用的编码集有 ISO-8859-1、GBK、GB2312、UTF-8。其中，ISO-8859-1 编码集只支持英文字符，不支持中文。UTF-8 编码集采用变长字节编码方式进行编码，既支持英文字符，也支持中文。GBK 和 GB2312 编码集支持 2 万多个中文、日文、韩文字符，同时也支持英文字符。也就是说，在这 4 种编码集中，只有 ISO-8859-1 不支持中文，其他三种都支持中文。

contentType 属性用来设置 JSP 页面的 MIME 类型和字符编码，浏览器会据此显示网页内容。pageEncoding 属性和 contentType 属性都可以用来设置字符编码集，页面中要保持这两种属性所设置的字符编码集一致。

乱码问题是 JSP 运行中的一种常见现象，而解决乱码的方案之一就是统一页面的编码集或者调整页面的编码集，如［例 5-2］所示。

【例 5-2】 要求统一编码集，实现中文信息的输出。要求测试常用的几种编码集，体会

编码集在JSP page指令中的重要作用。

```
<%@ page language="java" contentType="text/html; charset=gbk"
   pageEncoding="gbk"%>
<html>
<head>
<meta http-equiv="Content-Type" content="text/html; charset=gbk">
<title>Insert title here</title>
</head>
<body>
显示中文。 <!--统一页面的编码集，解决乱码问题-->
</body>
</html>
```

2. import属性

import属性可以在当前JSP页面中引入JSP脚本代码中需要用到的其他类。在需要引入多个类或包时，可以在中间使用逗号隔开或使用多个page指令，import指令是所有page指令中唯一可以多次设置的指令，而且累加每个设置。它用来指定JSP网页中需要使用的一些类。例如：

<%@ page import="java.io.*,java.util.Date"%>

所导入的包之间以逗号隔开，也可以分开来写，例如：

<%@ page import="java.util.*" %>

<%@ page import="java.text.*" %>

【例5-3】 编写一个JSP页面，输出当前日期，要求体会import属性的使用方式。

```
<%@ page language="java" contentType="text/html;charset=gbk"
pageEncoding="gbk" %>
<%@ page import="java.text.SimpleDateFormat,java.util.Date" %>
<html>
<head>
</head>
<body>
<!--格式化输出当前日期-->
<%
SimpleDateFormat formater=new SimpleDateFormat("yyyy年MM月dd日 HH:mm:ss");
String nowTime=formater.format(new Date());
out.print(nowTime);
%>
</body>
</html>
```

5.2.2 include指令

include指令用于在当前JSP中包含其他文件，被包含的文件可以是JSP、HTML或文本文件。包含的过程发生在将JSP翻译成Servlet时，当前JSP和被包含的JSP会融合到一起，形成一个Servlet，然后进行编译并运行。

该指令的使用格式如下：

<%@ include file="文件的相对路径"%>

应特别注意：file 属性的值必须为相对路径，否则为出现错误。

【例 5-4】　使用 include 导入外部文本文件 test.txt，该文件已经存在于 JSP 页面的当前目录下，内容如下：

```
<%@ page pageEncoding="gbk" %>
生活不止眼前的苟且，还有书和远方的田野
```

注意：如果外部文件为中文，为了解决乱码问题，就要保持外部文件编码集和该文件的编码集一致。

页面代码如下：

```
<%@ page language="java" contentType="text/html; charset=gbk"
pageEncoding="gbk" %>
<html>
<head>
<title>include1</title>
</head>
<body>
<%@ include file="test.txt" %>
</body>
</html>
```

include 指令的作用与 HTML 的<frame>标签的 src 属性类似，在 Java Web 开发中也可以使用 include 指令对页面进行布局。例如，在页面布局的实战中，通常情况下，页面的 logo 都是统一的，而页面的版权信息也是统一的，因此可以利用 include 的特点，先将页面 logo 显示做成 top.jsp 页面，页面版权信息做成 bottom.jsp，页面主体部分做成 center.jsp 页面，然后利用 include 将三部分信息整合到一起，如图 5-1 所示。

图 5-1　include 指令的作用进阶

这样做的好处是页面具有很好的扩展性，如果想更换页面的 logo 信息，则只需要更新 top.jsp 即可；如果想更换版权信息，则只需要更新 bottom.jsp 即可。

【例 5-5】　利用 include 实现页面的布局。

top.jsp 页面如下：

```
<%@ page language="java" contentType="text/html; charset=gbk"
pageEncoding="gbk" %>
<img src="images/top.jpg"  />
```

center.jsp 页面如下：

```
<%@ page language="java" contentType="text/html; charset=gbk"
pageEncoding="gbk" %>
<img src="images/body.jpg"  />
```

bottom.jsp 页面如下：

```
<%@ page language="java" contentType="text/html; charset=gbk"
pageEncoding="gbk" %>
版权所有　仿冒必究
```

主页面 default.jsp 如下：

```
<%@ page language="java" contentType="text/html; charset=gbk"
pageEncoding="gbk" %>

<html>
<head>
<title>include 进阶练习</title>
</head>
<body>
<table>
<tr><td><%@ include file="top.jsp" %></td></tr>
<tr><td><%@ include file="center.jsp" %></td></tr>
<tr><td><%@ include file="bottom.jsp" %></td></tr>
</table>
</body>
</html>
```

主页面 default.jsp 运行效果如图 5-2 所示。

图 5-2　主页面 default.jsp 运行效果

5.2.3　taglib 指令

taglib 指令用于指定 JSP 页面所使用的标签库，taglib 指令使用的一般格式为<%@ taglib uri="标签库 URI" prefix="标签前缀"%> 。其中，uri 表示要导入的标签库，prefix 表示标签的前缀。这个前缀是可以自定义的，但一般情况下，不同标签库都有约定俗成的前缀。

例如，后续章节所介绍的 JSTL 标签，除需要导入资源包 jstl.jar 和 standard.jar 外，还需要在 JSP 程序的开头加入 taglib 指令，如下所示：

```
<%@ taglib uri="http://java.sun.com/jsp/jstl/core" prefix="c"%>
```

另外，在后续章节中将要介绍 struts2 框架。若要使用 struts2 的标签，除需要导入相应的资源包外，还需要在 JSP 程序的开头加入 taglib 指令，如下所示：

```
<%@ taglib prefix="s" uri="/struts-tags" %>
```

5.3　JSP 脚本程序

JSP 脚本程序指的是在 JSP 页面中嵌入标签<% %>之间的 Java 代码，脚本程序可以写在 JSP 页面中的任意位置。JSP 脚本程序既可以包含一行或者多行 Java 语句，也可以实现一个功能或者多个功能。因此，通过脚本程序，在 JSP 页面中可以完成以下功能：创建需要用到的变量或对象、编写 Java 表达式、使用任何内置对象和任何用<jsp:useBean>创建的对象、完成常见逻辑功能，如计算求和等。

在脚本程序中定义的变量的作用范围是当前页面，生存时间是页面的一次打开和关闭。脚本程序可以分段书写，也就是说在 JSP 页面中可以有多组<% %>标签，在上一组<% %>标签中定义的变量、常量在下一组<% %>标签中是有效的。

脚本程序的一般格式如下：

```
<% Java 代码 %>
```

【例 5-6】　利用脚本程序实现数组显示输出。

```
<%@ page language="java" contentType="text/html; charset=gbk"
   pageEncoding="gbk"%>
<html>
<head>
<title>显示数组内容</title>
</head>
<body>
<%
int score[]={60,90,67,89};
for(int i=0;i<score.length;i++)
{
    out.print(score[i]);
    out.print("<br/>");
}
%>
</body>
```

```
</html>
```

【例 5-7】　脚本程序进阶，利用脚本程序实现图书信息的显示，要求显示格式为表格格式。

首先在 src 目录下建立 com.hkd.dao 包，在该包下建立 Bookinfo 类，Bookinfo 类内容如下：

```
package com.hkd.dao;
public class Bookinfo {
    String bookid;
    String bookname;
    int bookstate;
    String lenddate;
    int count;
    public String getBookid() {
        return bookid;
    }
    public void setBookid(String bookid) {
        this.bookid = bookid;
    }
    public String getBookname() {
        return bookname;
    }
    public void setBookname(String bookname) {
        this.bookname = bookname;
    }
    public int getBookstate() {
        return bookstate;
    }
    public void setBookstate(int bookstate) {
        this.bookstate = bookstate;
    }

    public int getCount() {
        return count;
    }
    public void setCount(int count) {
        this.count = count;
    }
    public String getLenddate() {
        return lenddate;
    }
    public void setLenddate(String lenddate) {
        this.lenddate = lenddate;
    }
    public Bookinfo(String bookid, String bookname, int count) {
        super();
        this.bookid = bookid;
        this.bookname = bookname;
        this.count = count;
```

```
    }
}
```

注意：在 Bookinfo 类中添加一个带参数的构造函数。

JSP 页面代码如下：

```
<%@ page language="java" contentType="text/html; charset=gbk"
   pageEncoding="gbk"%>
<%@ page import="com.hkd.dao.Bookinfo" %>
<%@ page import="java.util.ArrayList" %>
<html>
<head>
<title>以表格格式显示图书信息</title>
</head>
<body>
<!--以表格形式来显示图书信息-->
<%
Bookinfo book1=new Bookinfo("1001","java",10);
Bookinfo book2=new Bookinfo("1002","jsp",3);
Bookinfo book3=new Bookinfo("1003","oracle",6);
ArrayList<Bookinfo> blist=new ArrayList<Bookinfo>();
blist.add(book1); blist.add(book2);blist.add(book3);
out.print("<table>");
out.print("<tr>");
out.print("<td>");
out.print("图书编号");
out.print("</td>");
out.print("<td>");
out.print("图书名称");
out.print("</td>");
out.print("<td>");
out.print("借阅次数");
out.print("</td>");
out.print("</tr>");

for(Bookinfo book:blist)
{
    out.print("<tr>");
    out.print("<td>");
    out.print(book.getBookid());
    out.print("</td>");
    out.print("<td>");
    out.print(book.getBookname());
    out.print("</td>");
    out.print("<td>");
    out.print(book.getCount());
    out.print("</td>");
    out.print("</tr>");
```

```
}
out.print("</table>");
%>
</body>
</html>
```

在 Tomcat 服务器上运行测试，显示结果如下：

图书编号	图书名称	借阅次数
1001	java	10
1002	jsp	3
1003	oracle	6

5.4 JSP 表达式

JSP 中提供了一种可以用来实现输出的标签<%= %>，称为 JSP 表达式，其使用格式为<%= 变量或可以返回值的方法或 Java 表达式 %>。特别要注意，“<%”与“=”之间不要有空格。JSP 表达式和 out 对象的 print()方法一样都是用来实现输出的，当 JSP 中的表达式转换成 servlet 后，就是转换为 out.print()。那么，读者可以考虑这样一个问题：在 5.3 节的［例 5-7］中，能否把所有的 out.print()语句替换为 JSP 表达式呢？答案是肯定的。在下面的例子中将实现这个程序。

【例 5-8】 将［例 5-7］中的 out.print()替换为 JSP 表达式，实现图书信息的表格格式显示。

页面代码如下：

```
<%@ page language="java" contentType="text/html; charset=gbk"
   pageEncoding="gbk"%>
<%@ page import="com.hkd.dao.Bookinfo" %>
<%@ page import="java.util.ArrayList" %>
<html>
<head>
<title>Insert title here</title>
</head>
<body>
<!--以表格形式来显示图书信息-->
<%
Bookinfo book1=new Bookinfo("1001","java",10);
Bookinfo book2=new Bookinfo("1002","jsp",3);
Bookinfo book3=new Bookinfo("1003","oracle",6);
ArrayList<Bookinfo> blist=new ArrayList<Bookinfo>();
blist.add(book1); blist.add(book2);blist.add(book3);
%>
<!--html-->
<table>
<tr><td>图书编号</td><td>图书名称</td><td>次数</td></tr>

<%
//Java 脚本
```

```
    for(Bookinfo book:blist)
    {
      %>
      <!--html-->
      <tr>
      <td><%=book.getBookid() %></td>
      <td><%=book.getBookname() %></td>
      <td><%=book.getCount() %></td>
      </tr>
      <%
    }
  %>
  </table>
  </body>
  </html>
```

在这个程序中，对［例 5-7］中用于实现表格输出的 out 语句，直接用 html 标记来书写；而对实现图书信息输出的 out 语句，改写成 JSP 表达式，并且把循环输出部分的 Java 脚本程序分段书写。核心代码解析如下：

```
  <%
  //将 for 语句分段书写
    for(Bookinfo book:blist)
    { //for 语句开始，第一段 Java 代码
      %>
      <!--html-->
      <tr>  <!--for 循环可以控制 html 标记 tr,以及下面的 JSP 表达式-->
      <td><%=book.getBookid() %></td>
      <td><%=book.getBookname() %></td>
      <td><%=book.getCount() %></td>
      </tr>

      <%
    }  //for 语句结束，第二段 Java 代码
  %>
```

通过分段书写 Java 脚本来实现复杂功能，是在 JSP 脚本程序中经常用到的一种书写技巧。

从上面这个程序及前面的描述中可以看到，JSP 表达式的作用和 out.print()是一样的，但 JSP 表达式的使用却比 out.print()灵活得多。JSP 表达式可以嵌入多种 HTML 标签的属性中，例如 JSP 表达式可以嵌入各种表单的属性中，如<input type="text" name="<%=变量或表达式%>" value="<%=变量或表达式%>"/>，还可以嵌入超链接标签的 href 属性中，如<a href="<%=变量或表达式%>">单击</a>，这些使用特点是 out.print()望尘莫及的。

【例 5-9】　在［例 5-7］程序的基础上进行改造，将图书的借阅次数以文本框的形式显示，并且实现图书编号的超链接，以及在每条记录后面添加“提交”按钮，实现单击“提交”按钮，弹出显示当前借阅次数的对话框，在实现单击超链接后，将当前图书编号传给后台。运行效果如图 5-3 所示。

图书编号	图书名称	次数	操作
1001	java	10	提交
1002	jsp	3	提交
1003	oracle	6	提交

图 5-3　运行效果

页面代码如下：

```
<%@ page language="java" contentType="text/html; charset=utf-8"
   pageEncoding="utf-8"%>
<%@ page import="com.hkd.dao.*" %>
<%@ page import="java.util.*" %>
<html>
<head>
<title>Insert title here</title>
</head>
<script type="text/javascript">
function tijiao(s)
{
    var count=document.getElementById(s).value;
    alert(count);
    }
</script>
<body>
<!--将图书编号添加超链接，实现参数的动态传递，图书借阅次数用文本框显示-->
<%
Bookinfo book1=new Bookinfo("1001","java",10);
Bookinfo book2=new Bookinfo("1002","jsp",3);
Bookinfo book3=new Bookinfo("1003","oracle",6);
ArrayList<Bookinfo> blist=new ArrayList<Bookinfo>();
blist.add(book1); blist.add(book2);blist.add(book3);
%>
<!-- html -->
<table>
<tr><td>图书编号</td><td>图书名称</td><td>次数</td><td>操作</td></tr>
<%
//Java 脚本
  int i=0;
  for(Bookinfo book:blist)
  {
     i++;
    %>
    <!-- html -->
    <tr>
<td>
<a href="###?bid=<%=book.getBookid() %>"><%=book.getBookid() %></a>
</td>
```

```
<td><%=book.getBookname() %>
</td>
<td>
<input type="text" id="count<%=i%>" name="count" value="<%=book.getCount()%>"/>
</td>
<td>
<input type="button" name="btn" value="提交"
onclick="tijiao('count<%=i %>')"/>
</td>
</tr>
<%
  }
%>
</table>
</body>
</html>
```

为了实现弹出对话框效果，在该例中使用了 JS 代码。在这个例子中，JSP 表达式不仅实现了最基本的输出功能<%=book.getBookid() %>，还非常灵活地运用到各种标签中，例如超链接中<a href="###?bid=<%=book.getBookid() %>">，文本框的各种属性中<input type="text" id="count<%=i%>" name="count" value="<%=book.getCount()%>"/>，并且还出现在 JS 的函数调用中 onclick="tijiao('count<%=i %>')"/>。

5.5　JSP 声明标识

JSP 声明标识指的是写在标签<%! %>中的 Java 代码。注意：<%!之间不能有空格，在声明标识中既可以定义变量、常量，也可以定义函数。在声明标识中定义的变量的作用范围是当前页面，生存时间是服务器的运行期间。这一点和脚本程序不同，在脚本程序中定义的变量的作用范围是当前页面，生存时间是页面的一次打开和关闭。另外，在脚本程序中只能进行函数的调用，不能进行函数的定义。

通常利用声明标识的特点，把那些生存时间需要比较长的变量定义在声明标识中。下面将通过一个具体实例，即［例 5-10］来介绍声明标识的应用。

【例 5-10】　实现网页访问次数的统计。

```
<%@ page language="java" pageEncoding="gbk" %>
<html>
<head>
</head>
<%! /* 声明标识 */
int num=0;       //作用范围是整个服务器的运行期间
 synchronized  void count()
{
num++;
}
```

```
%>
<body>
<%-- 函数调用 --%>
<% count(); %>
您是该网页的第<%=num %>个访问者
</body>
</html>
```

5.6 JSP 注 释

为了保证代码的良好可读性，在代码中需要加入大量注释。注释代码的书写非常有利于自己和他人阅读代码，对于程序的后续维护及团队合作都是大有裨益的。因此，一定要养成良好的代码注释习惯：边写代码边注释，及时地记录下自己写代码过程中的思路；对代码和注释同样对待，改完代码后及时更正注释；提升自己对代码的解释能力，用精练的语言表达出代码的核心价值所在。

JSP 中的注释可以分为以下三种：HTML 标记的注释、JSP 的注释、脚本的注释。下面详细地说明这三种注释方法。

1. HTML 标记的注释

```
<!--...add your comments here...-->
```

说明：使用该注释方法，其中的注释内容在客户端浏览中是看不见的。但在查看源代码时，客户是可以看到这些注释内容的。

2. JSP 的注释

JSP 也提供了自己的标记来进行注释，其使用的格式一般如下：

```
<%--
add your comments here
--%>
```

说明：因为使用该注释方法的内容在客户端源代码中是不可见的，所以安全性比较高。

3. 脚本的注释

前面已经介绍过，因为脚本就是嵌入<%和%>标记之间的程序代码，并且脚本使用的语言是 Java，所以在脚本中进行的注释和在 Java 类中的注释方法一样。可以使用“//”来注释一行，使用“/*和*/”来注释多行内容。具体的使用格式如下：

```
<%
Java Code
//单行注释
Java Code
/*多行注释
多行注释*/
Java Code
%>
```

【例 5-11】 演示注释。

```
<%@ page language="java" contentType="text/html; charset=gbk"
    pageEncoding="gbk"%>
<html>
<head>
<title>注释演示</title>
</head>
<body>
<!-- 这是一个 HTML 注释(在客户端源代码可以看到)-->
<%-- 这是一个 JSP 标记注释(在客户端源代码不可以看到)--%>
<%
/*这里是 JSP 脚本部分,
使用 Java 语言,实现字符串输出*/
out.println("这是一个注释实例");
//打印出字符串
%>
</body>
</html>
```

在软件开发实战中，为了提高注释效率，通常使用组合键。在 JSP 页面中使用 Ctrl+Shift+/组合键可以添加 HTML 注释，而在脚本程序中使用该组合键可以添加 Java 注释。与之相应地可以通过 Ctrl+Shift+\来取消组合键。当然，用户还可以根据自己的操作习惯调整组合键。用户可以按照一般组合键的设置方法，即 Window→Preferences→General→Keys 进行设置，设置完成后，选择 Window→Preferences→Editors→File Associations 进行编辑器设置，将 JSP 文件的默认编辑器设置为 MyEclipseEditor（default）。

5.7　JSP 标准动作简介

标准动作元素用于执行一些常用的 JSP 页面动作，例如将页面转向、使用 JavaBean、设置 JavaBean 的属性等。在 JSP 中，常用的标准动作元素共有以下几种：<jsp:include>、<jsp:forward>、<jsp:useBean>、<jsp:setProperty>和<jsp:getProperty>等。

其中，<jsp:include>用于在页面被请求的时候引入一个文件，<jsp:forward>用于实现页面的请求转发，<jsp:useBean>、<jsp:setProperty>和<jsp:getProperty>这三个是专门用来操作 JavaBeans 的。这些标准动作的语法格式如下：

```
<动作标识名称 属性 1="值 1" 属性 2="值 2" …/>
```

或

```
<动作标识名称 属性 1="值 1" 属性 2="值 2" …>
    <子动作 属性 1="值 1" 属性 2="值 2" …/>
</动作标识名称>
```

下面对这些标准动作进行详细的介绍。

5.7.1　jsp:include 动作

```
<jsp:include>标签表示包含一个静态的或者动态的文件。
```

语法如下：

```
<jsp:include page="path" flush="true" />
```

或

```
<jsp:include page="path" flush="true">
<jsp:param name="paramName" value="paramValue" />
</jsp:include>
```

注意：

（1）page="path" 为相对路径，或者代表相对路径的表达式。

（2）<jsp:param>子句能够传递一个或多个参数给动态文件，也可在一个页面中使用多个<jsp:param>给动态文件传递多个参数。

前面已经介绍过 include 指令，它是在 JSP 文件被转换成 Servlet 时引入文件的，而这里的 jsp:include 动作不同，插入文件的时间是在页面被请求时。jsp:include 动作的文件引入时间决定了它的效率要稍微差一点，而且被引用文件不能包含某些 JSP 代码（例如不能设置 HTTP 头），但它的灵活性却要好得多。

jsp:include 动作和 include 指令相比，主要有如下几点不同。

（1）include 指令首先将外部文件包含进来，然后再编译，而对于 jsp:include 动作来说，外部文件要先经过编译之后，才会被包含进来。

（2）jsp:include 动作请求代码时可以带参数，如上面代码中<jsp:param name="paramName" value="paramValue" />，而<%@include>不能带参数。

（3）jsp:include 动作中的 path 属性中可以使用 JSP 表达式，而<%@include>中的 file 属性不能使用 JSP 表达式。

（4）从执行速度角度讲，<%@include>比 jsp:include 动作的请求速度快，因为<%@include>仅处理一个请求，而 jsp:include 动作要处理两个请求。

【例 5-12】 使用 include 标准动作实现包含操作。

```
<%@ page language="java" pageEncoding="gbk" %>
<html>
<head>
</head>
<%
String path="center.jsp";
%>
<body>
<jsp:include page="<%=path %>"></jsp:include>
</body>
</html>
```

总体来说，include 标准动作和 include 指令的功能是一样的，都是将外部文件包含进当前文件中。仅从功能上来说，前面的 include 指令能够实现的功能，jsp:include 动作也可以实现。

5.7.2 jsp:forward 动作

jsp:forward 动作把请求转到另外的页面。jsp:forward 动作只有一个属性 page。page 属性表示的是一个相对 URL。page 的值既可以直接给出，也可以使用 JSP 表达式。

语法如下：

```
<jsp:forward page="path" />
```

或

```
<jsp:forward page="path" >
<jsp:param name="paramName" value="paramValue" />...
</jsp:forward>
```

注意：

（1）page="path" 为一个表达式或一个字符串。

（2）<jsp:param> name 指定参数名，value 指定参数值。参数被发送到一个动态文件，参数可以是一个或多个值，而这个文件却必须是动态文件。要传递多个参数，则可以在一个 JSP 文件中使用多个<jsp:param>将多个参数发送到一个动态文件中。

（3）jsp:forward 动作的作用是请求转发，就是把请求转发给其他的页面，这不能简单地等同于页面的跳转。

【例 5-13】 利用 jsp:forward 实现页面的请求转发，编写页面 forward.jsp。

```
<%@ page language="java" pageEncoding="gbk" %>
<html>
<head>
</head>
<body>
这段话能显示吗？
<jsp:forward page="showDate.jsp"></jsp:forward>

</body>
</html>
```

在服务器上运行这个程序，可以显示 showDate.jsp 页面中所要显示的日期，如下所示：

```
2021-05-05 02:46:04
```

但地址栏上仍然是 forward.jsp，如下所示：

```
http://localhost:8080/Chapter5/forward.jsp
```

因此，请求转发和一般的页面跳转及超链接跳转的实质是不一样的，请求转发主要是把请求转发给了其他页面。另外，由该例的运行效果可以看到，请求转发前的 html 内容是不会显示的。请求转发操作在后续的介绍中将经常运用到这种技术，例如 struts2 框架的 action，以及 springMVC 框架的 controller。

5.7.3　操作 JavaBean 用到的三个标准动作

在本节中将介绍与 JavaBean 操作相关的三个标准动作，即<jsp:useBean>、<jsp:setProperty>和<jsp:getProperty>。在介绍这些标准动作之前，首先介绍 JavaBean 的概念和特点。

1. JavaBean 的概念及特点

JSP 较其他同类语言最强有力的方面就是能够使用 JavaBean 组件。Sun 公司对于 JavaBean 的定义："Java Bean 是一个可重复使用的软件部件。" JavaBean 是描述 Java 的软件组件模型，是 Java 程序的一种组件结构，也是 Java 类的一种。在 Java 模型中，通过 JavaBean 可以无限扩充 Java 程序的功能，通过 JavaBean 的组合可以快速地生成新的应用程序。JavaBean 实质上是一个 Java 类，但有它独有的特点，JavaBean 的特性包括以下内容。

（1）是公共的类。

（2）构造函数没有输入参数。

（3）属性必须声明为 private，方法必须声明为 public。

（4）用一组 set 方法设置内部属性。

（5）用一组 get 方法获取内部属性。

（6）是一个没有主方法的类。

（7）实现 java.io.Serializable 接口。

创建 JavaBean 的主要过程和编写 Java 类很相似。要注意的是，在非可视化 JavaBean 中常用“get”或者“set”这样的成员方法来处理属性，JavaBean 可以在任何 Java 程序编写环境下完成编写，再通过编译成为一个类（.class 文件），该类可以被 JSP 程序调用。

【例 5-14】　创建 Userinfo javabean。

首先创建 com.hkd.test 包，在该包下，创建 Userinfo 类。

```
package com.hkd.test;
public class UserInfo {
    private String uname;
    private String pwd;
    public String getUname() {
        return uname;
    }
    public void setUname(String uname) {
        this.uname = uname;
    }
    public String getPwd() {
        return pwd;
    }
    public void setPwd(String pwd) {
        this.pwd = pwd;
    }
}
```

由此可见，JavaBean 的创建方法和一般 Java 类的创建方法是一样的，JavaBean 从功能上可以分为数据 Bean 和工具 Bean。在第 3 章介绍的 Dao 模式中所编写的间接访问数据源 DaoImp 类就是数据 Bean，所编写的实现数据库增删操作的 DaoImp 类就是工具 Bean。

2．jsp:useBean 标准动作

jsp:useBean 标准动作用来装载一个将在 JSP 页面中使用的 JavaBean。这个功能非常有用，因为它既可以发挥 Java 组件重用的优势，又保持了 JSP 使用的方便性。语法格式如下：

```
<jsp:useBean id="name" class="className" scope="scope" />
```

或

```
<jsp:useBean id="name" type="className" scope="scope" />
```

（1）id 指定该 JavaBean 实例的变量名，通过 id 可以访问这个实例。

（2）class 指定 JavaBean 的类名。如果需要创建一个新的实例，则容器会使用 class 指定的类并调用无参构造方法来完成实例化。

（3）scope 指定 JavaBean 的作用范围，可以使用四个值：page、request、session 和 application。默认值为 page，表明此 JavaBean 只能应用于当前页；值为 request 表明此 JavaBean 只能应用于当前请求；值为 session 表明此 JavaBean 应用于当前会话；值为 application 表明此 JavaBean 应用于整个应用程序。

（4）type 指定 JavaBean 对象的类型，通常在查找已存在的 JavaBean 时使用，这时使用 type 将不会产生新的对象。

【例 5-15】　利用 useBean 动作实现对 Userinfo 类的操作和输出。

```
<%@ page language="java"  pageEncoding="gbk"%>
<jsp:useBean id="user" class="com.hkd.test.UserInfo"/>
<html>
<head>
<title>Insert title here</title>
</head>
<body>
<%
user.setUname("tom");
user.setPwd("m123");
%>
用户名:<%=user.getUname() %><br/>
密码: <%=user.getPwd() %>
</body>
</html>
```

<jsp:useBean id="user" class="com.hkd.test.UserInfo"/>这行代码的含义是：创建一个由 class 属性指定的类的实例，然后把它绑定到其名字由 id 属性给出的变量 user 上。因此，这行代码可以和 Userinfo user=new Userinfo();代码等价，都是定义并创建一个名称为 user 的对象。创建 user 对象后，可以通过 set 方法设置它的属性值，通过它的 get 方法获得属性值。

另外，scope 属性的使用可以让 JavaBean 关联到更多的页面。在下面的例子中将介绍 userBean 动作中的 scope 属性。

【例 5-16】　测试 scope 属性。

首先，在 com.hkd.test 文件夹下建立 JavaBean 类 Count。

```
package com.hkd.test;
public class Count {
    int number=0;
    public int getNumber() {
        number++;
        return number;
    }
    public void setNumber(int number) {
```

```
        this.number = number;
    }
}
```

编写 JSP 页面，测试 scope 属性，如下所示：

```
<%@ page language="java" contentType="text/html; charset=utf-8"
    pageEncoding="utf-8"%>
<html>
<head>
<title>testScope</title>
</head>
<body>
<jsp:useBean id="requestscope1" class="com.hkd.test.Count" scope="request"/>
request 范围:
<%=requestscope1.getNumber()%>
<jsp:useBean id="sessionscope1" class="com.hkd.test.Count" scope="session"/>
session 范围:
<%=sessionscope1.getNumber()%>
<jsp:useBean id="appscope1" class="com.hkd.test.Count" scope="application"/>
application 范围:
<%=appscope1.getNumber() %>
</body>
</html>
```

输出结果为：request 范围:1 session 范围:4 application 范围:4。

通过测试可以知道，request 范围仅为一次请求，session 范围为一次会话，也就是浏览器的一次打开和关闭，而 application 范围为服务器的一次运行期间。

在上面的［例 5-15］中，为 user 对象设置初始数据需要通过 setter 方法，获得 user 对象的数据需要通过 getter 方法，实际上对 JavaBean 的操作有一套专用的标准动作，下面分别进行介绍。

3．jsp:setProperty 标准动作

setProperty 标准动作用于设置 JavaBean 中的属性值。语法格式如下：

```
<jsp:setProperty name="id" property="属性名" value="值"/>或
<jsp:setProperty name="id" property="属性名" param="参数名"/>
```

jsp:setProperty 标准动作有下面四个属性。

（1）name 属性：指定 JavaBean 对象名，与 useBean 标准动作中的 id 相对应。

（2）property 属性：表示要设置 JavaBean 中的哪个属性。如果 property 的值是"*"，则表示所有名字与 Bean 属性名字匹配的请求参数都将被传递给相应的属性 setter 方法。

（3）value 属性：value 属性是可选的。该属性用来指定 JavaBean 属性的值。

（4）param 属性：param 是可选的。它指定用哪个请求参数作为 JavaBean 属性的值。如果当前请求没有参数，则什么事情也不做，系统不会把 null 传递给 Bean 属性的 setter 方法。

value 和 param 不能同时使用，但可以使用其中任意一个。

例如：

```
<jsp:useBean id="user" class="com.hkd.test.UserInfo">
<jsp:setProperty name="user" property="uname" value="tom"/>
<jsp:setProperty name="user" property="pwd" value="m123"/>
</jsp:useBean>
```

通过这样的方法进行设置后，user 对象就实现了初始化。

4．jsp:getProperty 标准动作

jsp:getProperty 标准动作提取指定 Bean 属性的值，转换成字符串，然后输出。jsp:getProperty 有两个必需的属性：name 和 property。

（1）name 指定 JavaBean 对象名，与 useBean 标准动作中的 id 相对应。

（2）property 指定 JavaBean 中需要访问的属性名。

例如：

```
用户名:<jsp:getProperty name="user" property="uname"/><br/>
密码: <jsp:getProperty name="user" property="pwd"/>
```

【例 5-17】　使用 JavaBean 计算圆的周长与面积，并且输出。

在 com.hkd.test 包下创建名称为“Circle.java”的 JavaBean。

```
package com.hkd.test;
public class Circle {
    private int radius=1;
    private double circleLength;
    private double circleArea;
    public double getCircleLength() {
        return Math.PI*radius*2;
    }
    public void setCircleLength(double circleLength) {
        this.circleLength = circleLength;
    }
    public double getCircleArea() {
        return Math.PI*radius*radius;
    }
    public void setCircleArea(double circleArea) {
        this.circleArea = circleArea;
    }
    public int getRadius() {
        return radius;
    }

    public void setRadius(int radius) {
        this.radius = radius;
    }
}
```

编写 JSP 页面，实现 JavaBean 的初始化和计算。

```
<%@ page language="java" contentType="text/html; charset=utf-8"
```

```
    pageEncoding="utf-8"%>
<jsp:useBean id="circle" class="com.hkd.test.Circle">
<jsp:setProperty name="circle" property="radius" value="10"/>
</jsp:useBean>
<html>
<head>
<title>发送请求</title>
</head>
<body>
圆周长:<jsp:getProperty name="circle" property="circleLength"/><br/>
圆面积: <jsp:getProperty name="circle" property="circleArea"/>
</body>
</html>
```

页面输出结果如下：

```
圆周长: 62.83185307179586
圆面积: 314.1592653589793
```

5.8 应 用 实 例

在本节应用实例中，将利用本章所学语法知识完成浏览图书类别功能和浏览图书信息功能。根据前面章节的系统设计，在线图书销售平台所采用的架构是两层架构，也就是前台的表示层和后台的数据层。在实现浏览图书类别功能和浏览图书信息功能时，首先要完成数据层的编写，然后再完成表示层页面的编写。

5.8.1 实现浏览图书类别功能

1. 数据层的实现

数据层的代码是由 Dao 模式构成的。在第 3 章中，详细介绍了 Dao 模式。一个完整的 Dao 模式是由 DataBase 类、实体类、Dao 接口、接口实现类四个部分组成的。DataBase 类是可以复用的，对这个类在第 3 章 3.5 节中已经说明了，在此不再赘述。因此，在本章中仅需要完成浏览图书类别功能 Dao 模式的另外三个部分。

1）实体类 Category

在 com.hkd.entity 下创建实体类 Category，代码如下：

```
package com.hkd.entity;
public class Category {
    String catid;
    String name;
    String descn;
    public String getCatid() {
        return catid;
    }
    public void setCatid(String catid) {
```

```
        this.catid = catid;
    }
    public String getName() {
        return name;
    }
    public void setName(String name) {
        this.name = name;
    }
    public String getDescn() {
        return descn;
    }
    public void setDescn(String descn) {
        this.descn = descn;
    }
}
```

2）Dao 接口

对浏览图书类别功能进行分析，该功能主要完成图书类别信息的遍历显示。因此，可以在 CategoryDao 接口中抽象出抽象函数 getCategory()，在 com.hkd.dao 目录下创建 CategoryDao.java，代码如下：

```
package com.hkd.dao;
import java.util.ArrayList;
import com.hkd.entity.Category;
public interface CategoryDao {
    public ArrayList<Category> getCategory();
}
```

3）接口实现类

在 com.hkd.daoimp 目录下，创建接口实现类 CategoryDaoImp.java，该类实现 CategoryDao 接口，并且继承 DataBase 类，代码如下：

```
package com.hkd.daoimp;
import java.sql.ResultSet;
import java.sql.SQLException;
import java.util.ArrayList;
import com.hkd.dao.CategoryDao;
import com.hkd.util.DataBase;
import com.hkd.entity.Category;
public class CategoryDaoImp extends DataBase implements CategoryDao{
    @Override
    public ArrayList<Category> getCategory() {
        String sql="select * from category";
        ResultSet rs=this.getResult(sql);
        ArrayList<Category> slist=new ArrayList<Category>();
        try {
            while(rs.next()) {
                String cardid=rs.getString("catID");
```

```
                String uname=rs.getString("name");
                String bookdescn=rs.getString("descn");
                Category category=new Category();
                category.setCatID(cardid);
                category.setName(uname);
                category.setDescn(bookdescn);
                slist.add(category);
            }
        } catch (SQLException e) {
            e.printStackTrace();
        }
        return slist;
    }
}
```

2. 表示层的实现

图书类别信息是在首页显示的，首页的页面设计已在第 4 章完成，页面代码可参考第 4 章 4.5 节的应用实例。本节重点介绍如何在页面中嵌入 Java 代码，从而实现 4.5 节静态页面的动态化。

编写 index_chapter5.jsp 文件，首先需要在该文件头部导入相关资源包，代码如下：

```
<%@ page import="com.hkd.daoimp.CategoryDaoImp" %>
<%@ page import="com.hkd.entity.Category" %>
<%@ page import="java.util.ArrayList" %>
```

然后在页面中嵌入：

```
<%
    CategoryDaoImp cdi=new CategoryDaoImp();
    ArrayList<Category> clist=cdi.getCategory();
    %>
```

这样在页面中就可以获得图书类别信息列表 clist，接下来，通过如下代码实现 clist 信息的输出。

```
<%
     int i=0;
     for(Category category:clist)
     {
      i++;
     if(i<=5)
     {
     %>
     <li><a
href="product_chapter5.jsp?category=<%=category.getCatID()%>"><%=category.
getName() %></a></li>
     <%
     }
     }
```

```
    %>
```

浏览图书类别功能运行效果如图 5-4 所示。

图 5-4　浏览图书类别功能运行效果

在导航条中仅显示前五个图书类别名称，剩下的图书类别名称将在“其他”下拉框中显示，“其他”下拉框代码和导航条中显示图书类别的代码类似，在此不再赘述。

5.8.2　实现浏览图书信息功能

浏览图书信息功能的数据层代码已在第 3 章 3.7.1 节中介绍过，本节内容仅对该功能的表示层代码进行介绍。

编写 product_chapter5.jsp 文件，代码如下：

```
<%@ page language="java" contentType="text/html; charset=utf-8"
pageEncoding="utf-8"%>
<%@ page import="com.hkd.daoimp.ProductDaoImp"%>
<%@ page import="com.hkd.entity.Product"%>
<%@ page import="java.util.ArrayList"%>
<jsp:useBean id="product" class="com.hkd.entity.Product" />
<jsp:setProperty property="category" name="product" />
<html>
<head>
<meta charset="UTF-8">
<!--BootStrap 设计的页面支持响应式布局-->
<meta name="viewport" content="width=device-width, initial-scale=1">
<title></title>
<!--引入 BootStrap 的 CSS-->
<link rel="stylesheet" href="css/bootstrap.css" type="text/css" />
<!--引入 jQuery 的 JS 文件：jQuery 的 JS 文件要在 BootStrap 的 JS 文件的前面引入-->
<script type="text/javascript" src="js/jquery-1.11.3.min.js"></script>
<!--引入 BootStrap JS 的文件-->
```

```
<script type="text/javascript" src="js/bootstrap.js"></script>
<style>
#logo ul li {
list-style: none;
float: left;
padding: 5px 10px;
/*margin-top: 15px;*/
line-height: 60px;
}
</style>
</head>
<body>
<%
ProductDaoImp pdi=new ProductDaoImp();
ArrayList<Product> plist=pdi.getProductByCategory(product.getCategory());
%>
<div class="container">
<!--logo-->
<div id="logo" class="row">
<div class="col-md-4">
<h2>在线图书销售平台</h2>
</div>
<div class="col-md-4">
<img src="img/header.png" />
</div>
<div class="col-md-4">
<ul>
<li><a href="">登录</a></li>
<li><a href="">注册</a></li>
<li><a href="">购物车</a></li>
</ul>
</div>
</div>
<!--导航-->
<div>
<nav class="navbar navbar-inverse">
<div class="container-fluid">
<div class="navbar-header">
<button type="button" class="navbar-toggle collapsed"
data-toggle="collapse"
data-target="#bs-example-navbar-collapse-1" aria-expanded="false">
<span class="sr-only">Toggle navigation</span> <span
class="icon-bar"></span> <span class="icon-bar"></span> <span
class="icon-bar"></span>
</button>
<a class="navbar-brand" href="index.jsp">首页</a>
</div>
```

```
<!-- Collect the nav links, forms, and other content for toggling -->
<div class="collapse navbar-collapse"
id="bs-example-navbar-collapse-1">
<form class="navbar-form navbar-right">
<div class="form-group">
<input type="text" class="form-control" placeholder="Search">
</div>
<button type="submit" class="btn btn-default">Submit</button>
</form>
</div>
</div>
</nav>
</div>
<!--body-->
<div class="row" style="height: 300px; text-align: center;">
<div class="col-md-10 col-md-push-1">
<table class="table table-striped">
<tr>
<td>图书编号</td>
<td>图书名称</td>
<td>图书描述</td>
</tr>
<%
for(Product p:plist)
{
%>
<tr>
<td><%=p.getProductID() %></td>
<td><%=p.getName() %></td>
<td><%=p.getDescn() %></td>
</tr>
<%
}
%>
</table>
</div>
</div>
<!--bottom-->
<!--版权部分-->
<div>
<div align="center" style="margin-top: 20px;">
<img src="img/footer.jpg" width="100%">
</div>
<div>
<!--友情链接-->
<%@ include file="footer.jsp"%>
<!--页面底部信息-->
```

```
</div>
</div>
</div>
</body>
</html>
```

说明：

（1）product_chapter5.jsp 文件是在第 4 章 4.5 节应用实例中信息展示页 other.html 的基础上进行编写的，在该文件的头部需要编写 JSP 指令，代码如下：

```
<%@ page language="java" contentType="text/html; charset=utf-8"
    pageEncoding="utf-8"%>
<%@ page import="com.hkd.daoimp.ProductDaoImp"%>
<%@ page import="com.hkd.entity.Product"%>
<%@ page import="java.util.ArrayList"%>
```

（2）product_chapter5.jsp 页面需要接收 index_chapter5.jsp 页面发送过来的请求数据，在 index_chapter5.jsp 页面中是通过以下代码进行发送请求数据的，代码如下：

```
    <li><a href="product_chapter5.jsp?category=<%=category.getCatID()%>"><%=
category.getName() %></a></li>
```

其中，请求数据的参数名为 category，该参数名一定要和实体类 Product 中的成员变量保持一致，否则以后在 product_chapter5.jsp 页面中将接收不到这个数据。在 product_chapter5.jsp 页面中利用 JavaBean 技术接收发送过来的请求数据，代码如下：

```
<jsp:useBean id="product" class="com.hkd.entity.Product" />
<jsp:setProperty property="category" name="product" />
```

（3）在 product_chapter5.jsp 页面中嵌入 Java 脚本，从而根据发送过来的请求数据，获得图书信息列表，代码如下：

```
<%
ProductDaoImp pdi=new ProductDaoImp();
ArrayList<Product> plist=pdi.getProductByCategory(product.getCategory());
%>
```

（4）在 product_chapter5.jsp 页面中，利用 Java 脚本技术和 JSP 表达式，动态地生成图书信息表格，代码如下：

```
<%
    for(Product p:plist)
     {
     %>
    <tr>
    <td><%=p.getProductID() %></td>
    <td><%=p.getName() %></td>
    <td><%=p.getDescn() %></td>
    </tr>
    <%
```

```
    }
%>
```

（5）因为在项目的所有页面的底部都需要页面的版权信息，所以可先把页面的版权信息提取出来构成文件 footer.jsp，然后利用本章所介绍的 include 指令导入该页面中，代码如下：

```
<%@ include file="footer.jsp"%>
```

浏览图书信息功能运行效果如图 5-5 所示。

图 5-5　浏览图书信息功能运行效果

在浏览图书类别功能和浏览图书信息功能的实现中，使用了本章 5.2 节的 JSP 指令、5.3 节的 JSP 脚本、5.4 节的 JSP 表达式、5.7 节的 JSP 标准动作，并利用 JSP 脚本的分段书写技术，从而实现 for 循环控制 HTML 标签；还利用 JSP 表达式能嵌入各种 HTML 标签的特点，将 JSP 表达式嵌入超链接标签，从而实现超链接信息的动态化。该应用实例综合性较强，能达到练习本章主要语法知识点的效果。

习　题　5

1．下列说法中正确的是（　　）。

A．include 指令通知容器包含当前的 JSP 页面中内嵌、在指定位置上的资源内容

B．在 include 指令中，file 属性指定要包含的文件

C．include 指令只允许包含动态页面

D．taglib 指令允许页面使用者自定义标签

2．在 JSP 文件中加载动态页面可以使用（　　）指令。

A．<%@ include file="fileName" %>　　B．<jsp:include>

C．page　　D．<jsp:forward>

3．在 J2EE 中，test.jsp 文件中有如下一行代码（选择一项）：

<JSP:useBean id="user" scope="_____" type="com.UserBean"/>

要使 User 对象一直存在于对话中，直至其终止或被删除为止，在下画线中应填入（　　）。

A．page　　B．request　　C．session　　D．application

4．在 J2EE 中，在一个 JSP 文件中有表达式<%=2+3 %>，它将输出（　　）。

A．2+3　　B．5

C．23　　D．不会输出，因为表达式是错误的

5．给定以下 JSP 程序源码，可以在下画线处插入且能够正确输出 WELCOME、JACK 的语句是（　　）。

```
<html>
<body>
<% String name="JACK"; %>
WELCOME, ______
</body></html>
```

A．name　　B．<%=name%>　　C．out.println(name)　　D．out.print(name)

6．在 JSP 中，使用<jsp:useBean>动作可以将 javaBean 嵌入 JSP 页面，对 JavaBean 的访问范围不能是（　　）。

A．page　　B．request　　C．response　　D．application

7．JSP 的指令标记通常是指（　　）。

A．page 指令、include 指令和 taglib 指令

B．page 指令、include 指令和 plugin 指令

C．forward 指令、include 指令和 taglib 指令

D．page 指令、param 指令和 taglib 指令

8．简述 JSP 中常用的动作标志。

9．JSP 中有哪些常用的注释？语法格式是什么？

10．JSP 中的脚本标识包含哪些元素？语法格式是什么？

11．比较 include 指令和 include 动作标识在包含外部文件时的异同点。

第6章　JSP内置对象详解

内置对象部分是服务器端语言的核心内容，不仅是在 JSP 中有内置对象的概念，在其他服务器端语言中也有内置对象的概念，例如 ASP.NET、PHP 等。有了内置对象的语法基础，用户可以实现很多前面所不能实现的功能，完成更复杂的程序编写。在本章中将陆续介绍内置对象简介、out 对象、request 对象、response 对象、session 对象、application 对象、其他内置对象等，在最后的应用实例中，将利用本章所学内容实现登录注册功能。

6.1　内置对象简介

普通对象的使用，都要遵循先创建后使用的规则。内置对象指 JSP 为了方便用户操作，已经为用户创建好的对象，用户可以直接进行使用，而不用考虑创建问题；JSP 为用户提供了 9 个内置对象，每个内置对象都分别封装了相应的方法和属性，用户直接进行使用即可。这 9 个内置对象分别为 request（请求对象）、response（响应对象）、session（会话对象）、application（应用程序对象）、out（输出对象）、page（页面对象）、config（配置对象）、exception（异常对象）和 pageContext（页面上下文对象）。

客户端和服务器端进行交互的一般过程是：客户端向服务器端发送请求，服务器端接收这些请求，并且调用相应的模型进行处理，处理完成后做出响应。在这个过程中需要用到的内置对象有 request、response、session、application、out 等。request 可以用来接收客户端请求；session、application 可以用来存储这些请求，以备其他页面使用；response 可以做出跳转响应；out 可以进行输出响应。

对于 9 个内置对象，本章将详细介绍 request、response、session、application、out 这 5 个对象，对其他内置对象仅做简单说明。

这 5 个内置对象中，本章首先介绍前面已经使用过、相对简单的 out 对象。

6.2　out 对 象

在前面的章节及例题中，已经多次使用过 out 对象，例如 out.print()；我们并没有事先定义 out 对象，然而可直接使用它；这是内置对象的一般特征。

out 对象用于在 Web 浏览器内输出信息，并且管理应用服务器上的输出缓冲区。out 对象是 JspWriter 类的一个实例，至于 JspWriter 类，其实在幕后还是 PrintWriter 类，只是 JspWriter 具有缓存，只有在对 JspWriter 中的缓存进行了刷新后才创建 PrintWriter 类。因此，out 对象（JspWriter 的实例）是具有缓存的，这个缓存由 page 指令中的“buffer”属性设置，所以在使用 out 对象输出数据时，通常需要对数据缓冲区进行操作，及时清除缓冲区中的残余数据，为其他的输出让出缓冲空间。在数据输出完毕后，要及时关闭输出流。out 对象中主要封装了两类方法：一类方法用于向客户端输出信息，另一类用于缓存管理。下面分别进行介绍。

1．向客户端输出信息

out 对象主要的输出方法是 print()方法和 println()方法。两者的区别是：print()方法输出完毕后，并不结束当前行；而 println()方法在输出完毕后，会结束当前行。但不管是 print()方法还是 println()方法都不能实现换行效果，这和控制台输出语句 System.out.println()是不一样的，在页面中若要实现换行，需要使用 out.print("<br/>");。

上述两种方法在 JSP 页面开发中经常用到，它们可以输出各种格式的数据类型，如字符型、整型、浮点型、布尔型，甚至可以是一个对象，还可以是字符串与变量的混合型及表达式。另外，还可以使用 write()方法来进行输出。

例如：

```
out.print("第 1 个 jsp 页面");
out.println("第 2 个 jsp 页面");
out.write("第 3 个 jsp 页面");
```

2．缓存管理

如前所述，out 对象是具有缓存的，因此需要及时地对缓存进行清理和必要的管理，否则将会影响程序的输出结果。常用的缓存管理方法有如下几个。

（1）public abstract void clear()：清除缓冲区中的内容，不将数据发送至客户端。

（2）public abstract void clearBuffer()：将数据发送至客户端后，清除缓冲区中的内容。

（3）public abstract void close()：关闭输出流。

（4）public abstract void flush()：输出缓冲区中的数据。

（5）public int getBufferSize()：获取缓冲区的大小。缓冲区的大小可用<%@ page buffer="size" %>设置。

（6）public abstract int getRemaining()：获取缓冲区剩余空间的大小。

（7）public boolean is AutoFlush()：获取用<%@ page is AutoFlush="true/false"%>设置的 AutoFlush 值。

【例 6-1】 测试 out 输出及缓存管理。

```
<%@ page language="java"  pageEncoding="gbk"%>
<html>
  <head>
    <title>out 对象</title>
  </head>
  <body>
    <h2>out 对象缓存管理</h2><hr>
    <p>
    <%
      String str="相当于输出内容";
     %>
      字符串:<%=str%><br/>
    </p>
```

```
      <p>
      缓冲区大小:<%=out.getBufferSize()%><br/>
      是否自动清除缓冲区:<%=out.isAutoFlush()%><br/>
      缓冲区目前剩余内存大小: <%=out.getRemaining()%><br/>
      </p>
    </body>
  </html>
```

6.3　request 对象

通常，我们把客户端称为前台，把服务器端称为后台。在前台和后台的通信交互中，request 对象所扮演的角色是非常重要的，前台和后台的交互过程为前台向后台发送数据，后台接收到数据，进行处理并做出响应（如图 6-1 所示）。在这个交互过程中，request 对象所起到的作用就是接收前台传过来的数据。因此，request 是非常重要的一个内置对象，因为如果没有 request 的接收数据，后续过程中的处理数据和做出响应就无从谈起了。

图 6-1　request 对象的作用

6.3.1　请求方式简介

前台向后台发送数据常用的请求方式有两种，即 get 方式和 post 方式。

因为 get 方式是从服务器上获取数据，而并非修改数据，所以 get 交互方式是安全的。就像数据库查询一样，从数据库查询数据，并不会影响数据库的数据信息，对数据库来说，也就是安全的。

post 方式是可以修改服务器数据的一种方式，涉及信息的修改，就会有安全问题。就像数据库的更新，更新一个数据库表时，如果条件没有写对，则可能把不需要修改的数据修改了，得到的数据就是错误的了。一般的 post 交互是必须使用表单的，但表单提交的默认方式是 get，如果改为 post 方式，则需要修改表单提交时的 method。

get 方式和 post 方式的区别如下。

（1）get 方式是以实体的方式得到由请求 URL 所指定资源的信息，如果请求 URL 只是一个数据产生过程，那么最终要在响应实体中返回的是处理过程的结果所指向的资源，而不是处理过程的描述。也就是说，get 得到的信息是资源，而不是资源的处理过程。post 方式用来向目的服务器发出请求，要求它接收被附在请求后的实体，并把它当成请求队列中请求 URL 所指定资源的附加新子项。

（2）get 方式请求的数据会附加在 URL 之后，以“？”号分隔 URL 和传输数据，多个参数用&连接。URL 编码格式采用的是 ASCII 编码，而不是 Unicode，即所有的非 ASCII 字符都要编码之后再传输。post 方式将表单内各个字段和内容放置在 HTML HEADER 中一起传送到 Action 属性所指定的 URL 地址，用户是看不到这个过程的。

（3）由于 URL 的长度限制，对 get 方式传输的数据大小有所限制，传送的数据量不超过 2KB。post 方式传送的数据量比较大，一般被默认为没有限制，但是根据服务器的配置，传输量也是不同的。

（4）get 方式传输的参数安全性低，因为传输的数据会显示在请求的 URL 中。post 方式传输的数据安全性较高，因为数据传输不是明文显示的。

在实际操作中，哪些情况下发送的请求是 get 请求，哪些情况下发送的请求是 post 请求呢?

1. get 请求

（1）直接在地址栏中利用 URL 地址访问网址时，发送的是 get 请求。

（2）通过页面超链接访问网页时，发送的是 get 请求。

（3）在页面表单中，明确定义了 method="get"时，发送的是 get 请求。

（4）在通过 JS 代码 window.location.href="url 地址"来跳转页面或刷新当前页面时，发送的是 get 请求。

2. post 请求

在页面表单中，明确定义了 method="post"时，发送的是 post 请求。

最后总结如下：除非明确指定 method="post"，发送的是 post 请求，否则发送的都是 get 请求。

get 请求是一种默认的请求方式，虽然前面提到过 get 方式的安全性略差，但 post 和 get 方式的安全性是相对的，另外也取决于从哪个角度来看。从数据传输过程来看，post 方式是更加安全的，但是从对服务器数据的操作来看，post 方式的安全性又是比较低的。即使是传输过程用 post 来执行，安全性也是相对的，如果了解 HTTP 协议漏洞，通过拦截发送的数据包，同样可以修改交互数据，所以这里的安全不是绝对的。

6.3.2　接收请求参数

request 的主要作用是接收从前台传过来的参数，request 对象中封装了若干为实现接收数据而设计的方法，如表 6-1 所示。下面通过对这些方法的介绍来详细了解 request 是如何接收前台数据的。

表 6-1　request 对象接收数据相关方法

方法名称	说明
String getParameter(String name)	根据页面表单组件名称获取页面提交数据
String[] getParameterValues(String name)	获取一个页面表单组件对应多个值时的用户的请求数据
void setCharacterEncoding(String charset)	指定每个请求的编码，在调用 getParameter()之前进行设定，可以解决中文乱码问题

1. getParameter(String name)方法

getParameter()方法用于实现接收页面表单组件对应单个值时的请求数据，其中 name 和表单组件的 name 属性一致，该方法的返回值是 String，使用的一般格式如下：

```
String uname=request.getParameter("uname");
```

【例 6-2】　接收前台页面表单以 post 方式传过来的数据并且显示。

编写 login.jsp 页面，login.jsp 的页面中提供登录必需的用户名和密码，login.jsp 页面将登录数据提交给 doLogin.jsp 页面，doLogin.jsp 页面接收这些数据并且进行输出响应。

login.jsp 页面代码如下：

```
<%@ page language="java" contentType="text/html; charset=utf-8"
   pageEncoding="utf-8"%>
<html>
<head>
<title>发送请求</title>
</head>
<body>
<form action="doLogin.jsp" method="post">
<!--action 表示的是请求发送的方向-->
<!--method 表示的是请求发送的方式 post get-->
用户名：<input type="text" name="uname" /><br/>
密码：<input type="text" name="pwd" /><br/>
<input type="submit" name="btn" value="提交" />
<!-- button(不能刷新页面) reset（重置） submit(刷新页面)-->
<input type="reset" name="btn" value="重置" />
</form>
</body>
</html>
```

doLogin.jsp 页面代码如下：

```
<%@ page language="java" contentType="text/html; charset=utf-8"
   pageEncoding="utf-8"%>
<html>
<head>
<title>接收请求</title>
</head>
<body>
<%
request.setCharacterEncoding("utf-8");
String username=request.getParameter("uname");/* 参数要和前台页面的表单名称一样 */
String password=request.getParameter("pwd");
%>
<%=username %>
<%=password %>
</body>
</html>
```

说明：

（1）在 login.jsp 页面中，<form action="doLogin.jsp" method="post">中的 action 表示请求发送的页面，请求发送给哪个页面，就在哪个页面中使用 getParameter()方法进行接收，action 参数后面的页面可以缺省，例如<form action="" method="post">，这表示将请求发送给当前页面。

（2）在 login.jsp 页面中，<form action="doLogin.jsp" method="post">中的 method 表示请求发送的方式，方式有两种：get 方式和 post 方式。

（3）在 login.jsp 页面中，<input type="submit" name="btn" value="提交" />部分代码表示“提交”按钮，按钮表单常用的类型有三种（button、reset、submit）。button 按钮不能刷新页面，通常用来激发 JS 方法；reset 是重置按钮，可以重置表单数据；submit 按钮可以实现刷新提交。因此，在 JSP 中若要提交数据，通常选择按钮的类型为 submit。

（4）待提交的表单标签必须括在<form></form>标签中间，否则是不能实现提交功能的。

（5）在 doLogin.jsp 页面中，利用 String username=request.getParameter("uname");来接收数据，getParameter 的参数必须和前台表单的 name 属性一致。若参数不存在，则该函数返回一个 null 值。

（6）在 doLogin.jsp 页面中，利用 String username=request.getParameter("uname");来接收数据，如果参数存在，但表单中没有输入数据，这时该函数返回的不是 null，而是一个空字符串。这一点与（5）不同。

（7）若前台表单输入的是中文，则可能出现乱码现象。这时可以在接收数据之前，使用 setCharacterEncoding(String charset)重置编码集。例如：request.setCharacterEncoding("utf-8");。

在服务器上运行 login.jsp 页面，单击“提交”按钮，页面运行效果分别如图 6-2 和图 6-3 所示。

图 6-2 login.jsp 页面运行效果

图 6-3 doLogin.jsp 页面运行效果

在[例 6-2]中介绍了表单对 post 方式请求的数据接收，并进行了详细的分析。如前所述，get 方式也是一种常见的请求方式。get 方式的前台请求页面如何编写？后台数据接收如何实现？在下面的例子中将进行详细的介绍。

【例 6-3】 get 方式数据的请求及接收。

编写前台 index.jsp 页面，利用超链接方式传递参数，在后台 doIndex.jsp 页面中进行接收数据并且显示。

前台 index.jsp 页面的代码如下：

```
<%@ page language="java"  pageEncoding="gbk"%>
<html>
<head>
<title></title>
</head>
```

```
<body>
<table>
<%
String pet="猫类";
%>
<tr><td><a href="doIndex.jsp?name=birds&&num=2">鸟类</a></td></tr>
<tr><td><a href="doIndex.jsp?name=<%=pet%>">猫类</a></td></tr>
<tr><td><a href="doIndex.jsp?name=dogs">狗类</a></td></tr>
<tr><td><a href="doIndex.jsp?name=fish">鱼类</a></td></tr>
</table>
</body>
</html>
```

后台 doIndex.jsp 页面的代码如下：

```
<%@ page language="java"  pageEncoding="gbk"%>
<html>
<head>
<title></title>
</head>
<body>
<%
String name=request.getParameter("name");
String num=request.getParameter("num");
%>
<%=name %>
<%=num %>
</body>
</html>
```

说明：

（1）通过页面超链接访问网页时，发送的是 get 请求，代码<a href= "doIndex.jsp?name=birds&&num=2">鸟类</a>表示的是向 doIndex.jsp 页面发送请求，请求的参数名分别是 name、num，参数值分别为 birds 和 2。通过超链接请求参数时要注意参数的书写格式，首先要书写待请求 url，在请求的 url 后面加上“?”符号，“?”符号后面跟上参数的名称及参数的值，如果有多个参数，参数之间以“&”或者“&&”符号隔开。另外，参数的值还可以用 JSP 表达式表示，以便向服务器传递动态的数据。

例如，该例中的代码 <a href="doIndex.jsp?name=<%=pet%>">猫类</a>。

（2）在接收数据页面 doIndex.jsp 中，数据的接收同样要用到 request.getParameter()方法，该方法的使用方法同前，在此不再赘述。

get 方式的请求是一种比较常用的请求方式，在第 5 章的［例 5-9］中，将图书的借阅次数以文本框的形式显示，并且实现图书编号的超链接，以及在每条记录后面添加“提交”按钮，实现单击“提交”按钮，弹出显示当前借阅次数的对话框，并实现单击超链接后，将当前图书编号传给后台。读者可以在第 5 章的［例 5-9］的基础上，改写请求页面实现参数请求，添加收据接收页面实现数据接收，在此不再做详细说明，留为读者的课后练习。

2．getParameterValues(String name)方法

getParameterValues(String name)方法用于获取一个页面表单组件对应多个值时的用户的请求数据，其中 name 和表单组件的 name 属性一致，该方法的返回值是 String[]，使用的一般格式如下：

```
String aihao[]=request.getParameterValues("cb");
```

【例 6-4】 编写注册页面，实现注册信息的提交并且显示，注册信息包括姓名、性别、爱好等信息。在该例中，爱好信息的展现将使用复选框来实现，因为一个人的爱好通常是有多个的，复选框的提交就涉及一个页面表单对应多个值的情况了，这时需要借助 getParameterValues()函数来实现数据的接收。

注册页面 register.jsp 代码如下：

```
<%@ page language="java" contentType="text/html; charset=utf-8"
   pageEncoding="utf-8"%>
<html>
<head>
<title>发送请求</title>
</head>
<body>
<form action="doRegister.jsp" method="post">
用户名：<input type="text" name="uname" /><br/>
密码：<input type="text" name="pwd" /><br/>
爱好:<input type="checkbox" name="cb" value="zuqiu">足球
<input type="checkbox" name="cb" value="book">读书
<input type="checkbox" name="cb" value="lanqiu">篮球
性别:<input type="radio" name="sex" value="boy"/>男
<input type="radio" name="sex" value="girl"/>女
<input type="submit" name="btn" value="提交" />
<input type="reset" name="btn" value="重置" />
</form>
</body>
</html>
```

接收数据页面 doRegister.jsp 代码如下：

```
<%@ page language="java" contentType="text/html; charset=utf-8"
   pageEncoding="utf-8"%>
<html>
<head>
<title>接收请求</title>
</head>
<body>
<%
request.setCharacterEncoding("utf-8");
String username=request.getParameter("uname");/* 参数要和前台页面的表单名称一样 */
```

```
String password=request.getParameter("pwd");
String sex=request.getParameter("sex");       //接收单选按钮
String aihao[]=request.getParameterValues("cb");
/* 通过循环，显示所有的爱好 */
if(aihao!=null)
for(String str:aihao)
{
System.out.println(str);
}
%>
用户名:
<%=username %><br/>
密码:
<%=password %><br/>
性别:
<%=sex %>
</body>
</html>
```

说明：

前台注册页面 register.jsp 中的复选框有两个，要保证这两个复选框的 name 属性一致；后台接收数据页面，接收“爱好”表单的代码如下：

```
String aihao[]=request.getParameterValues("cb");
```

要注意该函数的返回值是字符串数组。

利用 getParameterValues()方法可以简化以前的程序实现，或者实现以前所不能实现的功能。例如，假如对第 5 章的［例 5-9］的功能略做扩展，在［例 5-9］的前台页面中添加一个“计算”按钮，要求单击“计算”按钮，实现统计所有图书的总借阅次数，也就是计算所有文本框的值。该功能如果放在第 5 章的知识层面上或者利用 getParameter()方法来完成，实现起来都是非常困难的，但是利用 getParameterValues()方法来完成，问题就变得很简单了。

【例 6-5】 对第 5 章的［例 5-9］的功能进行扩展，要求在接收数据页面中显示图书的借阅次数，并统计其总和。

在第 6 章工程下面的 src 文件夹下建立 com.hkd.dao 包，在该包下编写 Bookinfo 类，该类同第 5 章的［例 5-9］代码，在此不再赘述。

对第 5 章的［例 5-9］的前台页面进行改写，编写 Bookinfo.jsp 页面，代码如下：

```
<%@ page language="java" contentType="text/html; charset=utf-8"
    pageEncoding="utf-8"%>
<%@ page import="com.hkd.dao.*" %>
<%@ page import="java.util.*" %>
<html>
<head>
<title>Insert title here</title>
</head>
<body>
<!-- 将图书编号添加超链接，实现参数的动态传递，图书借阅次数用文本框显示 -->
<%
```

```
Bookinfo book1=new Bookinfo("1001","java",10);
Bookinfo book2=new Bookinfo("1002","jsp",3);
Bookinfo book3=new Bookinfo("1003","oracle",6);
ArrayList<Bookinfo> blist=new ArrayList<Bookinfo>();
blist.add(book1); blist.add(book2);blist.add(book3);
%>
<!-- html -->
<form action="doShowBookinfo3.jsp" method="post">
<table>
<tr><td>图书编号</td><td>图书名称</td><td>次数</td></tr>
<%
//Java 脚本
  int i=0;
  for(Bookinfo book:blist)
  {
    i++;
    %>
    <!-- html -->
    <tr>
    <td><%=book.getBookid() %></td>
    <td><%=book.getBookname() %></td>
    <td><input type="text"  name="count" value="<%=book.getCount()%>"/></td>
    </tr>
    <%
  }
%>
<tr>
    <td colspan="3">
    <input type="submit" name="btn" value="计算"/>
    </td>
    </tr>
</table>
</form>
</body>
</html>
```

[例 6-5] 前台页面运行效果如图 6-4 所示。

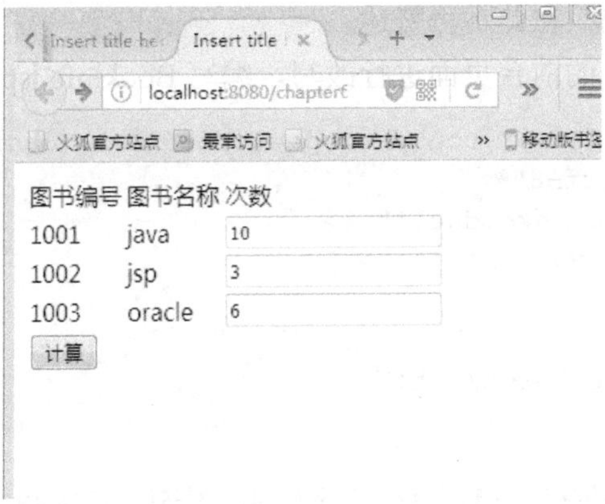

图 6-4 [例 6-5] 前台页面运行效果

后台接收数据页面 doBookinfo.jsp 代码如下：

```
<%@ page language="java"  pageEncoding="utf-8"%>
<html>
<head>
<title>接收数据</title>
</head>
<body>
<%
String count[]=request.getParameterValues("count");
int sum=0;
if(count!=null)
{
for(String str:count)
{
out.println("借阅次数为:"+str+"<br/>");
sum+=Int.parseInt(str);
}
out.println("总借阅次数为:"+sum);
}
%>
</body>
</html>
```

在前台页面中单击“计算”按钮后，后台页面显示效果如图 6-5 所示。

图 6-5　［例 6-5］后台页面显示效果

说明：

通过［例 6-5］的编写和介绍，读者可以对 getParameterValues()函数的使用进行思维上的扩展。因为在［例 6-4］中，getParameterValues()函数接收的是复选框的值，复选框本身的特点就是可以复选，并且前台页面中的按钮代码本来的 name 属性就是一个统一的名称，这样读者很容易想到要使用 getParameterValues()函数。在本例中，我们要计算的是若干个文本框的总和，读者并不容易想到要使用 getParameterValues()函数来实现数据的接收，读者可能会尝试使用通过 JSP 表达式来动态地构建文本框的 name 属性的值，再通过 getParameter()函数来进行接收，这样做会对功能的实现带来很大的麻烦，实际上可以统一文本框的 name 属性的值，而通过 getParameterValues()函数来接收一组文本框的值。利用这个函数使本例变得非常简单。

6.3.3 request 属性管理

request 属性管理需要在作用域中进行，request 属性的作用域是在当前页面有效，或者在请求转发的页面有效，这个范围是比较小的。request 为属性管理提供了一组函数。request 对象属性管理相关函数如表 6-2 所示。

表 6-2　request 对象属性管理相关函数

类型	方法名称	说明
void	setAttribute(String key,Object value)	以 key/value 的形式保存对象值
Object	getAttribute(String key)	通过 key 获取对象值

setAttribute(String key,Object value)函数的作用是以键值对的形式设置属性的名称及属性的值。getAttribute(String key)函数的作用是根据属性的键来获得属性的值。

【例 6-6】　测试 request 属性管理，编写 attributetest.jsp 页面及 result.jsp 页面，测试属性管理相关函数及 request 属性的作用范围。

attributetest.jsp 页面代码如下：

```
<%@ page language="java"  pageEncoding="gbk"%>
<html>
<head>
<title></title>
</head>
<body>
<%
request.setAttribute("name", "Tom");//key value  HashMap  key  value
                                       只要数据存入集合类中，都会被转换成 object
request.setAttribute("pwd", "12345");
/* String uname=(String)request.getAttribute("name");//object
String pwd=(String)request.getAttribute("pwd");
out.print(uname);
out.print(pwd);
*/
%>
<jsp:forward page="result.jsp"/>
<a href="result.jsp">跳转</a>
</body>
</html>
```

result.jsp 页面代码如下：

```
<%@ page language="java"  pageEncoding="gbk"%>
<html>
<head>
<title></title>
</head>
<body>
<%
String uname=(String)request.getAttribute("name");//object
```

```
String pwd=(String)request.getAttribute("pwd");
out.print(uname);
out.print(pwd);
%>
</body>
</html>
```

说明：

（1）对于 attributetest.jsp 页面，可以先测试 request 属性管理在当前页面是否有效，在当前页面通过 setAttribute 函数设置属性的值，利用如下代码读取属性的值，并且输出显示。

```
String uname=(String)request.getAttribute("name");//object
String pwd=(String)request.getAttribute("pwd");
out.print(uname);
out.print(pwd);
```

测试结果表明，在当前页面中，request 属性是可以正常获取输出的。

（2）在 attributetest.jsp 页面中，注释掉以上测试代码，添加请求转发 forward 指令 <jsp:forward page="result.jsp"/>，将属性的获取及输出语句添加进 result.jsp 中，具体代码如 result.jsp 页面代码所示。经过测试表明，在 result.jsp 页面中是可以正常获得 request 属性的。

（3）在 attributetest.jsp 页面中注释掉请求转发代码，添加超链接跳转代码<a href="result.jsp">跳转</a>，测试在超链接情况下，request 属性能否在 result.jsp 页面中被获取并输出。测试表明，在超链接情况下，在 result.jsp 中，数据是不能被获得及输出的。

因此，request 属性的作用范围仅为当前页面或一次请求转发，而在超链接等产生的第三方页面中，request 的属性就超出了其作用域。

6.4　response 对象

response 是 HttpServletResponse 类的一个对象，它先封装了服务器对客户端的响应，然后被发送到客户端以响应客户请求。

在客户端和服务器端的交互过程中，response 对象的主要作用是做出响应，response 对象响应客户请求，向客户端输出信息。它封装了 JSP 产生的响应，并发送到客户端以响应客户端的请求。请求的数据可以是各种数据类型，甚至是文件。

6.4.1　实现重定向页面

使用 response 对象提供的 sendRedirect()方法可以将网页重定向到另一个页面。重定向操作支持将地址重定向到不同的地址上，在客户端浏览器上将会跳转到新的地址，并重新发送请求的链接地址。用户可以在浏览器的地址栏中看到新的地址。进行重定向操作后，request 中的属性全部失效，并且开始一个新的 request 对象。语法格式如下：

```
response.sendRedirect(String path);
```

response 重定向和请求转发 forward 是不一样的，请求转发仅是把请求发送给新的页面，而不是将地址重定向到不同的地址上，请求转发 forward 指令只能在本网站内跳转，并且跳转后，在地址栏中仍然显示以前页面的 URL。跳转前后的两个页面同属于一个 request，用户程序可以用 request 来设置或传递用户程序数据。

【例 6-7】 测试重定向网页。

```
<%
String username= request.getParameter("uname");
String password= String username=request.getParameter("pwd");;
//常量写到前面，变量写到后面
if("tom".equals(username)&&"12345".equals(password))
{
response.sendRedirect("welcome.jsp");
}
else
{
response.sendRedirect("error.jsp");
}
%>
```

说明：

在该例中，如果输入的用户名为 tom、密码为 12345，则页面跳转到 welcome.jsp 页面，否则页面跳转到 error.jsp 页面。response 在该例中起到重新定向的作用。另外，在该例中判断用户名和密码是否正确的逻辑表达式，代码如下：

```
"tom".equals(username)&&"12345".equals(password)
```

编码时要注意将常量写到前面，变量写到后面。反之，如果将变量写到前面，可能会出现空指针异常情况。

6.4.2 处理 HTTP 文件头

通过 response 对象可以设置 HTTP 响应报头，其中，最常用的是设置响应的内容类型、禁用缓存、设置页面自动刷新和定时跳转页面。

1．设置响应的内容类型：response.setContentType(String type)

type：用于指定响应的内容类型，可选值是 text/html、text/plain、application/x_msexcel、application/msword 等。

```
response.setContentType("text/html; charset=gbk");
```

2．禁用缓存

```
response.setHeader("Cache-Control","no-store");
response.setDateHeader("Expires",0)  ;
```

3．设置页面自动刷新

```
response.setHeader("refresh","10");
```

4．定时跳转页面

```
response.setHeader("refresh","5";URL=login.jsp);
```

6.4.3　设置输出缓冲区

通常情况下，服务器要输出到客户端的内容不会直接写到客户端，而是先写到一个输出缓冲区中，当满足以下 3 个情况之一时，就会把缓冲区的内容写到客户端：JSP 页面的输出信息已经全部写入了缓冲区；缓冲区已满；在 JSP 页面中，调用了 response 对象的 flushBuffer() 方法或 out 对象的 flush()方法。

response 提供以下对缓冲区配置的方法。

（1）flushBuffer()：强制将缓冲区的内容输出到客户端。

（2）getBufferSize()：获取响应所使用的缓冲区的实际大小，如果没有使用缓冲区，则返回值为 null。

（3）setBufferSize()：设置缓冲区的大小。

（4）reset()：清除缓冲区的内容，同时清除状态码和报头。

（5）isCommitted()：检测服务器端是否已经把数据写入客户端。

另外，利用 response 对象还可以对输出数据的编码集进行设置，以及添加 cookie 操作等，在此不再赘述。

6.5　session 对象

在本节中将介绍 session 对象，并利用 session 对象实现信息系统中常见的登录控制功能。什么是登录控制呢？下面首先对将要做的这个案例进行介绍，以期达到案例驱动的效果。

登录控制指的是与登录注册相关的整个操作，用户在登录页面 login.jsp 中输入用户名和密码进行登录。如果用户名和密码正确，则跳转到成功页面 welcome.jsp，并将用户名等信息带到成功页面。在成功页面中还有“注销”超链接，单击“注销”超链接可以实现该用户的注销。如果用户名和密码不正确，则跳转到失败页面 error.jsp。在失败页面中要有提示信息及“注册”按钮，单击“注册”按钮，用户可以进入注册页面 register.jsp 进行注册。

登录控制流程如图 6-6 所示。

本节的例题将围绕登录控制展开。在登录控制中，用户将体验到 session 对象的重要性。

6.5.1　session 对象的特点和概念

session 是非常重要的一个内置对象，在客户端和服务器端的通信交互中，扮演着数据搬运工的角色，能够实现不同页面之间的数据共享，从而实现更丰富多彩的服务器端效果。

session 即会话。一个会话就是浏览器与服务器之间的一次通话，包含浏览器与服务器之间的多次请求及响应过程。session 是 JSP 内置对象，与浏览器一一对应，允许用户存储和提取会话状态的信息。

session 对象的生存时间是和浏览器的关闭与否密切相关的，只要浏览器不关闭，session 对象就一直存在，因此就可以在多个页面之间实现数据的共享和传递。通过超链接打开的窗口是否也是新的 session 对象呢？每个 session 对象都与浏览器一一对应，重新开启一个浏览器，相当于重新创建一个 session 对象。通过超链接打开的新窗口的 session 对象与其父窗口的 session 对象相同。

【例 6-8】　测试 session 对象和浏览器的关系。

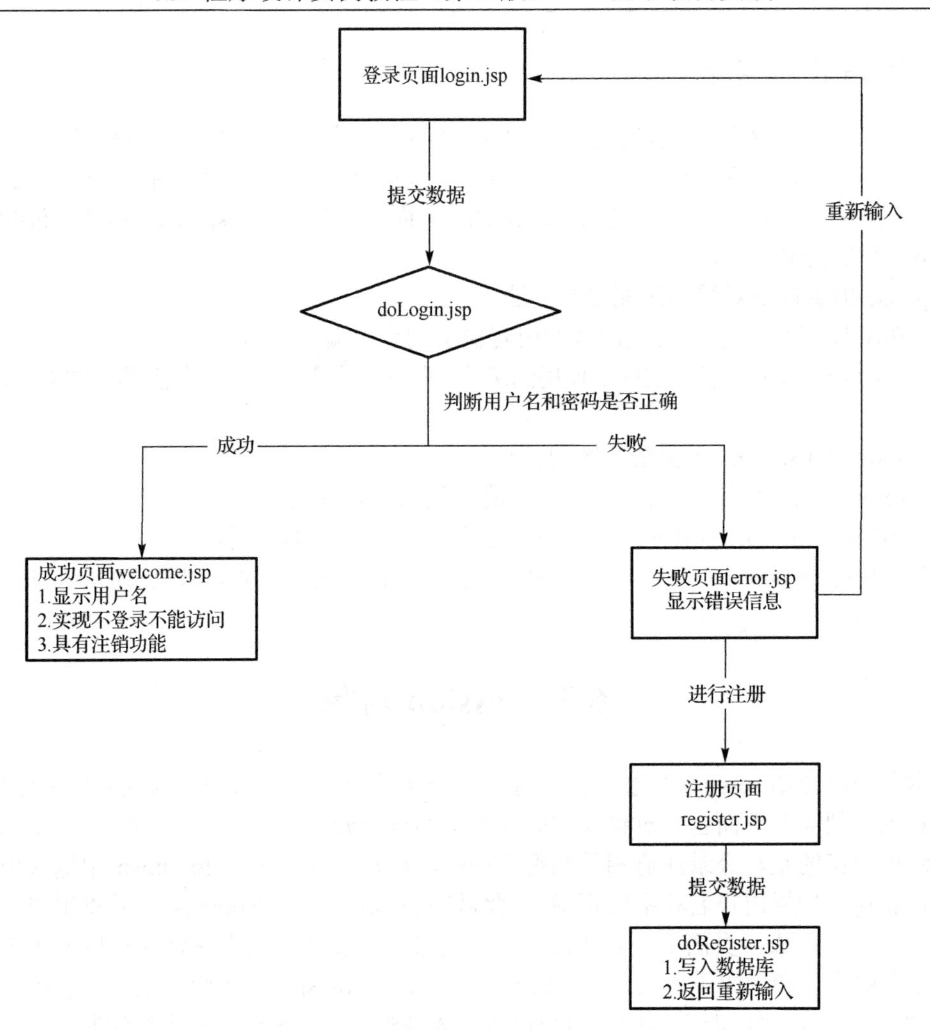

图 6-6　登录控制流程

编写 session_id.jsp 页面，代码如下：

```
<%@ page language="java"  pageEncoding="gbk"%>
<html>
<head>
<title>session 与浏览器的关系</title>
</head>
<body>
<%
out.print("session_id:"+session.getId());
%>
<a href="session_id_test.jsp">测试 sessionid</a>
</body>
</html>
```

编写超链接页面 session_id_test.jsp，代码如下：

```
<%@ page language="java"  pageEncoding="gbk"%>
<html>
```

```
<head>
<title>session 与浏览器的关系</title>
</head>
<body>
<%
out.print("session_id:"+session.getId());
%>
</body>
</html>
```

运行 session_id.jsp 页面及单击超链接跳转到 session_id_test.jsp 页面，运行效果分别如图 6-7 和图 6-8 所示。

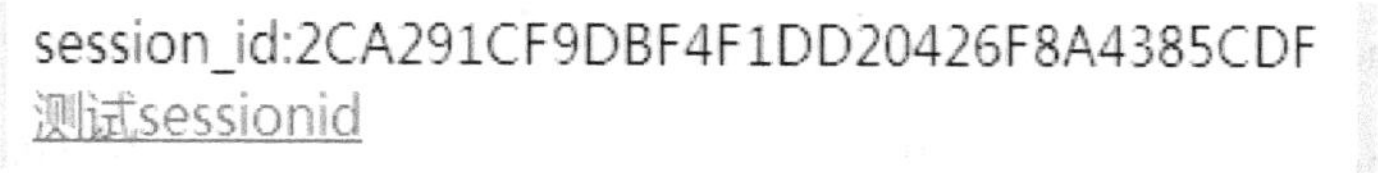

session_id:2CA291CF9DBF4F1DD20426F8A4385CDF
测试sessionid

图 6-7　session_id.jsp 页面运行效果

session_id:2CA291CF9DBF4F1DD20426F8A4385CDF

图 6-8　session_id_test.jsp 页面运行效果

说明：

由运行效果可以看到，通过超链接打开新窗口，该窗口中的 session 对象与其父窗口的 session 对象相同。另外，读者可自行测试，在浏览器不关闭情况下，多次在地址栏中输入第一个页面的 url，发现 session_id 的值是不变的，而在浏览器关闭后重新在地址栏中输入该 url，发现 session_id 是变化的，所以 session 对象的作用范围是浏览器的一次打开和关闭。

6.5.2　session 对象的常用方法介绍

session 对象的常用方法如表 6-3 所示。

表 6-3　session 对象的常用方法

返回类型	方法名	说明
String	getId()	返回 session 对象的 sessionId
void	setAttribute(String name, Object value)	设置指定名称的 session 属性值。会替换掉任何以前的值
Object	getAttribute(String name)	返回指定名称的 session 属性值
void	removeAttribute(String name)	删除指定名称的 session 属性值
long	getCreationTime()	返回 session 被创建的时间。最小单位为千分之一秒
long	getLastAccessedTime()	返回 session 最后被客户端发送的时间。最小单位为千分之一秒
Int	getMaxInactiveInterval()	返回超时时间（秒），负值表示 session 永远不会超时
void	setMaxInactiveInterval(int n)	设置超时时间（秒）
Enumeration	getAttributeNames()	获得 session 内所有属性名称的集合
String[]	getValueNames()	返回一个包括 session 在内的所有可用属性名称的数组
void	invalidate()	取消 session，使 session 不可用

1. setAttribute(String name, Object value)

session对象拥有内建的数据结构，可以存储任意数量的对象数据。存储的数据是以“键/值”形式进行的。存储数据使用setAttribute(String name, Object value)，将一个对象的值存放到session中，参数name表示键，参数value表示值。

```
session.setAttribute("uname", "Tom");
```

2. getAttribute(String name)

通过调用getAttribute(key)获取存储的键值，返回类型为Object，通常需要将它转换成会话中与这个属性名相关联的存储时的数据类型。如果属性不存在，getAttribute()返回值为null。

```
String uname=(String)session.getAttribute("uname");/*根据key来获取value */
```

因为getAttribute(key)返回值为Object，所以获得存储的键值后，需要进行强制类型转换。注意：强制类型转换的类型要和用setAttribute()方法设置的value的类型一致，否则会出现类型不匹配的异常情况。

3. removeAttribute(String name)

setAttribute()方法会替换掉任何之前设定的值，也就是说可以重复设置某个键的键值，此处也符合新值覆盖旧值的原则，但如果确实有移除某个值的必要，则使用removeAttribute()方法。

```
session.removeAttribute("uname");
```

4. invalidate()

JSP页面可以将已经保存的所有对象全部删除。session内置对象使用invalidate()方法将会话中的全部内容删除。

```
session.invalidate();
```

5. setMaxInactiveInterval(int n)

该函数用于设置超时时间，session对象默认的超时时间是30分钟（min）。在这段时间内，如果客户端没有向服务器端发送请求，则session将失效。通过setMaxInactiveInterval(int n)可以修改这个时间，参数n表示时间值，单位为秒（s）。

```
session.setMaxInactiveInterval(20);     //秒
```

这表示在20秒内，若客户端和服务器端没有进行通信交互，则session将超时。

6. getCreationTime()和getLastAccessedTime()

getCreationTime()返回session被创建的时间，单位为毫秒（ms）。getLastAccessedTime()返回session最后被客户发送的时间，最小单位为毫秒。这两个函数的组合可以计算操作完成时所耗费的时间，例如：

```
<%  long startTime=session.getCreationTime();
    long endTime=session.getLastAccessedTime();
%>
<P>用时<%=(endTime-startTime)/1000%>秒
```

【例 6-9】　完成图 6-6 中所描述的登录控制。

编写 login.jsp 页面，代码如下：

```
<%@ page language="java" contentType="text/html; charset=utf-8"
   pageEncoding="utf-8"%>
<html>
<head>
<title>发送请求</title>
</head>
<body>
<form action="doLogin.jsp" method="post">
用户名：<input type="text" name="uname" /><br/>
密码：<input type="text" name="pwd" /><br/>
<input type="submit" name="btn" value="提交" />
<input type="reset" name="btn" value="重置" />
</form>
</body>
</html>
```

编写 doLogin.jsp 页面，代码如下：

```
<%@ page language="java" contentType="text/html; charset=utf-8"
   pageEncoding="utf-8"%>
<html>
<head>
<title>Insert title here</title>
</head>
<body>
<%
String username=request.getParameter("uname");/* 参数要和前台页面的表单名称一样 */
String password=request.getParameter("pwd");
session.setMaxInactiveInterval(20);//秒
if("tom".equals(username)&&"12345".equals(password))
{
session.setAttribute("uname", username);
response.sendRedirect("welcome.jsp");
}
else
{
response.sendRedirect("error.jsp");
}
%>
</body>
</html>
```

编写 welcome.jsp 页面，代码如下：

```
<%@ page language="java" contentType="text/html; charset=utf-8"
   pageEncoding="utf-8"%>
<html>
<head>
<title>Insert title here</title>
```

```
</head>
<body>
<%
String uname=(String)session.getAttribute("uname");/* 根据 key 来获取 value */
session.removeAttribute("uname");
%>
欢迎<%=uname %>登录系统
<a href="doInvalidate.jsp">注销</a>
</body>
</html>
```

编写 doInvalidate.jsp 页面，代码如下：

```
<%@ page language="java" contentType="text/html; charset=utf-8"
   pageEncoding="utf-8"%>
<html>
<head>
<title>Insert title here</title>
</head>
<body>
<%
session.invalidate();
response.sendRedirect("login.jsp");
%>
</body>
</html>
```

编写 error.jsp 页面，代码如下：

```
<%@ page language="java" contentType="text/html; charset=utf-8"
   pageEncoding="utf-8"%>
<html>
<head>
<title>Insert title here</title>
</head>
<body>
登录失败，请重新<a href="login.jsp">登录</a>，或<a href="register.jsp">注册</a>
</body>
</html>
```

login.jsp 页面运行效果如图 6-9 所示。

图 6-9　login.jsp 页面运行效果

输入用户名 tom，密码为 12345，单击“提交”按钮，welcome.jsp 登录成功页面运行效果如图 6-10 所示。

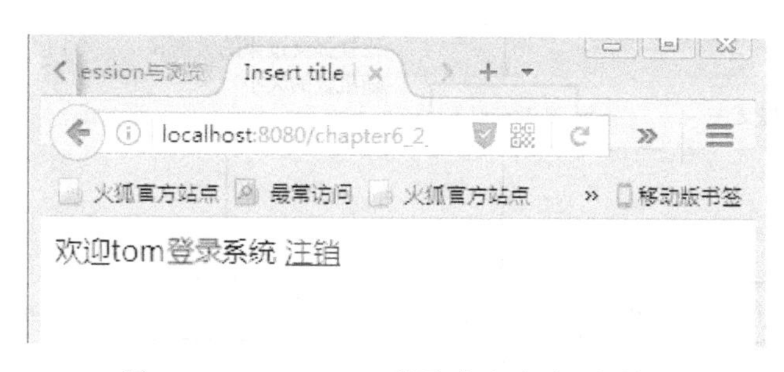

图 6-10　welcome.jsp 登录成功页面运行效果

若单击“注销”超链接，则 session 失效。如果输入的用户名和密码不正确，则跳转到失败页面，error.jsp 页面运行效果如图 6-11 所示。

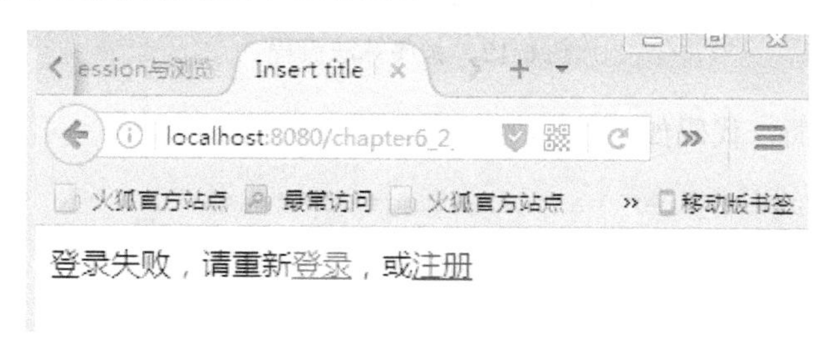

图 6-11　error.jsp 页面运行效果

在［例 6-9］中综合运用了本节所介绍的 session 常用函数，实现了图 6-6 所描述的登录控制，在此可以总结 session 失效的以下几种情况。

（1）客户关闭浏览器。

（2）会话超时，即超过 session 对象的生存时间。若用户在规定时间内没有再次访问该网站，则认为超时。

（3）调用 invalidate()方法。

在程序设计中，往往要考虑 session 失效的情况，例如在登录控制中就要考虑如果登录超时则需要进行的操作。

对［例 6-9］的程序，用户还可以进行以下扩展。

（1）不登录不能访问功能的实现。

（2）单击“注销”超链接后，显示用户操作系统的时间。

session 是一个非常重要的内置对象，若想灵活掌握则必须通过一定的例题练习。因此，下面再举一个与 session 相关的进阶程序，该程序在难度上要比登录控制稍大一点。

【例 6-10】　编写程序，实现 Web 版猜数字游戏。系统后台随机生成一个 0～99（包括 0 和 99）的数字，从前台页面输入猜测的数字，提交后判断猜大或猜小。猜大或者猜小都需要重新输入数据猜测，直到猜到为止。在游戏过程中，记录猜对所需的次数，游戏结束后将在结果页面上公布结果，并显示测试时间。

程序算法流程如图 6-12 所示。

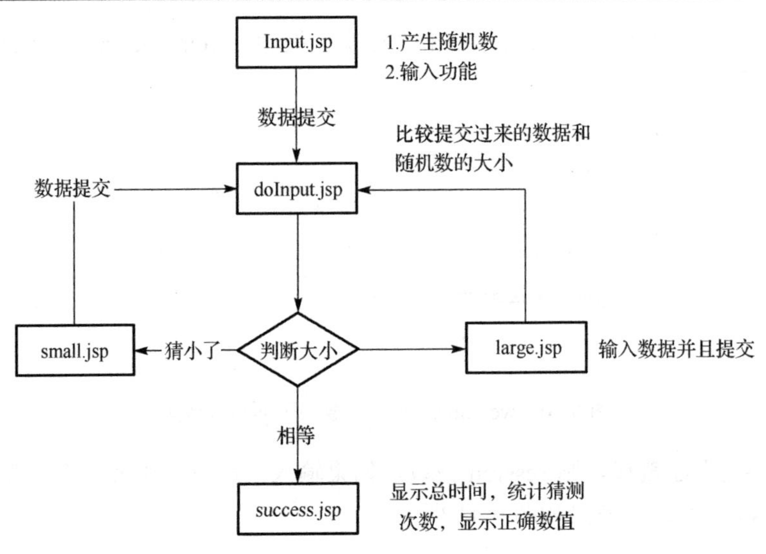

图 6-12　程序算法流程

编写 Input.jsp 页面，代码如下：

```
<%@ page language="java" pageEncoding="gbk" %>
<html>
<head>
<title>
产生随机数
</title>
</head>
<body>
<%
    request.setCharacterEncoding("gbk");
    int counter=0;//计数器
    session.setAttribute("counter", counter);
    int ranNum=(int)(Math.random()*100);//产生随机数
    session.setAttribute("ranNum", ranNum);
%>
随机分给你一个 0～99 之间的数，请猜<br>
输入你所猜的数字：
<form action="doInput.jsp" method="post" name="form1">
<input type="text" name="numTxt"/>
<input type="submit" name="submit" value="提交"/>
</form>
</body>
</html>
```

说明：

在 Input.jsp 页面中主要实现以下三个功能。

（1）产生一个 0～99 之间的随机数。

（2）初始化猜测次数，session.setAttribute("counter", counter)。

（3）输入用户所猜测的数字。

在该页面中，不管是猜测次数的初始化，还是随机数的存储，所使用的技术都是 session 技术。因为 session 的作用范围是一次页面的打开和关闭，所以利用 session 可以实现数据在各个页面之间的共享，该意义非常重大。

编写 small.jsp 页面，代码如下：

```
<%@ page language="java" pageEncoding="gbk" %>
<html>
<head>
<title>
</title>
</head>
<body>
猜的数字比实际要小，请再猜
<form action="doInput.jsp" method="post" name="form2" >
<input type="text" name="numTxt"/>
<input type="submit" name="submit" value="提交"/>
</form>
</body>
</html>
```

编写 large.jsp 页面，代码如下：

```
<%@ page language="java" pageEncoding="gbk" %>
<html>
<head>
<title>
</title>
</head>
<body>
猜的数字比实际要大，请再猜
<form action="doInput.jsp" method="post" name="form3" >
<input type="text" name="numTxt"/>
<input type="submit" name="submit" value="提交"/>
</form>
</body>
</html>
```

说明：

small.jsp 页面和 large.jsp 页面的代码比较接近，通过 doInput.jsp 页面判断后，如果猜大了，则跳转到 large.jsp 页面；如果猜小了，则跳转到 small.jsp 页面。这两个页面所实现的主要功能是猜测数据的录入及请求的发送，要使输入文本框的 name 属性的值保持一致，以及数据的请求方向保持一致。name 属性的值都统一设置成 numTxt，数据都统一发送到 doInput.jsp 页面。因此，doInput.jsp 页面所处的位置是枢纽位置，主要是接收请求数据并且进行处理。

编写 doInput.jsp 页面，代码如下：

```
<%@ page language="java" pageEncoding="gbk" %>
```

```
<html>
<head>
<title>
接收数据并做出判断
服务器端
</title>
</head>
<body>
<%
  request.setCharacterEncoding("gbk");
  int counter=(Int)session.getAttribute("counter");
  counter++;
  session.setAttribute("counter", counter);
  int ranNum=(Int)session.getAttribute("ranNum");
  String numTxt01=request.getParameter("numTxt");
  int numTxt=Int.parseInt(numTxt01);
  if(ranNum>numTxt){
    response.sendRedirect("small.jsp");
  }else if(ranNum<numTxt){
      response.sendRedirect("large.jsp");
  }else{
      response.sendRedirect("success.jsp");
}
%>
</body>
</html>
```

说明：

doInput.jsp 页面实际上所起到的作用是在后面将要介绍的 MVC 模式中的控制器的作用，就是要接收数据并且进行处理，然后选择相应的视图进行处理。在该页面中，需要注意猜测次数的统计，每次的累加都必须在上一次的基础上进行。

```
int counter=(Int)session.getAttribute("counter");
counter++;
session.setAttribute("counter", counter);
```

累加之后，还需要重新设置 session 的属性。如前所述，setAttribute()方法会替换任何之前设定的值，也就是说可以重复设置某个键的键值，此处也符合新值覆盖旧值的原则。

编写成功页面 success.jsp，代码如下：

```
<%@ page language="java" pageEncoding="gbk" %>
<html>
<head>
<title>
</title>
</head>
<body>
<%
request.setCharacterEncoding("gbk");
long startTime=session.getCreationTime();
```

```
    long endTime=session.getLastAccessedTime();
    int  time=(int)((endTime-startTime)/1000);
    int ranNum=(Int)session.getAttribute("ranNum");
    int counter=(Int)session.getAttribute("counter");
    %>
    恭喜你猜对了！！<br>
    你总共猜了<%=counter %>次<br>
    共历时<%=time %><br>秒
    该数字为<%=ranNum %>
    </body>
    </html>
```

在该页面中，利用 session.getAttribute()方法得到前面页面所存储的随机数和猜测次数，并利用 session 所提供的 getCreationTime()和 getLastAccessedTime()方法计算猜数字游戏所耗费的时间。

由此可见，在猜数字游戏中大量使用了 session 技术，利用了 session 所提供的各种方法，对初学者来说，如果能顺利地完成该程序，那么对 session 的掌握应该是合格的了。

6.6　application 对象

application 对象用于保存所有应用程序中的公有数据，服务器启动并且自动创建 application 对象后，只要没有关闭服务器，application 对象将一直存在，所有用户可以共享 application 对象。这些特点是和 session 对象不同的。因此，application 对象类似于系统的“全局变量”，用于实现用户之间的数据共享。

application 对象所提供的函数如表 6-4 所示。

表 6-4　application 对象所提供的函数

方法	说明
String getInitParameter(String name)	返回一个已命名的初始化参数的值
Enumeration getInitParameterNames()	返回所有已定义的应用程序初始化参数名称的枚举
void removeAttribute(String name)	从 ServletContext 的对象中去掉指定名称的属性
void setAttribute(String key,Object value)	使用指定名称和指定对象在 ServletContext 的对象中进行关联
Object getAttribute(String key)	从 ServletContext 的对象中获取一个指定对象
Enumeration getAttributeNames()	返回存储在 ServletContext 对象中属性名称的枚举数据
String getServerInfo()	返回运行 JSP(Servlet)的容器的名称及版本号
String getRealPath(String path)	返回资源在服务器文件系统上的真实路径（文件的绝对路径）
ServletContext getContext(String uripath)	返回服务器上指定 uripath 的 ServletContext
int getMajorVersion()	返回服务器支持的主版本号
int getMinorVersion()	返回服务器支持的次版本号
String getMimeType(String file)	返回指定文件的文件格式与编码方式
URL getResource(String path)	返回被映射到指定路径上的资源
InputStream getResourceAsStream(String path)	返回指定资源的输入流
RequestDispatcher getRequestDispatcher(String uripath)	返回指定资源的 RequestDispatcher 对象

application的这些方法可以分为三类：属性管理方法、获取上下文信息方法、获取服务器端信息方法。下面对这三类中的重要方法进行介绍。

1．属性管理方法

（1）void setAttribute(String key, Object value)：以键/值的方式，将一个对象的值存放到application中。

```
application.setAttribute("ulist", new ArrayList());
```

（2）Object getAttribute(String key)：根据键去获取application中存放对象的值。

```
if (application.getAttribute("ulist") != null) {
    List loginedUsers = (List) application.getAttribute("ulist");
}
```

2．获取上下文信息方法

getInitParameter(String name)返回一个已命名的初始化参数的值。

所谓上下文参数指的是在web.xml中括在<context-param>标签中的参数。

```
<context-param>
  <param-name>url</param-name>
  <param-value>jdbc:oracle:thin:@localhost:1521:oracle11</param-value>
</context-param>
```

可以利用application来访问这些参数。

```
String url=application.getInitParameter("url");
```

3．获取服务器端信息方法

getServerInfo()方法用于返回运行JSP(Servlet)的容器的名称及版本号，getMajorVersion()用于返回服务器支持的主版本号，getMinorVersion()返回服务器支持的次版本号。

```
<%
String serverinfo=application.getServerInfo();
int m1=application.getMajorVersion();
int m2=application.getMinorVersion();
out.print(serverinfo+"<br/>");
out.print(m1+"<br/>");
out.print(m2);
%>
```

【例6-11】 利用application实现网页访问计数。

```
<%@ page language="java" contentType="text/html; charset=gbk"
   pageEncoding="gbk"%>
<html>
<head>
<title>网页访问次数的统计</title>
</head>
```

```
<body>
<%
int number=0;
if(application.getAttribute("number")==null)
{
   number=1;
}
   else
   {
   number=(Int)application.getAttribute("number");
      number++;
   }
out.print("您是第"+number+"访问者");
application.setAttribute("number", number);
%>
</body>
</html>
```

说明：

application 对象的生存时间是整个服务器的运行期间，与浏览器是否关闭没有关系，从而可以实现数据在整个服务器运行期间的共享。因此，用 application 对象可以实现网页计数的功能。

在第 5 章中介绍声明标识时，也曾经用声明标识中变量的特点实现了网页的计数功能。

```
<%!
int num=0;
void add()
{
num++;
}
%>
```

那么，application 和声明标识中的变量有什么异同点呢？

application 和声明标识中的变量的生存时间相同，但作用范围不同，它们的生存时间都是服务器的运行期间，而 application 的作用范围是比较大的，在整个服务器运行期间的页面中都可以共享 application 中存储的数据，而声明标识中的变量的作用范围仅仅局限于当前的页面。

6.7　cookie 技术

cookie 并不是内置对象，但却是与内置对象密切相关的一种技术。cookie 的创建和获取都离不开内置对象，因此在第 6 章有关内置对象的内容中，读者需要了解 cookie 技术的特点及使用方法。

在日常生活中，大家肯定都有网上购物的体验，当浏览购物网站查看不同商品时，系统会自动记录已经浏览过的商品，下次再登录网站，网站会向用户自动推送相关商品的广告。这个用户体验就是使用 cookie 技术来做的。还有大家登录邮箱或者 QQ 时，都有免输入登录功能，这些体验也是用 cookie 技术来实现的。因此，cookie 是一种非常常用和重要的技术。

什么是 cookie？cookie 是 Web 服务器保存在客户端的一系列文本信息。因此，cookie 中的信息是保存在客户端的，这和内置对象 session 是不一样的，session 中的信息是保存在服务器端的。利用 cookie 技术可以实现对特定对象的追踪、统计网页浏览次数及简化登录。但是，因为 cookie 中的信息是保存在客户端的，所以容易造成信息泄露，安全性不是很好，新闻报道中经常提到的网站个人信息泄露问题，就是因为互联网公司 cookie 滥用的后果。

6.7.1 cookie 使用初步

如何使用 cookie？cookie 的使用可以分为四个步骤，即 cookie 的创建、cookie 的写入、cookie 的读取、cookie 的输出。下面分别进行介绍。

1. cookie 的创建

```
Cookie newCookie=new Cookie("parameter", "value");
```

parameter：用于代表 cookie 的名称（key）。

value：用于表示当前 key 名称所对应的值。

注意：cookie 在使用前是需要创建的，因此 cookie 不属于内置对象；创建 cookie 需要导入相应的包，import="javax.servlet.http.Cookie"。

2. cookie 的写入

```
response.addCookie(newCookie)
```

cookie 的写入需要借助 response 内置对象，利用 response 对象提供的 addCookie 函数实现 cookie 的写入。

3. cookie 的读取

```
cookie cookies[ ]=request.getCookies();
```

cookie 的获取需要借助 request 对象，利用 request 对象提供的 getCookies 函数来获取 cookie 信息。注意：cookie 的写入和获取可以在一个页面中完成，也可以在不同页面中完成。

4. cookie 的输出

因为获取到的 cookie 是一个 cookie 数组，因此需要借助循环来遍历 cookie，利用 cookie 提供的 getName 函数来输出 cookie 的键，利用 cookie 提供的 getValue 来输出 cookie 的值。

【例 6-12】 测试 cookie 的创建、写入、读取、输出过程。

编写 addCookie.jsp，实现 cookie 的创建、写入。

```
<%@ page language="java" contentType="text/html; charset=utf-8"
    pageEncoding="utf-8"%>
<html>
<head>
<title>Insert title here</title>
</head>
<body>
<%
```

```
//1.创建 Cookie
Cookie c1=new Cookie("uname","tom");//key-value
//2.写入 Cookie
response.addCookie(c1);
response.sendRedirect("getCookie.jsp");
%>
</body>
</html>
```

在 getCookie.jsp 中，读取 cookie 并输出。

```
<%@ page language="java" contentType="text/html; charset=utf-8"
   pageEncoding="utf-8"%>
<html>
<head>
</head>
<body>
<%
//3.读取 cookie
Cookie c[]=request.getCookies();
//4.输出测试
if(c!=null)
for(Cookie cookie:c)
{
if("uname".equals(cookie.getName()))
    out.print(cookie.getValue());
}
%>
</body>
</html>
```

6.7.2　cookie 使用进阶

cookie 技术与内置对象是密切相关的，cookie 的实现必须借助 response 来进行写入，借助 request 来进行获取。cookie 对象的主要方法如表 6-5 所示。

表 6-5　cookie 对象的主要方法

类型	方法名称	说明
void	setMaxAge(int expiry)	设置 cookie 的有效期，以秒为单位
void	setValue(String value)	在 cookie 创建后，对 cookie 进行赋值
String	getName()	获取 cookie 的名称
String	getValue()	获取 cookie 的值
String	getMaxAge()	获取 cookie 的有效时间，以秒为单位

其中，setMaxAge(int expiry)用于设置 cookie 的有效期，因为 cookie 是存在于客户端的，cookie 生存时间取决于有效期的长短。

```
uname.setMaxAge(60);
```

其中，名称为 uname 的 cookie 存在的时间是 60s，60s 后就失效了。利用 cookie 的有效期，可以实现在一定时间范围内的免输入登录。

【例 6-13】 实现在 5min 内免输入登录。

所谓免输入登录指的是在一定时间范围内登录成功后，再次登录时不用再输入用户名和密码了，可以直接单击“登录”按钮进行登录。

登录页面 login.jsp 的代码如下：

```
<%@ page language="java" import="java.util.*" pageEncoding="GBK"%>
<html>
  <head>
    <title>登录页面</title>
  </head>
  <%
        //获取请求中的 cookie，以数组方式保存
        String u="请输入用户名";
       String p="请输入密码";
        Cookie cookies[]=request.getCookies();
        //循环遍历数组，得到 key 为"uname"的 cookie
        if(cookies!=null)
        {
        for(int i=0;i<cookies.length;i++){
            Cookie ucookie=cookies[i];
            if("uname".equals(ucookie.getName()))//判断 cookie 的名称
                //获取 key 对应的 value，输出显示
                u=ucookie.getValue();
            else if("pwd".equals(ucookie.getName()))
                p=ucookie.getValue();
        }
        }
   %>
  <body>
    <form name="loginForm" method="post" action="doLogin.jsp">
            用户名：<input type="text"  name="user" value="<%=u %>"/> <br/>
            密码：<input type="text"  name="pwd" value="<%=p %>" />
            <input type="submit" value="登录">
        </form>
  </body>
</html>
```

处理页面 doLogin.jsp 的代码如下：

```
<%@ page language="java" import="java.util.*" pageEncoding="GBK"%>
  <%
        request.setCharacterEncoding("GBK");
        String name = request.getParameter("user");
        String pwd = request.getParameter("pwd");
        if("sa".equals(name.trim())&& "123".equals(pwd.trim())){
            //以 key/value 的形式创建 cookie
```

```
            Cookie uname=new Cookie("uname", name.trim());
            Cookie pass=new Cookie("pwd",pwd.trim());
            uname.setMaxAge(300);
            pass.setMaxAge(300);
            response.addCookie(uname);
            response.addCookie(pass);
    %>
```

读者可自行运行测试。下面对代码中的关键技术点进行说明。

说明：

（1）doLogin.jsp 页面负责接收 login.jsp 页面发送过来的请求数据 user 和 pwd，并且实现 cookie 的创建、写入。注意在写入 response 之前，要设置 cookie 的时效。

（2）login.jsp 页面负责发送请求，并且因为要在 5min 内实现免输入登录，故 cookie 的获取和输出放在 login.jsp 页面中进行。因此，在 cookie 的遍历操作中一定要首先判断 cookie 是否为空。

（3）在本例中，我们向 response 中写入了两个 cookie，编写如下测试代码：

```
Cookie cookies[]=request.getCookies();
out.print(cookies.length);
```

输出结果为 3，所以除用户写入的两个 cookie 外，系统还自动写入了一个 cookie。正是这个原因，在遍历 cookie 数组的时候，建议采用如下写法：

```
if("uname".equals(ucookie.getName()))//判断 cookie 的名称
    //获取 key 对应的 value，输出显示
u=ucookie.getValue();
else if("pwd".equals(ucookie.getName()))
p=ucookie.getValue();
```

6.8　其他内置对象

除上面介绍的五大内置对象外，JSP 还提供了其他一些内置对象，如 page、pageContext、config、exception。下面对这些内置对象进行简单介绍。

（1）page 对象是为了执行当前页面应答请求而设置的 Servlet 类的实体，即显示 JSP 页面自身，只有在 JSP 页面内才是合法的。page 对象是 java.lang.Object 的对象实例，也是 JSP 的实现类的实例，类似于 Java 中的 this 指针，就是指向当前 JSP 页面本身。

（2）pageContext 对象代表页面上下文，提供了对 JSP 页面所有的对象及命名空间的访问。该对象主要用于访问 JSP 之间的共享数据。使用 pageContext 可以访问 page、request、session、application 范围的变量。pageContext 对象是 javax.servlet.jsp.pageContext 类的对象实例。

（3）config 对象对应于 javax.servlet.ServletConfig 类，此类位于 servlet-api.jar 包中。config 对象用于获取配置信息。配置信息包括初始化参数，以及表示 Servlet 或 JSP 页面所属 Web 应用的 ServletContext 对象。具体来说，如果在当前 Web 应用的应用部署描述文件 web.xml 中，针对某个 Servlet 文件或 JSP 文件设置了初始化参数，则可以通过 config 对象来获取这些初始化参数。

（4）exception 异常对象指的是 Web 应用程序所能够识别并能够处理的问题。在 Java 语言中，通过“try/catch”语句来处理异常信息。如果在 JSP 页面中出现没有捕捉到的异常信息，那么系统会自动生成exception对象，并把这个对象传送到page指令元素中设定的错误页面中，然后在错误页面中处理相应的 exception 对象。exception 对象只能在错误页面中才可以使用，并在页面指令元素里存在 isErrorPage=true 的页面。

6.9　应用实例

在本章应用实例中，将完成在线图书销售平台的登录控制功能。下面分别进行详细介绍。

在线图书销售平台提供两种类型的角色：游客角色和登录用户角色。这两类角色对系统所进行的大部分功能都是相同的，都可以浏览图书、浏览图书明细、添加购物车等；所不同的是游客不能提交订单，只有在用户登录后才能够提交订单。

对登录控制的实现流程在 6.5 节中已经进行了详细的介绍，但 6.5 节所介绍的登录控制侧重于实现流程，所采用的数据都是模拟数据，并没有和真正的数据源连接起来。并且，在 6.5 节所介绍的例子中也没有对注册进行真正的实现。

在本节中，将结合系统后台数据库，实现在线图书销售平台的登录控制的整个流程。

6.9.1　登录功能

因为在线图书销售平台采用的是两层架构，所以具体实现登录控制功能还是从数据层做起，而数据层的构建还是采用 Dao 模式。

1．数据层的实现

登录功能主要是对 signon 表进行操作的，与 signon 表相关的 Dao 模式在第 3 章 3.5 节中已经进行了详细的介绍，在此不再赘述。

2．表示层的实现

表示层的页面由 login.jsp 和 doLogin.jsp 两个主要页面构成。其中，login.jsp 页面完成登录数据的录入；doLogin.jsp 完成登录数据的接收，并判断登录数据是否正确，进而做出跳转到成功还是失败页面的响应。因此，doLogin.jsp 页面实际上充当的是 MVC 模式中的控制器的作用。关于 MVC 模式，将在第 8 章中进行介绍，但在应用实例的程序中，将有意识地采用这种模式来组建我们的程序。

login.jsp 页面的代码如下：

```
<%@ page language="java" contentType="text/html; charset=utf-8"
pageEncoding="utf-8"%>
<html>
<head>
<meta charset="UTF-8">
<!--BootStrap 设计的页面支持响应式布局-->
<meta name="viewport" content="width=device-width, initial-scale=1">
<title></title>
<!--引入 BootStrap 的 CSS-->
<link rel="stylesheet" href="css/bootstrap.css" type="text/css" />
```

```
<!--引入jQuery的JS文件：jQuery的JS文件要在BootStrap的JS文件的前面引入-->
<script type="text/javascript" src="js/jquery-1.11.3.min.js"></script>
<!--引入BootStrap的JS文件-->
<script type="text/javascript" src="js/bootstrap.js"></script>
<style>
#logo ul li {
list-style: none;
float: left;
padding: 5px 10px;
/*margin-top: 15px;*/
line-height: 60px;
}
</style>
</head>
<body>
<div class="container">
<!--logo-->
<div id="logo" class="row">
<div class="col-md-4">
<h2>在线图书销售平台</h2>
</div>
<div class="col-md-4">
<img src="img/header.png" />
</div>
<div class="col-md-4">
<ul>
<li><a href="login.jsp">登录</a></li>
<li><a href="register.jsp">注册</a></li>
<li><a href="cart.jsp">购物车</a></li>
</ul>
</div>
</div>
<!--导航 2021-1-19-start-->
<div id="">
<nav class="navbar navbar-inverse" role="navigation">
<div class="navbar-header">
<button type="button" class="navbar-toggle" data-toggle="collapse"
data-target=".navbar-ex1-collapse">
<span class="sr-only">Toggle navigation</span> <span
class="icon-bar"></span> <span class="icon-bar"></span> <span
class="icon-bar"></span>
</button>
<a class="navbar-brand" href="index.jsp">首页</a>
</div>
<div class="collapse navbar-collapse navbar-ex1-collapse">
<form class="navbar-form navbar-right" role="search"
action="DoProduct3">
<div class="form-group">
<input type="text" class="form-control" placeholder="Search"
name="pname">
</div>
<button type="submit" class="btn btn-default">Submit</button>
</form>
</div>
```

```
</nav>
</div>
<%
if(session.getAttribute("info")!=null)
{
String info=(String)session.getAttribute("info");
out.print(info);
}
%>
<div style="margin-top: 90px;">
<form class="form-horizontal" role="form" action="doLogin.jsp">
<div class="form-group" style="margin-left: 200px;">
<label for="inputEmail3" class="col-sm-2 control-label">用户名</label>
<div class="col-sm-5">
<input type="text" class="form-control" id="inputEmail3"
placeholder="用户名" name="uname">
</div>
</div>
<div class="form-group" style="margin-left: 200px">
<label for="inputPassword3" class="col-sm-2 control-label">密码</label>
<div class="col-sm-5">
<input type="password" class="form-control" id="inputPassword3"
placeholder="密码" name="pwd">
</div>
</div>
<div class="form-group" style="margin-left: 200px;">
<div class="col-sm-offset-2 col-sm-10">
<div class="checkbox">
<label> <input type="checkbox"> Remember me
</label>
</div>
</div>
</div>
<div class="form-group" style="margin-left: 200px;">
<div class="col-sm-offset-2 col-sm-10">
<button type="submit" class="btn btn-default">Sign in</button>
</div>
</div>
</form>
</div>
<!--bottom-->
<!--版权部分-->
<div>
<div align="center" style="margin-top: 20px;">
<img src="img/footer.jpg" width="100%">
</div>
<div>
<!--友情链接-->
<%@ include file="footer.jsp"%>
<!--页面底部信息-->
</div>
</div>
</div>
</body>
```

```
</html>
```

login.jsp 页面运行效果如图 6-13 所示。

图 6-13　login.jsp 页面运行效果

注意：

待提交的信息，必须用 form 标签包围起来，form 标签通过 action 属性的设置指定数据提交的方向，通过 method 属性的设置指定数据提交的方式。本例中，数据将提交给 doLogin.jsp 页面，数据的提交方式为 post 方式。

doLogin.jsp 页面的代码如下：

```
<%@ page language="java" contentType="text/html; charset=utf-8"
   pageEncoding="utf-8"%>
<%@ page import="com.hkd.daoimp.SignonDaoImp" %>
<%@ page import="com.hkd.entity.Signon" %>
<%@ page import="java.util.ArrayList" %>
<%
String uname=request.getParameter("uname");
String pwd=request.getParameter("pwd");
SignonDaoImp sdi=new SignonDaoImp();
ArrayList<Signon> slist=sdi.checkByName(uname, pwd);
if(slist.size()>=1)
{
    session.setAttribute("user", uname);
    session.setAttribute("login", "login");
    response.sendRedirect("DoIndex");
}
else
{
    session.setAttribute("info", "您输入的用户名或密码不存在，请重新输入或注册");
    response.sendRedirect("login.jsp");
}
%>
```

注意：

并不是所有的 JSP 文件都需要完整的文件结构，例如在 doLogin.jsp 文件中就仅有 page 指令标识和 Java 脚本部分，这是因为 doLogin.jsp 页面所承担的功能主要是接收数据并且进行处理，而不是数据显示或数据提交功能，所以可以只有 page 指令和脚本部分。

数据通过 doLogin.jsp 文件的处理，如果登录数据正确则返回首页进行操作，若登录数据错误则返回 login.jsp 页面重新输入，并将错误信息显示在 login.jsp 页面上。

6.9.2 注册功能

用户单击页面右上角的“注册”超链接，进入注册页面。注册功能的实现相对复杂，注册的信息除用户信息外，还需要用户的账户信息，如邮寄地址等。因此，注册功能的实现需要对 signon 表和 account 表进行插入操作，并且要保证数据的完整性，也就是说对这两个表的插入操作要同步进行，要么同时成功，要么同时失败。在具体实现时要考虑事务的使用。若用户对事务的使用不熟悉，也可以采用服务器端校验的方式，保证数据的完整性和正确性，从源头上确保对两个表插入的顺利进行。

下面对注册功能的具体实现进行说明，并且按照先实现数据层，然后实现表示层的顺序进行介绍。

1. 数据层的实现

首先构建 signon 表和 account 表的 Dao 模式。对 signon 表的 Dao 模式已经在第 3 章 3.5 节中介绍过，本节主要构建 account 表的 Dao 模式。对 account 表的实体类，在此不再赘述，读者可自行完成，要注意保证实体类中的成员变量和数据表的字段一一对照。

1）Dao 接口

在 com.hkd.dao 目录下建立 AccountDao.java 文件，代码如下：

```
package com.hkd.dao;
import java.util.ArrayList;
import com.hkd.entity.Account;
public interface AccountDao {
    public void insertAccount(String userid,String email,String firstname,
            String lastname,
    String addr1,String addr2,String city,String state,String zip,String
            country,String phone );
    public ArrayList<Account> selectAccount(String userid);
}
```

2）实现类

```
package com.hkd.daoimp;
import java.sql.ResultSet;
import java.sql.SQLException;
import java.util.ArrayList;
import com.hkd.dao.AccountDao;
import com.hkd.util.DataBase;
import com.hkd.entity.Account;
public class AccountDaoImp extends DataBase implements AccountDao{
    @Override
    public void insertAccount(String userid, String email, String firstname,
```

```
        String lastname, String addr1, String addr2, String city,
            String state, String zip, String country, String phone) {
        String sql=" insert into account(userid,email,firstname,lastname,
                    addr1,addr2,city,state,zip,"+ "country,phone) values
                    ('"+userid+"','"+email+"','"+firstname+"','"+lastname+"',"
                    + "'"+addr1+"','"+addr2+"','"+city+"','"+state+"',
                    '"+zip+"','"+country+"','"+phone+"')";
        try {
            this.myUpdate(sql);
        } catch (SQLException e) {
            // TODO Auto-generated catch block
            e.printStackTrace();
        }
    }
    public ArrayList<Account> selectAccount(String userid) {
        String sql="select * from account where userid='"+userid+"'";
        ResultSet rs=this.getResult(sql);
        ArrayList<Account> list=new ArrayList<Account>();
            try {
                while(rs.next())
                {
                    Account account=new Account();
                    account.setUserid(rs.getString("userid"));
                    account.setEmail(rs.getString("email"));
                    account.setFirstname(rs.getString("firstname"));
                    account.setLastname(rs.getString("lastname"));
                    account.setAddr1(rs.getString("addr1"));
                    account.setAddr2(rs.getString("addr2"));
                    account.setCity(rs.getString("city"));
                    account.setState(rs.getString("state"));
                    account.setZip(rs.getString("zip"));
                    account.setCountry(rs.getString("country"));
                    account.setPhone(rs.getString("phone"));
                    list.add(account);
                }
            } catch (SQLException e) {
                // TODO Auto-generated catch block
                e.printStackTrace();
            }
        return list;
    }
}
```

说明：

在 AccountDaoImp 类中实现了 AccountDao 接口中的两个方法：insertAccount 方法和 selectAccount 方法。在注册功能中将用到 insertAccount 方法，selectAccount 方法是为后续功

能中的订单提交功能做准备的，因为在订单提交功能的显示用户邮寄地址页面中的信息需要通过遍历 account 表获得。

2. 表示层的实现

根据 MVC 模式的理念，表示层涉及两个页面：register.jsp 页面和 doRegister.jsp 页面。其中，register.jsp 页面负责完成注册数据的录入；doRegister.jsp 完成数据的接收，并将这些数据插入数据库中。

其中，register.jsp 页面的主要代码如下：

```
<form class="form-horizontal" role="form" action="DoRegister">
<div class="form-group" style="margin-left: 200px;">
<label for="inputEmail3" class="col-sm-2 control-label">用户名</label>
<div class="col-sm-5">
<input type="text" class="form-control" id="inputEmail3" placeholder="用户名"
name="uname">
</div>
</div>
<div class="form-group" style="margin-left: 200px">
<label for="inputPassword3" class="col-sm-2 control-label">密码</label>
<div class="col-sm-5">
<input type="password" class="form-control" id="inputPassword3"placeholder
="密码" name="pwd">
</div>
</div>
<div class="form-group" style="margin-left: 200px;">
<label for="inputEmail3" class="col-sm-2 control-label">姓</label>
<div class="col-sm-5">
<input type="text" class="form-control" placeholder="姓"name="firstname">
</div>
</div>
<div class="form-group" style="margin-left: 200px;">
<label for="inputEmail3" class="col-sm-2 control-label">名</label>
<div class="col-sm-5">
<input type="text" class="form-control" placeholder="名"
                              name="lastname">
</div>
</div>
<div class="form-group" style="margin-left: 200px;">
<label for="inputEmail3" class="col-sm-2 control-label">邮箱</label>
<div class="col-sm-5">
<input type="text" class="form-control" placeholder="邮箱"
name="email">
</div>
</div>
<div class="form-group" style="margin-left: 200px;">
```

```
<label for="inputEmail3" class="col-sm-2 control-label">电话</label>
<div class="col-sm-5">
<input type="text" class="form-control" placeholder="电话"
name="phone">
</div>
</div>
<div class="form-group" style="margin-left: 200px;">
<label for="inputEmail3" class="col-sm-2 control-label">常用地址</label>
<div class="col-sm-5">
<input type="text" class="form-control" placeholder="常用地址"
name="addr1">
</div>
</div>
<div class="form-group" style="margin-left: 200px;">
<label for="inputEmail3" class="col-sm-2 control-label">其他地址</label>
<div class="col-sm-5">
<input type="text" class="form-control" placeholder="其他地址"
name="addr2">
</div>
</div>
<div class="form-group" style="margin-left: 200px;">
<label for="inputEmail3" class="col-sm-2 control-label">城市</label>
<div class="col-sm-5">
<input type="text" class="form-control" placeholder="城市"
name="city">
</div>
</div>
<div class="form-group" style="margin-left: 200px;">
<label for="inputEmail3" class="col-sm-2 control-label">省份</label>
<div class="col-sm-5">
<input type="text" class="form-control" placeholder="省份"
name="state">
</div>
</div>
<div class="form-group" style="margin-left: 200px;">
<label for="inputEmail3" class="col-sm-2 control-label">邮编</label>
<div class="col-sm-5">
<input type="text" class="form-control" placeholder="邮编"
name="zip">
</div>
</div>
<div class="form-group" style="margin-left: 200px;">
<label for="inputEmail3" class="col-sm-2 control-label">国家</label>
<div class="col-sm-5">
<input type="text" class="form-control" placeholder="国家"
name="country">
```

```
</div>
</div>
<div class="form-group" style="margin-left: 200px;">
<div class="col-sm-offset-2 col-sm-10">
<button type="submit" class="btn btn-default">提交</button>
</div>
</div>
</form>
```

register.jsp 页面运行效果如图 6-14 所示。

图 6-14　register.jsp 页面运行效果

doRegister.jsp 页面的主要代码如下：

```
<%@ page language="java" contentType="text/html; charset=utf-8"
   pageEncoding="utf-8"%>
<%@ page import="com.hkd.daoimp.SignonDaoImp" %>
<%@ page import="com.hkd.daoimp.AccountDaoImp" %>
<%@ page import="com.hkd.util.DataBase" %>
<%@ page import="java.sql.SQLException" %>
<%
request.setCharacterEncoding("utf-8");
response.setCharacterEncoding("utf-8");
String uname=request.getParameter("uname");
String pwd=request.getParameter("pwd");
String fname=request.getParameter("firstname");
```

```
    String lname=request.getParameter("lastname");
    String email=request.getParameter("email");
    String phone=request.getParameter("phone");
    String addr1=request.getParameter("addr1");
    String addr2=request.getParameter("addr2");
    String city=request.getParameter("city");
    String state=request.getParameter("state");
    String zip=request.getParameter("zip");
    String country=request.getParameter("country");
    System.out.println(fname);
    SignonDaoImp sdi=new SignonDaoImp();
    AccountDaoImp adi=new AccountDaoImp();
    try {
        DataBase.conn.setAutoCommit(false);
        sdi.insertSignon(uname, pwd);
      adi.insertAccount(uname, email, fname, lname, addr1, addr2, city, state,
zip, country, phone);
        DataBase.conn.commit();
        out.print("<script>alert('right')</script>");
        out.print("<script>window.location.href='login.jsp'</script>");
    } catch (SQLException e) {
        try {
            System.out.println("插入有误，进行回滚");
            DataBase.conn.rollback();
            out.print("<script>alert('wrong')</script>");
            out.print("<script>window.location.href='register.jsp'</script>");
        } catch (SQLException e1) {
            // TODO Auto-generated catch block
            e1.printStackTrace();
        }
    }
    %>
```

说明：

在 doRegister.jsp 中接收前台请求数据，并将这些数据插入 signon 表和 account 表中。为了保证插入操作的同步进行，本例中采用事务处理的方式进行操作，事务具有原子性（atomicity）、一致性（consistency）、隔离性（isolation）和持久性（durability）。事务的原子性表示事务执行过程中的任何失败都将导致事务所做的任何修改失效。一致性表示当事务执行失败时，所有被该事务影响的数据都应该恢复到事务执行前的状态。隔离性表示在事务执行过程中对数据的修改，在事务提交之前对其他事务不可见。持久性表示已提交的数据在事务执行失败时，数据的状态都应该正确。

JDBC 事务是用 Connection 对象控制的。JDBC Connection 接口（java.sql.Connection）提供两种事务模式：自动提交和手动提交。java.sql.Connection 提供的控制事务的方法如表 6-6 所示。

表 6-6　java.sql.Connection 提供的控制事务的方法

类型	方法名称	说明
void	setAutoCommit(boolean)	设置数据提交方式，若 boolean 值为 true，则表示数据提交方式为自动提交，否则表示数据提交方式为手动提交
boolean	getAutoCommit()	得到数据提交方式
String	commit()	进行数据提交
String	rollback()	进行回滚

使用 JDBC 事务进行处理时，可以将多个 SQL 语句整合到一个事务中。JDBC 事务的一个缺点是：事务的范围局限于一个数据库连接，一个 JDBC 事务不能跨越多个数据库。因此，若要使用事务，则必须确保数据库操作是在一次连接下进行的。

习　题　6

1．在 J2EE 中，request 对象的（　　）方法可以获取页面请求中一个表单组件对应多个值时的用户的请求数据。

A．String getParameter(String name)

B．String[] getParameter(String name)

C．String getParameterValues(String name)

D．String[] getParameterValues(String name)

2．设在表单中有一组复选框标记，如下列代码：

<form action="register.jsp">

请选择喜欢的城市：

<input type= "checkbox" name= "city" value="长春">长春

<input type= "checkbox" name= "city" value="北京">北京

<input type= "checkbox" name= "city" value="大连">大连

<input type= "checkbox" name= "city" value="上海">上海

</form>

如果在 register.jsp 中获取 city 的值，最适合的方法为（　　）。

A．String city= request.getParameter("city");

B．String []cities=request.getParameter("city");

C．String []cities=request.getParameterValues("city");

D．String city=request.getAttribute("city");

3．JSP 从 HTML 表单中获得用户输入的正确语句为（　　）。

A．Request.getParameter("ID")

B．Reponse.getParameter("ID")

C．Request.getAttribute("ID")

D．Reponse.getAttribute("ID")

4．下面关于 JSP 作用域对象的说法中错误的是（　　）。

A．request 对象可以得到请求中的参数

B．session 对象可以保存用户信息

C．application 对象可以被多个应用共享

D．作用域范围从小到大是 request、session、application

5．调用 getCreationTime()可以获取 session 对象创建的时间，该时间的单位是（　　）。

A．秒　　B．分　　C．毫秒　　D．微秒

6．当 response 的状态行代码为（　　）时，表示用户请求的资源不可用？

A．101　　B．202　　C．303　　D．404

7．form 标签的 method 属性能取下列哪项的值？（　　）

A．submit　　B．puts　　C．post　　D．out

8．session 对象的（　　）方法用于销毁会话。

A．begin()　　B．isNewSessionID()

C．invalidate()　　D．isNew()

9．在 J2EE 中，在 web.xml 中有如下代码：

```
<session - config>
    <session - timeout>30</session - timeout>
</session - config>
```

上述代码定义了默认的会话超时时长，时长为 30（　　）。

A．毫秒　　B．秒　　C．分　　D．小时

10．JSP 中的内置对象有 9 个，请列举其中 5 个并描述其作用。

11．使用 cookie 需要几个步骤？请简单描述这些步骤并写出关键代码。

12．请比较 cookie 和 session 的异同点。

13．请比较 get 方式请求和 post 方式请求。

14．请描述客户端和服务器端的通信过程，并介绍相关内置对象在该过程中所起到的作用。

15．编写登录页面，实现登录控制，并要求将登录用户信息在成功界面中显示。

第7章　EL 表达式和 JSTL 标签

在前面的章节中，我们已经陆续完成在线图书销售平台的浏览图书类别等功能的实现。在这些功能的前台实现页面中，往往是表示逻辑和业务逻辑不分，HTML 代码和 Java 代码混合在一起，如前面所完成的 index.jsp 页面代码：

```
<%
CategoryDaoImp cdi=new CategoryDaoImp();
ArrayList<Category> clist=cdi.checkcategory();
%>
<body>
<div id="contrainer">
<%@ include file="header.jsp" %>
<div id="center">
<div id="leftside"><table >
<tr><td>图书目录</td></tr>
<%
for(Category cate:clist)
{
%>
<tr>
<td>
<a href="DoIndex?category=<%=cate.getCatid() %>"><%=cate.getName() %></a>
</td>
</tr>
<%
}
%>
```

这样的代码可读性差，后期维护也极为困难，因此有必要实现 Java 代码和 HTML 代码的分离，从而实现表示逻辑和业务逻辑的分离。实现这个目标需要借助本章介绍的 EL 表达式和 JSTL 标签。

7.1　EL 表 达 式

7.1.1　EL 表达式的概念及用法

EL 表达式语言是在 JSP 2.0 之后引入的新功能，是一种简单、容易使用的语言，能够实现对 JSP 内置对象、请求参数、Cookie 和其他请求数据的简单访问。EL 表达式是 JSP 标签库的一个重要的基础语言，是学好 JSTL 的基础，它简化了寻常获取页面数据的方式，如 request.getAttribute()；session.getAttribute()等。用 EL 表达式直接调用 setAttribute()方法中的参数 name 值即可。简单地说，EL 表达式就是用于代替传统 getAttribute 方法来获取 setAttribute 中的值。

利用 EL 表达式可以获取参数的值、获得隐含对象作用域中属性的值，从而可以替代 JSP 页面中的复杂代码。

EL 基本格式：${表达式}。

注意：$和{}不要漏写，它是组成 EL 表达式不可缺少的一部分。

功能：计算花括号内的表达式的值，将其转换为 String 类型并进行显示。

表达式是由常量、作用域变量（用 setAttribute 存储在 pageContext、request、session、application 中的对象）、请求参数、cookie 等组成的运算表达式。EL 可以直接在 JSP 页面的模板文本中使用，也可以作为元素属性的值，还可以在自定义或者标准动作元素的内容中使用，但不能在脚本元素中使用。

EL 表达式的使用非常灵活和广泛。下面对 EL 表达式的具体运用情况做简单说明。

1. EL 表达式可以访问数组元素

例如 String name[]={"tom","jack"};将数组 name 存储在 request 对象范围中：

```
request.setAttribute("arr_name", name);
```

获取其值的 EL 代码如下：

```
${arr_name[0] }
```

该 EL 表达式的输出结果为：tom。

2. EL 表达式简单访问对象

例如，str 是存储在 request 范围中的对象，存储其值的代码如下：

```
request.setAttribute("str", "hello world");
```

获取其值的 Java 代码如下：

```
request.getAttribute("str");
```

获取其值的 EL 代码如下：

```
${str}
```

由此可见，EL 表达式可以简化代码的编写。

3. EL 表达式也同样可以获取类中属性的值

例如，Employee 类中有 id 属性和 name 属性，并且有相应的 getId()、setId()、getName、setName()方法。JSP 中代码如下：

```
request.getAttribute("emp").getId();
request.getAttribute("emp").getName();
```

JSP 中 EL 代码如下：

```
${emp.name}
${emp.id}
```

EL 表达式的使用也可以从操作符的角度进行总结。在 EL 表达式中主要使用的操作符有两种，即“[]”和“.”号，两种操作符的功能相同，都用于获取指定对象的属性。例如，${param.userName}和${param["userName"]}都可以获取客户端提交的 userName 参数值。“[]”的适应性更广，当对象的属性名中包含特殊字符或属性名是一个变量的值时，只能用[]操作符获取属性值。

7.1.2 EL 隐藏对象

在 JSP 中存在 JSP 内置对象，这些对象不需要任何声明就可以直接使用。类似于 JSP 中的内置对象，EL 中也有自己的内置对象，通过这些对象可以访问 JSP 页面中常用对象的属性，我们把这些对象称为 EL 隐藏对象。

EL 隐藏对象根据功能可以分为参数访问对象、作用域访问对象和上下文访问对象。其中，参数访问对象有 param 和 paramValues，作用域访问对象有 pageScope、requestScope、sessionScope、applicationScope，上下文访问对象有 pageContext。这些对象都可以直接进行使用，通过对象名来访问各自的相关属性，实现相应的功能。

可以通过图 7-1 对这些对象有一个总体认识。

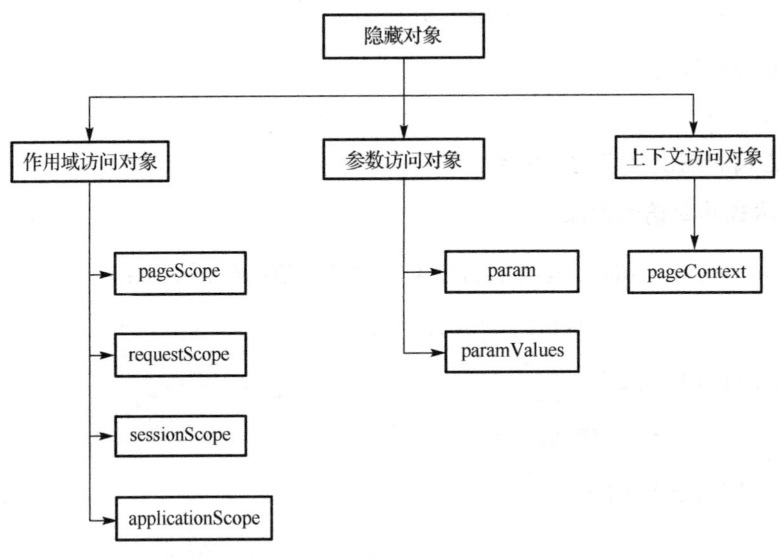

图 7-1 EL 隐藏对象

下面对重要隐藏对象的功能进行介绍。

1. 参数访问对象

1）param 对象

将请求参数名称映射到单个字符串参数值（通过调用 HttpServletRequest.getParameter (String name)获得），表达式 ${param.name} 相当于 request.getParameter (name)。

2）paramValues 对象

将请求参数名称映射到一个数值数组（通过调用 HttpServletRequest.getParameterValues (String name)获得），表达式 ${paramvalues.name)相当于 request.getParameterValues(name)。

2. 作用域访问对象

1）pageScope 对象

将页面范围的变量名称映射到其值。例如，EL 表达式可以使用 ${pageScope.objectName} 访问一个 JSP 中页面范围的对象，还可以使用 ${pageScope.objectName.attributeName} 访问对象的属性。注意 page 范围表示当前页面有效。

2）requestScope 对象

将请求范围的变量名称映射到其值。该对象允许访问请求对象的属性。例如，EL 表达式可以使用 ${requestScope.objectName} 访问一个 JSP 请求范围的对象，还可以使用 ${requestScope.objectName.attributeName} 访问对象的属性。使用${requestScope.objectName} 来访问对象相当于 request.getAttribute(objectName)；注意 request 范围表示当前页面有效或者请求转发有效。

3）sessionScope 对象

将会话范围的变量名称映射到其值。该对象允许访问会话对象的属性。例如，EL 表达式可以使用 ${sessionScope.objectName} 访问一个会话范围的对象，同样可以使用 ${sessionScope.objectName.attributeName} 访问对象的属性。

使用${sessionScope.objectName}访问对象相当于 session.getAttribute(objectName)；注意 session 范围表示一次会话有效（也可以理解为一次浏览器的打开和关闭过程）。

4）applicationScope 对象

将应用程序范围的变量名称映射到其值。该隐藏对象允许访问应用程序范围的对象。例如，EL 表达式可以使用 ${applicationScope.objectName}访问一个 application 范围的对象。

其他用法同上，注意 applicationScope 范围表示在服务器运行期间有效。

【例 7-1】 改造第 6 章的登录控制程序的 welcome.jsp 页面，实现将用户名信息带到成功页面。

登录控制的一般流程是：login.jsp 页面将登录信息发送给 doLogin.jsp，在 doLogin.jsp 接收这些信息，并做出跳转响应。

为了实现将登录信息带到成功页面，需要先在 doLogin.jsp 中将信息存储在 session 中。

```
session.setAttribute("uname", username);
```

然后，在欢迎界面中利用 EL 表达式获得这些信息：

```
欢迎${sessionScope.uname }登录
```

注意：使用 EL 表达式可以自动实现输出内容的类型转换。

```
${sessionScope.uname }等价于(String)session.getAttribute("uname")
```

以上是关键代码，对其他代码不再赘述。

【例 7-2】 编写注册信息页面，将信息发送给服务器页面，并输出显示。

编写注册页面 register.jsp，并将这些信息发送到 doRegister.jsp 页面中。register 页面的代码如下：

```
<%@ page language="java" pageEncoding="gbk"%>
```

```
</html>
    <body>
    <form  method="post" action="doRegister.jsp">
    姓名：<input type="text" name="name" /><p>
    密码：<input type="password" name="pass" /><p>
    性别：<input name="sex" type="radio" value="男人" checked="checked" />男
         <input name="sex" type="radio" value="女人" />女<p>
    性格：<input type="checkbox" name="xingge" value="热情大方" />热情大方
        <input type="checkbox" name="xingge" value="温柔体贴" />温柔体贴
        <input type="checkbox" name="xingge" value="多愁善感" />多愁善感<p>
    简介：<textarea name="jianjie"></textarea><p>
    城市：
    <select name="city">
            <option value="北京">北京</option>
            <option value="上海">上海</option>
        </select><p>
        <input type="submit" name="Submit" value="提交" />
    </form>
    </body>
    </html>
```

说明：

该注册页面中包含了用户的姓名、密码、性别、性格、简介、城市等信息，分别使用文本框、单选按钮、复选框、文本域、下拉框等表单标签，可以达到测试各种表单标签的目的。

register.jsp 页面运行效果如图 7-2 所示。

图 7-2　register.jsp 页面运行效果

doRegister.jsp 页面的代码如下：

```
<%@ page language="java"  pageEncoding="utf-8"%>
<%@ taglib uri="http://java.sun.com/jsp/jstl/fmt"  prefix="fmt" %>
<html>
<head>
<title>接收注册信息</title>
```

```
</head>
<body>
<fmt:requestEncoding value="utf-8"/>
姓名：${param.name }<br/>
密码：${param.pass }<br/>
性别：${param.sex }<br/>
性格：${paramValues.xingge[0] }<br/>
简介：${param.jianjie }<br/>
城市：${param.city }
</body>
</html>
```

说明：

在该例中主要运用 param 和 paramValues 来获得前台传过来的数据，可以看到利用 EL 表达式语言简化代码。在上面的代码中需要注意：

（1）在上面的代码中显示性格代码为${paramValues.xingge[0] }，该段代码仅仅可以显示复选框的第一个选择项。如何遍历数组，显示所有性格选项呢？这个问题仅仅利用 EL 表达式是无法解决的，需要利用 JSTL 标签中的迭代标签来解决。

（2）如何解决 EL 表达式显示的乱码问题？这个问题仅仅利用 EL 表达式也是无法解决的，需要借助 JSTL 标签的国际化格式标签<fmt:requestEncoding value="utf-8"/>来解决。

doRegister.jsp 页面运行效果如图 7-3 所示。

图 7-3　doRegister.jsp 页面运行效果

因此，EL 表达式总的来说是围绕数据来展开自己的功能的，如果需要对数据进行逻辑处理，则需要用 JSTL 标签来解决。

7.2　JSTL 入门

7.2.1　JSTL 概述

虽然 EL 表达式的功能很强大，但其功能主要是获得数据或存储数据，并不能实现在 JSP 中进行逻辑判断，因而要使用 JSTL 标签。

从 JSP 1.1 规范开始，JSP 就支持使用自定义标签。使用自定义标签大大降低了 JSP 页面的复杂度，同时增强了代码的重用性，因此自定义标签在 Web 应用中被广泛使用。许多 Web 应用厂商都开发出了自己的一套标签库提供给用户使用，这导致出现了许多功能相同的标签，令网页制作者无所适从，不知道应选择哪一家的好。为了解决这个问题，Apache Jakarta 小组归纳总结了那些网页设计人员经常遇到的问题，开发了一套用于解决这些常用问题的自定义标签库，这套标签库被 Sun 公司定义为标准标签库（The JavaServer Pages Standard Tag Library，简称 JSTL）。

JSTL 标签分为 5 类：JSTL 核心标签、JSTL 函数标签、数据库标签、I18N 格式化标签、XML 标签。本章的介绍主要围绕核心标签展开，通过核心 JSTL 标签和 EL 表达式的结合使用简化前台页面代码，实现表示逻辑和业务逻辑的分离。

7.2.2　JSTL 用法

在 Eclipse 下使用 JSTL 需要完成以下步骤。

1．创建动态 Web 工程，导入 JSTL 资源包

将两个 jar 文件即 jstl.jar 和 standard.jar 复制到/WEB-INF/lib 目录下。

2．新建 JSP 页面，在页面顶部加入 taglib 指令

```
<%@ taglib uri="http://java.sun.com/jsp/jstl/core"  prefix="c" %>
```

（1）prefix="c"：指定标签库的前缀，这个前缀可以随便给值，但大家都会在使用 core 标签库时指定前缀为 c。

（2）uri="http://java.sun.com/jstl/core"：指定标签库的 uri，它不一定是真实存在的网址，但它可以让 JSP 找到标签库的描述文件。

3．使用 JSTL 标签

【例 7-3】　JSTL 标签的安装和测试。

```
<%@ page language="java" pageEncoding="utf-8"%>
<%@ taglib uri="http://java.sun.com/jsp/jstl/core"  prefix="c" %>
<html>
<head>
<title>JSTL</title>
</head>
<body>
<h2>测试 JSTL 标签</h2>
<c:out value="helloworld"/> <!-- JSTL out 标签 -->
</body>
</html>
```

JSTL 标签的安装和测试如图 7-4 所示。

图 7-4　JSTL 标签的安装和测试

7.3　JSTL 常用标签

如前所述，JSTL 标签分为 5 类：JSTL 核心标签、JSTL 函数标签、数据库标签、I18N 格式化标签、XML 标签。在这些核心标签中有一些是非常常用的，而有些却很少用。本节将详细介绍常用的核心标签。

根据这些标签的作用，可以分为表达式操作标签、条件标签、迭代标签（如图 7-5 所示），下面对这些标签进行详细介绍。

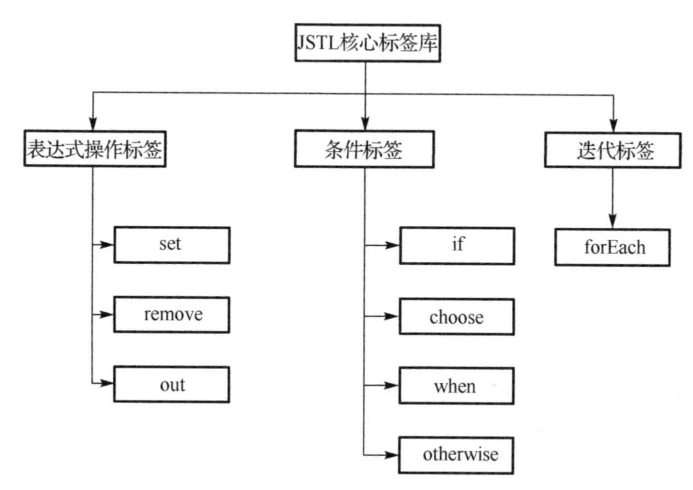

图 7-5　JSTL 常用标签

7.3.1　表达式操作标签

1. <c:out>

作用：用于显示数据的内容。

语法格式如下：

```
<c:out value="value" [escapeXml="{true|false}"] [default="defaultValue"] />
```

属性说明如下。

value：需要显示出来的值。

default：如果 value 的值为 null，则显示 default 指定的值。

escapeXml：是否转换特殊字符，默认为 true，即默认会将<、>、'、"和 & 转换为 <、>、'、" 和&。如果设为 false，则不进行转换。

例如：<c:out value="helloworld"/>。

2. <c:set>

<c:set>标签用于在指定范围（page、request、session 或 application）内定义保存某个值的变量，或为指定的对象设置属性值。

<c:set>标签有以下 4 种语法格式。

（1）在 scope 指定的范围内将变量值存储到变量中：

```
<c:set var="name" value="value" scope="{page|request|session|application}"]/>
```

（2）在 scope 指定的范围内将标签体存储到变量中：

```
<c:set var="name" [scope="{page|request|session|application}"]>
   value
</c:set>
```

（3）将变量值存储在 target 属性指定的目标对象的 propName 属性中：

```
<c:set value="value" target="object" property="propName"/>
```

（4）将标签体存储到 target 属性指定的目标对象的 propName 属性中：

```
<c:set target="object" property="propName">
   value
</c:set>
```

属性说明如下。
value：要被存储的值。
var：欲存入的变量名称。
scope：var 变量的 JSP 范围。默认为 page 范围。
target：为 JavaBean 或 Map 对象。
property：指定的 target 对象的属性。
<c:set>标签可以等价于 setAttribute 方法。例如，代码如下：

```
<c:set var="uname" value="tom" scope="session"/>
```

等价的 Java 代码如下：

```
session.setAttribute("uname","tom")
```

3. <c:remove>

作用：移除变量。
语法如下：

```
<c:remove var="varName" [scope="{page|request|session|application}"] />
```

属性说明如下。
var：要移除的变量。
scope：var 变量所在的 JSP 范围，默认为 page 范围。
<c:remove>标签可以等价于 removeAttribute 方法。例如，代码如下：

```
<c:remove var="uname" scope="session"/>
```

等价的 Java 代码如下：

```
session.removeAttribute("uname","tom")
```

【例 7-4】 改造第 6 章的登录控制程序的数据处理页面 doLogin.jsp 和成功页面 welcome.jsp，

实现将用户名密码信息带到成功页面中。

在以前的doLogin.jsp页面中接收数据且存储在session范围内的操作如下：

```
<%
String username=request.getParameter("uname");
String password=request.getParameter("pwd");
session.setAttribute("uname", username);
session.setAttribute("pwd", password);
%>
```

利用JSTL标签进行改造如下：

```
<c:set var="uname" value="${param.uname }" scope="session"/>
<c:set var="pwd" value="${param.pwd }" scope="session"/>
```

在以前的welcome.jsp页面中，输出显示代码如下：

```
<%
String uname=(String)session.getAttribute("uname");
%>
欢迎<%=uname %>登录系统
```

利用JSTL标签进行改造如下：

```
欢迎<c:out value="${sessionScope.uname }"/>登录系统
```

由此可见，组合使用JSTL标签和EL表达式，可以大大简化代码。

7.3.2 条件标签

1. <c:if>标签

<c:if>标签是条件判断标签，同Java语言中的单分支if语句。

<c:if>标签的语法格式如下：

```
<c:if test="condition" var="name" [scope="{page|request|session|application}"]>
    //body
</c:if>
```

属性说明如下。

test：若该属性中的表达式运算结果为true，则会执行本体内容；若为false，则不执行。该标签必须有test属性。

var：存储test的运算结果，为true或false。

scope：var变量的JSP范围。

2. <c:choose>、<c:when>、<c:otherwise>

作用：组合使用这三个标签来实现流程控制。

语法举例如下：

```
<c:choose>
<c:when test="${condition1}">
```

```
condition1 为 true
</c:when>
<c:when test="${ condition2}">
condition2 为 true
</c:when>
<c:otherwise>
condition1 和 condition2 都为 false
</c:otherwise>
</c:choose>
```

说明：

（1）当 condition1 为 true 时，会显示"condition1 为 true"；当 condition1 为 false 且 condition2 为 true 时，会显示"condition2 为 true"；如果两者都为 false，则会显示"condition1 和 condition2 都为 false"。注意：当 condition1 和 condition2 的运算结果都为 true 时，只会显示 "condition1 为 true"。

（2）<c:when>和<c:otherwise>标签必须在<c:choose>和</c:choose>之间使用。

（3）在同一个<c:choose>中，<c:otherwise>必须是最后一个标签，且只能有一个<c:otherwise>标签，<c:when>可以有多个。

（4）在同一个<c:choose>中，当所有<c:when>的 test 都为 false 时，才执行<c:otherwise>的本体内容。

【例 7-5】 从前台输入某个学生的姓名和成绩，利用 JSTL 标签和 EL 表达式在后台输出该学生的姓名及是否及格的判断。

前台页面用 index.jsp 表示，页面代码如下：

```
<%@ page language="java" contentType="text/html; charset=utf-8"
   pageEncoding="utf-8"%>
<html>
<head>
<title>发送请求</title>
</head>
<body>
<form action="doIndex.jsp" method="post">
学生姓名：<input type="text" name="sname" /><br/>
成绩：<input type="text" name="score" /><br/>
<input type="submit" name="btn" value="提交" />
<input type="reset" name="btn" value="重置" />
</form>
</body>
</html>
```

后台页面用 doIndex.jsp 表示，页面代码如下：

```
<%@ page language="java" contentType="text/html; charset=utf-8"
   pageEncoding="utf-8"%>
<%@ taglib uri="http://java.sun.com/jsp/jstl/core"  prefix="c" %>
<html>
```

```
<head>
<title>Insert title here</title>
</head>
<body>
<c:set var="score" value="${param.score }" scope="request"/>
<c:if test="${score>=60 }">
${param.sname }成绩及格
</c:if>
<c:if test="${score<60 }">
${param.sname }成绩不及格
</c:if>
</body>
</html>
```

说明：

本例中使用 if 标签来实现选择判断，if 标签不能有 else 分支。若需要多分支的条件语句，则需要借助<c:choose>、<c:when>、<c:otherwise>组合使用来实现多分支选择判断。

7.3.3　迭代标签

1. <c:forEach>

作用：为循环控制，它可以将集合（collection）中的成员循环浏览一遍。运作方式为当条件符合时，就会持续重复执行<c:forEach>的本体内容。

基本语法格式如下：

```
<c:forEach [items="collection"] [var="varName"] [varStatus="varStatusName"]
                [begin="begin"] [end="end"] [step="step"] >
循环体
</c:forEach>
```

属性说明如下。

items：被迭代的集合对象。

var：存放当前指到的集合对象中的成员。

varStatus：存放当前指到的成员的相关信息（index：当前指到的成员的索引；count：当前总共指到成员的总数；first：当前指到的成员是否为第一个成员；last：当前指到的成员是否为最后一个成员）。

begin：迭代开始的位置，默认为 0。

end：迭代结束的位置，默认为最后。

step：每次迭代的间隔数，默认为 1。

注意，如果[begin="begin"] [end="end"] [step="step"]属性缺省，其他不缺省，则<c:forEach>标签主要用来实现遍历集合；若[items="collection"]缺省，其他不缺省，则<c:forEach>标签的功能就和 Java 的一般 for 语句基本相同。

【例 7-6】　已知整型数组，循环输出这个数组，要求每输出 3 个数一换行。

```
<%@ page language="java"  pageEncoding="gbk"%>
```

```
<%@ taglib uri="http://java.sun.com/jsp/jstl/core" prefix="c" %>
<html>
<head>
<title>Insert title here</title>
</head>
<body>
<%
int num[]={1,2,3,4,5,6,7,8,9,10,11,12};
request.setAttribute("numlist", num);
%>
<c:forEach items="${requestScope.numlist }" var="number" varStatus="status">
<c:if test="${status.index!=0&&status.index%3==0 }">
<br/>
</c:if>
${number}
</c:forEach>
</body>
</html>
```

说明：

（1）<c:forEach>标签经常用于对集合进行遍历，在本例中待遍历的集合为${requestScope.numlist}，集合中数据（对象）用 number 表示。

（2）status 表示集合中数据的相关信息，例如 index 表示当前指到的成员的索引号，因为本例中需要 3 个数据一换行，所以利用 index 来编写 if 标签的条件表达式。

```
<c:if test="${status.index!=0&&status.index%3==0 }">
<br/>
</c:if>
```

2. <c:forTokens>

<c:forTokens>标签主要用于浏览字符串中的所有成员且可以指定一个或多个分隔符。<c:forTokens>标签的语法格式如下：

```
<c:forTokens items="String" delims="char" [var="name"] [begin="start"]
            [end="end"] [step="step"] [varStatus="varStatusName"]>
    循环体
</c:forTokens>
```

属性说明如下。

items：被分隔并迭代的字符串。

delims：用来分隔字符串的字符。

var：存放当前指到的成员。

varStatus：存放当前指到的成员的相关信息（index：当前指到的成员的索引；count：当前总共指到成员的总数；first：当前指到的成员是否为第一个成员；last：当前指到的成员是否为最后一个成员）。

begin：迭代开始的位置，默认为 0。

end：迭代结束的位置，默认为最后。

step：每次迭代的间隔数，默认为 1。

【例 7-7】 前台页面文本框中要求同时输入学生的学号、姓名、年龄，中间以逗号隔开，将数据发送给后台，利用 JSTL 标签实现在后台页面的数据输出。

前台页面 student.jsp 的代码如下：

```
<%@ page language="java" contentType="text/html; charset=utf-8"
    pageEncoding="utf-8"%>
<html>
<head>
<title>发送请求</title>
</head>
<body>
<form action="doStudent.jsp" method="post">
学生信息：<input type="text" name="info" /><br/>
<input type="submit" name="btn" value="提交" />
</form>
</body>
</html>
```

后台页面 doStudent.jsp 的核心代码如下：

```
<c:forTokens items="${param.info }" delims="," var="student">
<c:out value="${student }"/>
</c:forTokens>
```

7.4　JSTL 其他标签

7.4.1　URL 标签相关

1. <c:import>

<c:import>标签的作用是导入 URL 资源。该标签是 URL 资源标签中的一种。该标签主要用于将其他静态或动态文件引入当前的 jsp 页面中。被引入的文件内容（URL 属性指定的网页内容）以 String 对象的形式输出。

语法格式如下：

```
<c:import url="url" [var="varName"][scope="{page|request|session|application}"] >
//</c:import>
```

属性说明如下。

url：要包含至本身 JSP 网页的其他文件的 URL。必选。

var：将包含进来的其他文件以字符串的形式存放到指定的变量中。可选。

scope：var 变量的作用范围。可选。

说明：当<c:import>标签中未指定 var 变量时，会直接将包含进来的其他网页文件内容显示出来。如果指定了 var 变量，则会将内容存放到 var 变量中，不显示。

2．<c:url>

<c:url>标签用于生成一个 URL 路径的字符串，并可保存到一个变量中。

语法格式如下：

```
<c:url value="url"[var="name"] [scope="{ page|request|session|application }"]
                [context="context"]>
   [<c:param name="name" value="value"/>]
   <!-- 可以有多个<c:param>标签 -->
   ...
  </c:url>
```

子标签[<c:param name="name" value="value"/>]可以有 0 个或者多个。若有子标签，则表示生成一个 URL，并传递参数。

例如：

```
<c:url value="doLogin.jsp">
<c:param name="uname" value="tom"/>
<c:param name="pwd" value="12345"/>
</c:url>
```

生成的 URL 字符串为：doLogin.jsp?uname=tom&&pwd=12345。

3．<c:redirect>

作用：可以将客户端的请求从一个 JSP 网页导向到其他文件。

语法格式如下：

```
<c:redirect url="url">
 [<c:param name="paramName" value="paramValue">]
</c:redirect>
```

子标签[<c:param name="name" value="value"/>]可以有 0 个或者多个。若没有子标签，则表示将请求导向 URL 指向的其他文件。若有子标签，则表示不但要将请求导向 URL 指向的其他文件，还要传递参数。

例如：

```
<c:set var="uname" value="${param.uname}" scope="session"/>
<c:set var="pwd" value="${param.pwd}" scope="session"/>
<c:redirect url="welcome.jsp"/>
```

这段代码表示，将请求数据保存在 session 范围中，并跳转到 welcome.jsp 欢迎页面。可以利用这段代码改造登录控制的 doLogin.jsp 页面，从而实现 doLogin.jsp 页面的表示逻辑和业务逻辑的分离。

7.4.2　国际化格式标签简介

利用前面所学内容基本可以完成大部分业务逻辑代码的功能的实现，但还有一些细节的内容无法完成，例如乱码问题的解决及日期型数据的格式化输出。这些问题的解决可以借助国际化格式标签。国际化格式标签有很多，本节仅以<fmt:requestEncoding>和<fmt:formatDate>

标签为例进行说明。

使用这些国际化格式标签，需要首先插入以下指令：

```
<%@ taglib prefix="fmt" uri="http://java.sun.com/jsp/jstl/fmt" %>
```

1．<fmt:requestEncoding>

作用：在 JSP 网页中设置请求所采用的编码方式，等价于 JSP 中的 request. setCharacterEncoding (String encoding)。

```
例如：<fmt:requestEncoding value="utf-8"/>
```

2．<fmt:formatDate>

<fmt:formatDate>标签用于提供方便的时区格式化显示方式，将日期和时间按照客户端的时区来正确显示。

语法格式如下：

```
<fmt:formatDate value="date"  [type="{time|date|both}"]
    [dateStyle="{default|short|medium|long|full}"]
    [timeStyle="{default|short|medium|long|full}"]
    [pattern="customPattern"] [timeZone="timeZone"]
    [var="varName"]
    [scope="{page|request|session|application}"] />
<fmt:formatDate>
```

属性说明如下。

value：指定要格式化的日期或时间。

type：指定是格式化输出日期部分，还是格式化输出时间部分，还是两者都输出。

dateStyle：指定日期部分的输出格式。该属性仅在 type 属性取值为 date 或 both 时才有效。

timeStyle：指定时间部分的输出格式。该属性仅在 type 属性取值为 time 或 both 时才有效。

pattern：指定一个自定义的日期和时间输出格式，如“dd/MM/yyyy”。

timeZone：指定当前采用的时区。

var：用于指定将格式化结果保存到变量中。

scope：指定属性 var 中指定的变量的有效范围，默认值为 page。

7.5　应 用 实 例

在本章的应用实例中，将完成查询图书信息功能，并将图书信息分页显示。另外，要求读者参照查询图书信息功能的实现方法，改造第 5 章 5.8 节的浏览图书信息功能，并完成浏览图书明细信息功能、浏览图书库存信息及图片功能的实现。

在第 5 章 5.8 节中已经实现了浏览图书信息功能。用户在浏览图书信息功能时，查看的是所有图书的信息。如何实现对图书搜索呢？这需要通过查询图书信息功能来实现。查询图书信息功能描述如下：用户在“搜索”框中输入图书信息，单击“Submit”按钮后可以查阅图书信息，该查询是个模糊查询，可以查得包含文本框中关键字的图书信息。

1．数据层的实现

查询图书信息是对 product 表的操作。在查询图书信息功能中，我们要学习的新技术是“分页技术”。为了实现分页，需要对 product 表的 Dao 模式进行扩展，在 ProductDao 接口中扩展两个接口函数，并在 ProductDaoImp 中实现。

ProductDao 接口中的扩展函数如下：

```
public ArrayList<Product> getProductByCategoryByPage(String name,int pageNo);
public int getCountByName(String name);
```

其中，getProductByCategoryByPage(String name,int pageNo)是分页函数，name 参数表示在“搜索”框中输入的搜索条件，pageNo 表示分页的页码。getCountByName(String name)是获得图书数量的函数，利用这个函数可以计算出总页码。

在 ProductDaoImp 类中重写这两个函数，代码如下：

```
@Override
    public ArrayList<Product> getProductByCategoryByPage(String name, int
pageNo) {
        String sql="select * from product where name like '%"+name+"%' limit
"+(pageNo-1)*5+",5";
        ResultSet rs=this.getResult(sql);
        ArrayList<Product> slist=new ArrayList<Product>();
        try {
            while(rs.next()) {
            String cardnum1=rs.getString("productID");
            String caid=rs.getString("category");
            String bookname=rs.getString("name");
            String bookdescn=rs.getString("descn");
            Product product=new Product();
            product.setProductID(cardnum1);
            product.setCategory(caid);
            product.setName(bookname);
            product.setDescn(bookdescn);
            slist.add(product);
            }
        } catch (SQLException e) {
            e.printStackTrace();
        }
        return slist;
    }
    @Override
    public int getCountByName(String name) {
        String sql="select count(*) from product where name like '%"+name+"%'";
        ResultSet rs=this.getResult(sql);
        int count=0;
        try {
            rs.next();
```

```
            count=rs.getInt(1);
        } catch (SQLException e) {
            e.printStackTrace();
        }
        return count;
    }
```

2. 表示层的实现

表示层的页面由搜索信息录入页面、搜索信息显示页面、搜索信息处理页面三个部分组成。在线图书销售平台的所有页面中都有一个“搜索”框，以便输入搜索信息；搜索信息显示页面可以用 search.jsp 页面完成，搜索信息处理页面可以用 doSearch.jsp 页面完成。下面分别对这三个表示层页面进行说明。

1）搜索信息录入页面

使用在线图书销售平台页面中的“搜索”框作为搜索信息录入页面，其关键代码如下：

```
<form class="navbar-form navbar-right" role="search" action="doSearch.jsp">
   <div class="form-group">
  <input type="text" class="form-control" placeholder="Search" name="pname">
   </div>
   <button type="submit" class="btn btn-default">Submit</button>
 </form>
```

注意：请求数据发送给 doSearch.jsp 页面，请求方式为 post。

2）搜索信息显示页面 search.jsp

搜索信息显示页面 search.jsp 的代码如下：

```
<%@ page language="java" contentType="text/html; charset=utf-8"
    pageEncoding="utf-8"%>
<%@ taglib uri="http://java.sun.com/jsp/jstl/core" prefix="c"%>
<html>
<head>
<meta charset="UTF-8">
<!--BootStrap设计的页面支持响应式文件-->
<meta name="viewport" content="width=device-width, initial-scale=1">
<title></title>
<!--引入BootStrap的CSS-->
<link rel="stylesheet" href="css/bootstrap.css" type="text/css" />
<!--引入jQuery的JS文件：jQuery的JS文件要在BootStrap的JS文件的前面引入-->
<script type="text/javascript" src="js/jquery-1.11.3.min.js"></script>
<!--引入BootStrap的JS文件-->
<script type="text/javascript" src="js/bootstrap.js"></script>
<style>
#logo ul li {
    list-style: none;
    float: left;
    padding: 5px 10px;
```

```
        /*margin-top: 15px;*/
        line-height: 60px;
    }
    </style>
    </head>
    <body>
        <div class="container">
            <!--logo-->
    <!--logo-->
    <div id="logo" class="row">
        <div class="col-md-4">
            <h2>在线图书销售平台</h2>
        </div>
        <div class="col-md-4">
            <img src="img/header.png" />
        </div>
        <div class="col-md-4">
            <ul>
                <li>
                    <%
    if (session.getAttribute("user") != null) {
        String uname = (String) session.getAttribute("user");
        out.print("欢迎" + uname);
        out.print("<a href='DoInvalidate'>注销</a>");
    } else {
        out.print("<a href='login.jsp'>登录</a>");
    }
    %>
                </li>
                <li><a href="register.jsp">注册</a></li>
                <li><a href="cart.jsp">购物车</a></li>
            </ul>
        </div>
    </div>
    <div id="">
        <nav class="navbar navbar-inverse" role="navigation">
            <!-- Brand and toggle get grouped for better mobile display -->
    <div class="navbar-header">
        <button type="button" class="navbar-toggle" data-toggle="collapse"
            data-target=".navbar-ex1-collapse">
            <span class="sr-only">Toggle navigation</span> <span
                class="icon-bar"></span> <span class="icon-bar"></span> <span
                class="icon-bar"></span>
        </button>
        <a class="navbar-brand" href="index.jsp">首页</a>
    </div>
    <div class="collapse navbar-collapse navbar-ex1-collapse">
```

```
        <ul class="nav navbar-nav">
            <c:forEach items="${sessionScope.slist }" var="category"
    varStatus="s">
    <c:if test="${s.index<=4 }">
    <li><a href="DoProduct2?cid=${category.catID }">${category.name}</a></li>
    </c:if>
    </c:forEach>
    <li class="dropdown"><a href="#" class="dropdown-toggle"
        data-toggle="dropdown">其他 <b class="caret"></b></a>
        <ul class="dropdown-menu">
            <c:forEach items="${sessionScope.slist }" var="category"
        varStatus="s">
        <c:if test="${s.index>=5 }">
            <li><a href="#">${category.name}</a></li>
        </c:if>
    </c:forEach>
                            </ul></li>
                </ul>
                <form class="navbar-form navbar-right" role="search"
                    action="doSearch.jsp">
                    <div class="form-group">
                        <input type="text" class="form-control" placeholder=
"Search"
                            name="pname">
                    </div>
                    <button type="submit" class="btn btn-default">Submit</button>
                </form>
            </div>
        </nav>
    </div>
    <!--body-->
    <div class="row" style="height: 500px; text-align: center;">
    <div class="col-md-10 col-md-push-1">
        <table class="table table-striped">
            <tr>
                <td>图书编号</td>
                <td>图书名称</td>
                <td>图书描述</td>
            </tr>
            <c:forEach items="${sessionScope.plist }" var="product"
    varStatus="s">
    <tr>
        <td>${product.productID }</td>
    <td>${product.name }</td>
    <td>${product.descn }</td>
    </tr>
    </c:forEach>
```

```
</table>
<ul class="pagination">
    <li><a href="doSearch.jsp?flag=down">&laquo;</a></li>
    <c:forEach var="groupnum" items="${sessionScope.pageGroupNum }">
<li><a href="doSearch.jsp?pageNo=${groupnum }">${groupnum }</a></li>
</c:forEach>
            <li><a href="doSearch.jsp?flag=up">&laquo;</a></li>
        </ul>
    </div>
</div>
<!--bottom-->
<!--版权部分-->
<div>
    <div align="center" style="margin-top: 20px;">
    <img src="img/footer.jpg" width="100%">
</div>
<div>
    <!--友情链接-->
<%@ include file="footer.jsp"%>
<!--页面底部信息-->
            </div>
        </div>
</body>
</html>
```

3）搜索信息处理页面 doSearch.jsp

搜索信息处理页面 doSearch.jsp 的代码如下：

```
<%@ page language="java" contentType="text/html; charset=utf-8"
    pageEncoding="utf-8"%>
<%@ page import="com.hkd.daoimp.ProductDaoImp" %>
<%@ page import="com.hkd.entity.Product" %>
<%@ page import="java.util.ArrayList" %>
<%
String name=null;
if(request.getParameter("pname")!=null)
{
    name=request.getParameter("pname");
    session.setAttribute("pname", name);
}
else
    name=(String) session.getAttribute("pname");
ProductDaoImp pdi=new ProductDaoImp();
int count=pdi.getCountByName(name);
int pageCount=0;
if(count%5==0)
    pageCount=count/5;
else
```

```
        pageCount=count/5+1;
    int pageGroupCount=0;
    if(pageCount%5==0)
        pageGroupCount=pageCount/5;
    else
        pageGroupCount=pageCount/5+1;
    int pageGroupNo=0;
    if(session.getAttribute("pageGroupNo")==null)
        pageGroupNo=0;
    else
        pageGroupNo=(int) session.getAttribute("pageGroupNo");
    String flag=request.getParameter("flag");
    if("up".equals(flag))
    {
        if(pageGroupNo<pageGroupCount-1)
        pageGroupNo++;
        else
            pageGroupNo=pageGroupCount-1;
    }
    else if("down".equals(flag))
    {
        if(pageGroupNo>=1)
        pageGroupNo--;
        else
            pageGroupNo=0;
    }
    session.setAttribute("pageGroupNo", pageGroupNo);
    ArrayList<ArrayList> clist=new ArrayList<ArrayList>();
    for(int i=1;i<=pageCount;i+=5)
    {
        ArrayList<Integer> tlist=new ArrayList<Integer>();
        for(int j=i;j<=i+4;j++)
        {
            if(j<=pageCount)
            tlist.add(j);
        }
        clist.add(tlist);
    }
    int pageNo=0;
    String str=request.getParameter("pageNo");
    if(str!=null)
        pageNo=Integer.parseInt(str);
    if(session.getAttribute("pageNo")==null)
        pageNo=1;
    else if(request.getParameter("pageNo")==null)
      pageNo=(int) session.getAttribute("pageNo");
    session.setAttribute("pageGroupNum", clist.get(pageGroupNo));
```

```
session.setAttribute("pageNo", pageNo);
ArrayList<Product> plist=pdi.getProductByCategoryByPage(name, pageNo);
session.setAttribute("plist", plist);
response.sendRedirect("search.jsp");
%>
```

search.jsp 页面的运行效果如图 7-6 所示。

图 7-6　search.jsp 页面的运行效果

3. 程序说明

1）分页策略

查询图书信息功能的前台页面中，信息的分页是利用 Bootstrap 的分页组件实现的，具体效果如图 7-6 所示，如何动态地显示该组件中的页码是本分页算法的关键。在本算法中默认分页组件中显示 5 个页码信息，当单击“up”按钮时显示下一组的 5 个页码信息；当单击“down”按钮时显示上一组的 5 个页码信息。首先通过如下代码计算总页码：

```
int count=pdi.getCountByName(name);//获得总记录数
int pageCount=0;
if(count%5==0)
    pageCount=count/5;
else
    pageCount=count/5+1;//计算总页码
```

根据总页码计算以 5 个页码为一组时共有多少组，代码如下：

```
int pageGroupCount=0;
if(pageCount%5==0)
    pageGroupCount=pageCount/5;
  else
    pageGroupCount=pageCount/5+1;//总分组数
```

把页码按照 5 个一组存储在集合中，代码如下：

```
ArrayList<ArrayList> clist=new ArrayList<ArrayList>();
for(int i=1;i<=pageCount;i+=5)
    {
        ArrayList<Integer> tlist=new ArrayList<Integer>();
        for(int j=i;j<=i+4;j++)
        {
            if(j<=pageCount)
            tlist.add(j);
            }
        clist.add(tlist);
        }
```

还要实现当单击“up”按钮时显示下一组的 5 个页码信息的功能，以及当单击“down”按钮时显示上一组的 5 个页码信息的功能，代码如下：

```
        int pageGroupNo=0;//定义分组号
        if(session.getAttribute("pageGroupNo")==null)
            pageGroupNo=0;
        else
            pageGroupNo=(int) session.getAttribute("pageGroupNo");
        String flag=request.getParameter("flag");
        if("up".equals(flag))
        {
            if(pageGroupNo<pageGroupCount-1)
            pageGroupNo++;
            else
                pageGroupNo=pageGroupCount-1;
        }
        else if("down".equals(flag))
        {
            if(pageGroupNo>=1)
            pageGroupNo--;
            else
                pageGroupNo=0;
        }
        session.setAttribute("pageGroupNo", pageGroupNo);
```

这样，clist.get(pageGroupNo)表示的就是当前分组的页码信息，将该信息存储在 session 中，代码如下：

```
session.setAttribute("pageGroupNum", clist.get(pageGroupNo));
```

在前台页面 search.jsp 中就可以通过以下代码显示当前分组的页码信息：

```
<c:forEach var="groupnum" items="${sessionScope.pageGroupNum }">
<li><a href="doSearch.jsp?pageNo=${groupnum }">${groupnum }</a></li>
</c:forEach>
```

2）getProductByCategoryByPage(name, pageNo)方法参数说明

参数 name 的获取是通过获取前台文本框数据获得的。需要注意的是：第一次获取后的数

据需要存储在 session 范围中，name 的值应该从 session 范围中获得所存储的这个数据。这样设计的原因是：当用户单击分页组件中的“页码”时，数据是要发送给 doSearch.jsp 的，而这时，前台文本框是没有发送数据的，所以传过来的值是 null。若 name 为 null，则查询不出数据。因此，需要利用 session 技术解决这个问题，代码如下：

```
if(request.getParameter("pname")!=null)
    {
    name=request.getParameter("pname");
    session.setAttribute("pname", name);
    }
else
    name=(String) session.getAttribute("pname");
```

对于参数 pageNo 的获得，在分页算法中已经详细介绍过，在此仅对一些实现细节进行说明，当用户在“搜索”框中输入信息进行查询时，默认查到的应该是第一页的图书信息，并且当用户单击“up”按钮或“down”按钮获得下一分组页码时，要保持当前页面图书显示信息不变，要想实现这样的显示效果，需要对 pageNo 做如下处理，具体代码如下：

```
int pageNo=0;
String str=request.getParameter("pageNo");
if(str!=null)
    pageNo=Integer.parseInt(str);
if(session.getAttribute("pageNo")==null)
     pageNo=1;
 else if(request.getParameter("pageNo")==null)
     pageNo=(int) session.getAttribute("pageNo");
session.setAttribute("pageNo", pageNo);
```

对本章应用实例进行总结：在本章应用实例中，主要实现了查询图书信息，并要求读者根据查询图书信息的实现方式完成浏览图书明细、浏览图书库存等功能，这些功能都是需要进行前台显示的，因此在编写过程中需要大量使用 JSTL 标签和 EL 表达式。通过本章技术的运用使 Java 代码和 HTML 代码分离，从而实现表示逻辑和业务逻辑的分离。

习　题　7

1．简述 EL 隐藏对象中作用域访问对象及其特点。
2．简述 EL 隐藏对象中参数访问对象及其特点。
3．在 JSTL 中如何实现选择判断？请列出相关标签。
4．在 JSTL 中如何实现集合遍历？请详解相关标签。
5．常用的格式化标签有哪些？请列举并简述。

第8章　MVC模式和Servlet技术详解

MVC 模式是一种非常重要的设计模式，MVC 设计模式可以带来更好的软件结构，并且能实现代码复用。Servlet 是 Java Web 开发技术中的一种关键技术，Java Web 开发的很多高级技术都是以 Servlet 为核心来设计的。因此，本章的内容是 JSP 程序设计中的重点内容。本章将详细介绍 MVC 模式、Servlet 概念、Servlet 生命周期、Servlet 创建及使用、利用 Servlet 来访问初始化参数及上下文参数，以及 Servlet 中内置对象的使用等。在最后的应用实例中，将完成在线图书销售平台的购物车功能。

8.1　MVC 模式

8.1.1　JSP 程序开发模式

1．JSP+JavaBean 模式

在该模式中，JavaBean 主要完成业务逻辑上的操作，例如在线图书销售平台中的 Dao 模式部分代码，其中数据库的连接、用户登录、信息获取等都是利用 JavaBean 来完成的。一个标准的 JavaBean 要遵循以下规范：必须是 public 类、有一个无参数的构造函数、有 setter/getter 方法、无 main 函数。在程序的开发中，将要进行的业务逻辑封装到这个类中，在 JSP 页面中调用这个类，从而执行这个业务逻辑。在该模式中，JSP 的功能既要负责前台的数据显示或数据请求功能，还要负责后台的数据接收或数据处理功能。这种模式将页面表示逻辑和 JavaBean 业务逻辑分离，模式结构清晰，对于 JSP 语言的初学者来说，该模式不失为一种可供选择的模式。JSP+JavaBean 模式如图 8-1 所示。

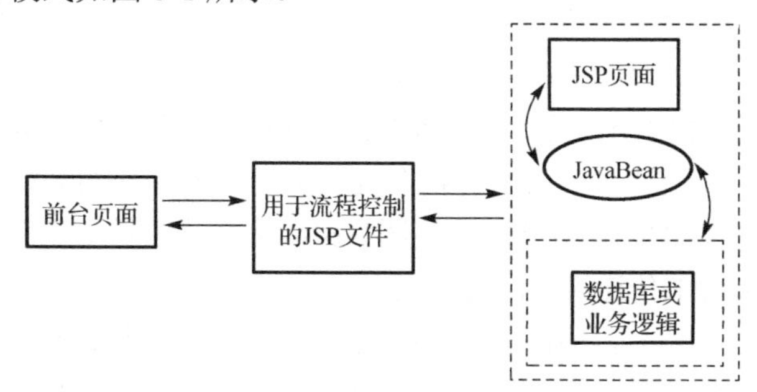

图 8-1　JSP+JavaBean 模式

2．JSP+Servlet+JavaBean 模式

JSP+JavaBean 模式虽然已经将网站的业务逻辑和显示页面进行分离，但这种模式下的大部分流程控制工作需要由 JSP 来完成，JSP 文件总是要首先转换成 Servlet，然后才可以进行编译运行。因此，JSP 文件的运行效率明显低于 Servlet，如果能直接使用 Servlet 替换程序中用

来实现流程控制的 JSP 文件，将能大大提高程序的运行效率。在 JSP+Servlet+JavaBean 模式下，JSP 负责数据的显示和数据的请求；JavaBean 主要完成业务逻辑上的操作；Servlet 用于实现接收客户端发送过来的数据，并进行处理，处理后选择相应的前台页面进行跳转响应。因此，在 JSP+Servlet+JavaBean 模式下，JSP 起到 MVC 模式下视图的作用，Servlet 起到 MVC 模式下控制器的作用，而 JavaBean 充当模型的角色。因此，JSP+Servlet+ JavaBean 模式是符合 MVC 设计模式的。JSP+Servlet+JavaBean 模式如图 8-2 所示。

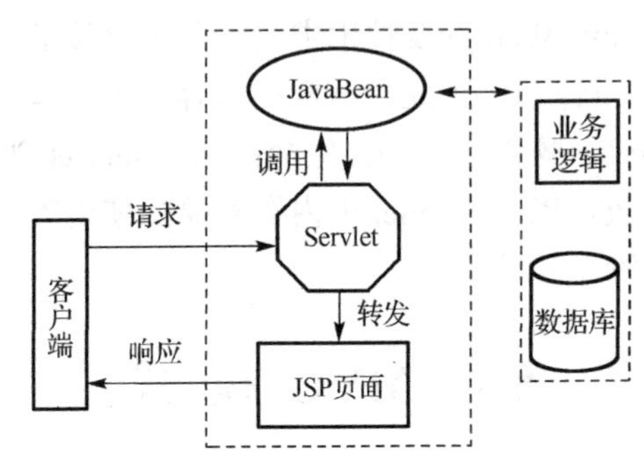

图 8-2 JSP+Servlet+JavaBean 模式

什么是 MVC 模式呢？这种模式有什么特点呢？下面将进行介绍。

8.1.2 MVC 模式

MVC 的全称为 Model View Controller（模型、视图、控制器）。使用该模式可将待开发的应用程序分解为 3 个独立的部分：模型、视图和控制器。提出这种设计模式主要是因为应用程序中用来完成任务的代码——模型（也称为“业务逻辑”）通常是程序中相对稳定的部分，并且会被重复使用；而程序与用户进行交互的页面——视图却是经常改变的。如果因需要更新页面而不得不对业务逻辑代码进行改动，或者要在不同的模块中应用相同的功能而重复地编写业务逻辑代码，则不仅降低了整体程序开发的进程，而且会使程序变得难以维护。因此，将业务逻辑代码与视图分离更容易根据需求的改变来改进程序。

（1）视图（View）代表用户交互界面，对于 Web 应用来说，可以概括为 HTML 界面，但有可能为 XHTML、XML 和 Applet。随着应用的复杂性和规模性，界面的处理也变得具有挑战性。一个应用可能有很多不同的视图，MVC 设计模式对于视图的处理仅限于视图上数据的采集和处理，以及用户的请求，而不包括在视图上的业务流程的处理。业务流程的处理交给模型（Model）处理。例如，一个订单的视图只接收来自模型的数据并显示给用户，以及将用户界面的输入数据和请求传递给控制与模型。

（2）模型（Model）就是业务流程/状态的处理及业务规则的制定。业务流程的处理过程对其他层来说是暗箱操作，模型接收视图请求的数据，并返回最终的处理结果。业务模型的设计可以说是 MVC 的核心。目前流行的 EJB 模型就是一个典型的应用例子，它从应用技术实现的角度对模型做了进一步的划分，以便充分利用现有的组件，但它不能作为应用设计模型的框架。它仅仅告诉开发者按这种模型设计就可以利用某些技术组件，从而减少了技术上的困难。对一个开发者来说，就可以专注于业务模型的设计。MVC 设计模式告诉开发者，把应用的模型按一定的规则抽取出来，抽取的层次很重要，这也是判断开发者是否优秀的依据。

抽象与具体不能隔得太远，也不能太近。MVC 并没有提供模型的设计方法，而只告诉开发者应该组织管理这些模型，以便于模型的重构和提高重用性。例如，可以用对象编程来做比喻，MVC 定义了一个顶级类，告诉它的子类能做这些工作，但没法限制它的子类只能做这些工作。这一点对编程的开发者非常重要。业务模型还有一个很重要的模型——数据模型。数据模型主要指实体对象的数据保存（持续化）。例如，将一张订单保存到数据库，从数据库获取订单。开发者可以将这个模型单独列出，所有有关数据库的操作只限制在该模型中。

（3）控制（Controller）可以理解为从用户接收请求，将模型与视图匹配在一起，共同完成用户的请求。划分控制层的作用也很明显，它清楚地告诉开发者，它就是一个分发器，选择什么样的模型，选择什么样的视图，可以完成什么样的用户请求。控制层不做任何的数据处理。例如，用户单击一个超链接，控制层接收请求后，并不处理业务信息，它只把用户的信息传递给模型，告诉模型做什么，选择符合要求的视图返回给用户。因此，一个模型可能对应多个视图，一个视图可能对应多个模型。

MVC 设计模式可以带来更好的软件结构，MVC 要求对应用分层，虽然要进行额外的工作，但产品的结构清晰，产品的应用通过模型可以得到更好的体现。MVC 模式有利于分工部署，降低耦合性，提高可维护性，提高应用程序的重用性。但是，MVC 的设计实现并不容易，MVC 虽然概念简单，但对开发者的要求比较高。另外，MVC 只是一种基本的设计思想，还需要详细的设计规划。

MVC 模式设计思想如图 8-3 所示。

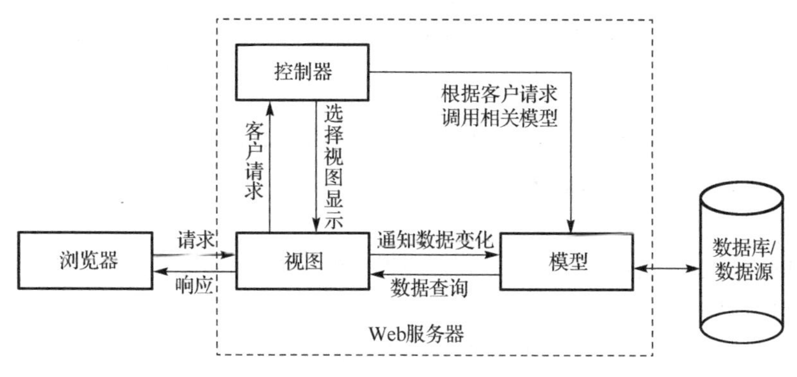

图 8-3　MVC 模式设计思想

目前，一些比较优秀的框架是遵循 MVC 模式来设计的，例如 struts2 框架、springMVC 框架。在 struts2 框架中充当控制器角色的是 Action，在 springMVC 框架中充当控制器的是 Controller。不管是 struts2 框架中的 Action 还是 springMVC 框架中的 Controller，其底层设计都是利用 Servlet 技术来完成的。下面介绍 Servlet 技术。

8.2　Servlet 简介

8.2.1　Servlet 概述

Servlet 是在 1997 年由 Sun 和其他几个公司提出的一项技术，使用该技术能将 HTTP 请求和响应封装在标准 Java 类中以实现各种 Web 应用方案。在 JSP 技术出现之前，Servlet 被广泛用于开发动态的 Web 应用程序。实际上，JSP 页面运行前会由 JSP 容器将其翻译成 Servlet，真正在服务器端运行的是 Servlet。

Servlet 是一个在服务器上运行以处理客户端请求并做出响应的 Java 程序。对于用 Java 语言能够实现的功能，Servlet 基本上都能实现（图形界面除外）。Servlet 主要用于处理客户端传来的 HTTP 请求，并返回一个响应。通常所说的 Servlet 指 HttpServlet，用于处理 HTTP 请求，其能够处理请求的方法有 doGet()、doPost()、service()等。在开发 Servlet 时，可以直接继承 javax.servlet.http.HttpServlet。

Servlet 和普通 Java 程序的最大的区别是：能够接收客户端的请求且做出响应，Servlet 程序是在服务器端运行的，运行方式是 Run on server，而普通 Java 应用程序的运行方式是 Java Application。

Servlet 的主要功能如下。

1．获得前台提交的数据

获得前台页面以 get/post 方式提交过来的数据，包括用户输入可见的或不可见的数据（hidden 类型的 input 标签提交的数据），以及以超链接方式提交过来的数据。前台也可以进行隐式数据请求，如由浏览器程序生成的 HTTP 报文头。HTTP 信息包括 cookie、浏览器所能识别的媒体类型和压缩模式等。

2．调用模型进行处理

这个过程可能需要访问数据库、调用 Web 服务，或者直接计算得出对应的响应。

3．选择相应的视图进行输出显示

显式数据是显示在用户浏览器中的数据，最常见的是 HTML 格式的文本，也可能是 XML 数据或二进制图像。因此，Servlet 和 JSP 的主要任务是将结果以 HTML 格式返回给客户端。

Servlet 的技术优势如下。

（1）Servlet 可以和其他资源交互，以生成返回给客户端的响应内容，也可以根据用户需要保存请求－响应过程中的信息。

（2）采用 Servlet 技术，服务器可以完全授权对本地资源（如数据库）的访问，并且 Servlet 自身将会控制外部用户的访问数量及访问性质。

（3）Servlet 可以是其他服务的客户端程序。例如，它们可以用于分布式应用系统中，可以从本地硬盘，或者通过网络从远端硬盘激活 Servlet。

（4）Servlet 可被链接（chain）。一个 Servlet 可以调用另一个或一系列 Servlet，即成为它的客户端。

（5）采用 Servlet Tag 技术，Servlet 能够生成嵌于静态 HTML 页面中的动态内容，也可以在 HTML 页面中动态调用 Servlet。

（6）Servlet API 与协议无关。它并不对传递它的协议有任何假设。

8.2.2　Servlet 生命周期

开发者经常用 Servlet 与 Applet 做对比：Applet 是运行在客户端浏览器上的程序，而 Servlet 是运行在服务器端的程序。Applet 是有生命周期的，同样，Servlet 也具有生命周期。

Servlet 不是独立的应用程序，它不能由用户或程序员直接调用，它的产生与销毁完全由容器（Web 容器）管理。Servlet 有良好的生命周期的定义，包括如何加载、实例化、初始化、处理客户端请求，以及如何被移除。这个生命周期由 javax.servlet.servlet 接口的 init、service 和 destroy 方法表达。

Servlet 生命周期的过程如下。

（1）Web 容器根据客户请求创建一个 Servlet 对象实例，或者创建多个 Servlet 对象实例，并把这些实例加入 Servlet 实例池中。

（2）Web 容器调用 Servlet 的初始化方法 init()进行初始化。这需要给 init()方法传入一个 ServletConfig 对象。ServletConfig 对象包含初始化参数和容器环境的信息，并负责向 Servlet 传递数据，如果传递失败，则会发生 ServletException 异常，Servlet 将不能正常工作。

（3）当客户请求到达时，容器调用 service()方法完成对请求阶段的处理和响应。需要注意的是，在 service()方法被调用之前，必须确保 init()方法被正确调用。每个请求由 ServletRequest 类型的对象代表，而 Servlet 使用 ServletResponse 回应该请求。这些对象被作为 service()方法的参数传递给 Servlet。在 HTTP 请求的情况下，容器必须提供代表请求和回应的 HttpServletRequest、HttpServletResponse 的具体实现。

（4）当 Web 服务器和容器关闭时，会自动调用 HttpServlet.destroy()方法关闭所有打开的资源，并进行一些关闭前的处理。

生命周期各个阶段对应的函数如图 8-4 所示。

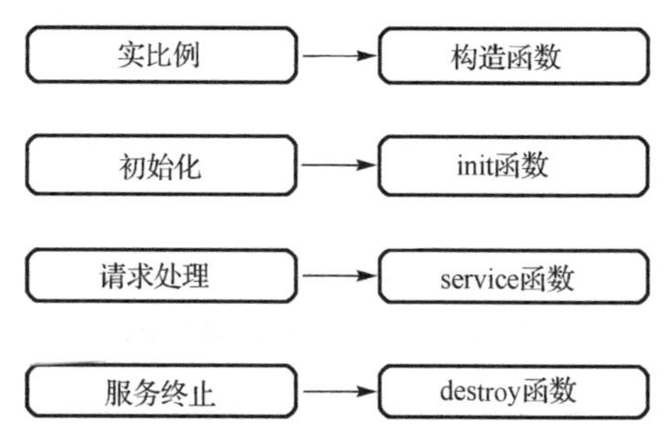

图 8-4　生命周期各个阶段对应的函数

在生命周期的第一个阶段将通过构造函数来创建一个 Servlet。因为 Servlet 默认是单例的，所以构造函数默认执行一次。在生命周期的第二个阶段，因为 init 函数只能执行一次，所以通常将需要初始化的内容写在 init 函数中；service 函数是可以执行多次的，可以多次接收客户端的请求；当需要销毁 Servlet 时执行 destroy 函数。

【例 8-1】　通过向导创建第一个 Servlet 程序，测试 Servlet 生命周期函数。

创建动态 Web 工程 chapter8_1，在 src 文件夹下创建 com.hdk.servlet 包。右击该包后选择 New→Servlet，使用向导创建 Servlet 类，在 Class name 框中输入类名 TestLife1，如图 8-5 所示。

单击 Next 按钮，在弹出的界面中选择所要重写的函数，例如选择 init、destroy、service 函数，如图 8-6 所示。

单击 Finish 按钮，在生成的代码中加入测试语句，代码如下：

```
public class TestLife1 extends HttpServlet {
```

```
    public TestLife1(){
       System.out.println("servlet 创建了");
    }
    public void init(ServletConfig config)throws ServletException {
        System.out.println("servlet 初始化");
    }
    public void destroy(){
        System.out.println("servlet 销毁");
    }
    protected void service(HttpServletRequest request, HttpServletResponse
                        response)throws ServletException, IOException {
        System.out.println("servlet 服务启动");
    }
}
```

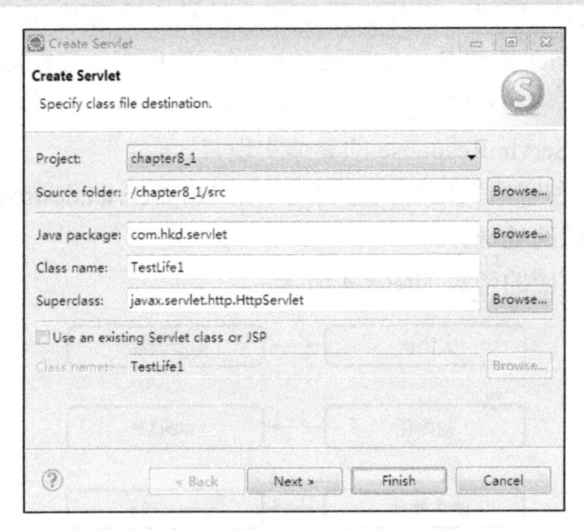

图 8-5　使用向导创建 Servlet 步骤 1

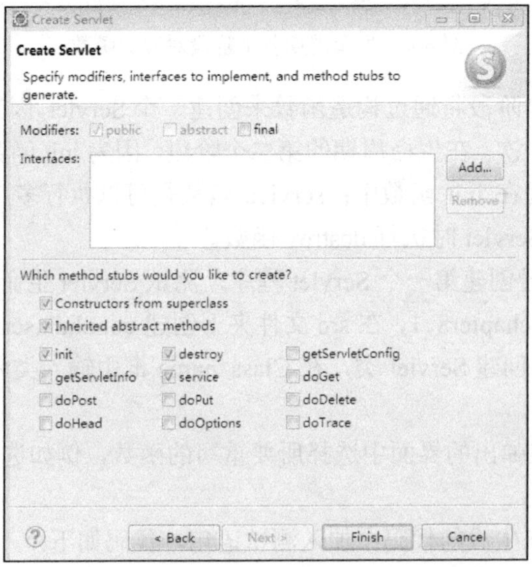

图 8-6　使用向导创建 Servlet 步骤 2

右击 TestLife1 类，选择运行方式为 Run on server，在 Tomcat 服务器上运行这个 Servlet，此操作会产生一个空白页面，但会在控制台下输出测试信息。

```
servlet 创建了
servlet 初始化
servlet 服务启动
```

再次刷新这个空白页面，控制台下的输出信息将会发生如下变化：

```
servlet 创建了
servlet 初始化
servlet 服务启动
servlet 服务启动
```

当 Tomcat 服务器关闭后，Servlet 将会被销毁，控制台输出信息如下：

```
servlet 销毁
```

由测试结果可以看到，构造函数和 init 函数都是执行一次的，service 函数是可以执行多次的。

【例 8-2】　重写 service 函数，测试 Servlet 处理请求的特点。

利用向导在 com.hkd.servlet 包下创建 Servlet 类，在随后出现的重写函数选择面板中选择 service 函数、doGet 函数、doPost 函数，如图 8-7 所示。

图 8-7　选择 TestLife2 类的重写函数

在生成的代码中加入测试代码，如下所示：

```
public class TestLife2 extends HttpServlet {
    @Override
protected void service(HttpServletRequest arg0, HttpServletResponse arg1)
        throws ServletException, IOException {
```

```
        String method=arg0.getMethod();//获得请求方式
        if("get".equalsIgnoreCase(method))
            this.doGet(arg0, arg1);
        else if("post".equalsIgnoreCase(method))
            this.doPost(arg0, arg1);
    }
    protected void doGet(HttpServletRequest request, HttpServletResponse
                response)throws ServletException, IOException {
        System.out.println("显示 get 请求数据");
    }
    protected void doPost(HttpServletRequest request, HttpServletResponse
                response)throws ServletException, IOException {
        System.out.println("显示 post 请求数据");
    }
    }
```

service 函数中的重写代码功能：如果是 get 请求则调用 doGet 函数，如果是 post 请求则调用 doPost 函数，右击 TestLife2 类，选择运行方式为 Run on server，在 Tomcat 服务器上运行这个 Servlet 会在控制台下输出测试信息。

```
显示 get 请求数据
```

这说明默认的请求方式是 get 请求。

读者可先将 service 中的这段代码注释掉，然后进行测试，控制台下没有输出信息，这更说明 service 函数是整个 Servlet 生命周期中的一个中枢控制函数，即先接收用户的请求，然后选择 doGet 或 doPost 方法来进行调用。

8.3 Servlet 创建及使用

8.3.1 Servlet 创建

在前面的测试程序中，我们用 Eclipse 开发软件提供的向导方式生成了 Servlet。这种方式能够快速地创建 Servlet，但是这种方式不利于初学者了解 Servlet 的技术特点。因此，在本节中将采用手工编写及配置的方式来生成 Servlet。

对于一个 Servlet 类需要先编写后配置。

1. Servlet 类的编写

Servlet 类的编写通常需要以下步骤。

（1）在 Java Build Path 中添加“Server Runtime”资源库。

（2）继承 HttpServlet 抽象类。

（3）重写 doGet()方法或 doPost()方法，在 doGet()或 doPost()方法中利用 HttpServletRequest 对象接收客户端的请求，利用 HttpServletResponse 对象来生成响应，并将它返回到发出请求的客户机上，HttpServletResponse 对象的方法允许设置“请求”标题和“响应”主体。

【例 8-3】　编写 Servlet，实现在页面上输出文本信息的功能。

创建动态 Web 工程 chapter8_2，在 src 文件夹下创建 com.hdk.servlet 包。右击工程 chapter8_2，选择 Properties→Java Build Path，选择 Libraries→Add Library→Server Runtime，添加 Tomcat 资源库，操作如图 8-8 所示。

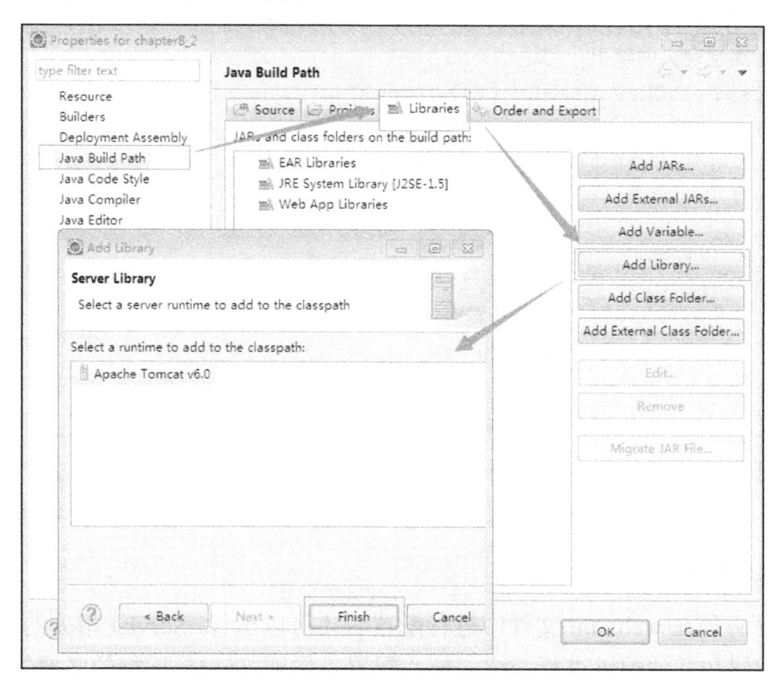

图 8-8　Servlet 编写步骤 1

在 com.hdk.servlet 中创建普通类 Helloworld，选择其父类为 HttpServlet，如图 8-9 所示。

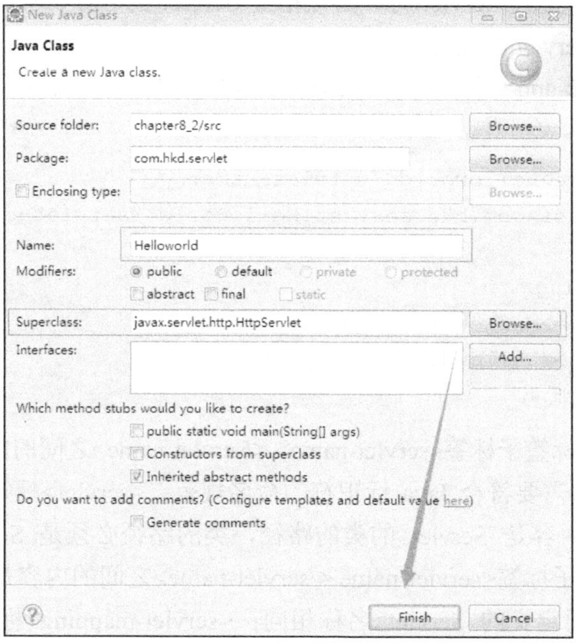

图 8-9　Servlet 编写步骤 2

重写 doGet()方法及 doPost()方法后，代码如下：

```
public class Helloworld extends HttpServlet {
    @Override
    protected void doGet(HttpServletRequest req, HttpServletResponse resp)
            throws ServletException, IOException {
        //实现向页面输出一句话
        resp.setCharacterEncoding("gbk");
        PrintWriter out=resp.getWriter();
        out.print("保护环境，爱护地球");
        }
    @Override
    protected void doPost(HttpServletRequest req, HttpServletResponse resp)
            throws ServletException, IOException {
        this.doGet(req, resp);
    }
}
```

注意：如果请求处理代码写在了 doGet()方法中，那么就在 doPost()方法中调用 doGet()方法，反之亦然，这样不管客户端发过来的是 get 还是 post 请求，Servlet 都可以进行处理。

2. Servlet 类的配置

Servlet 程序必须在 web.xml 文件中进行配置后才可以运行。Servlet 相关的配置内容很多，下面分为核心配置和其他配置进行介绍。核心配置是保证 Servlet 运行的必要配置，其他配置是可选配置。

1）核心配置

在 web.xml 文件中配置 Servlet 时，必须指定 Servlet 的名称、Servlet 的类的路径，以及 Servlet 的映射名称、Servlet 的映射路径。

在<web-app></web-app>根标签间嵌入 Helloworld 类的配置文件：

```
<servlet>
    <servlet-name>Helloworld</servlet-name>
    <servlet-class>com.hkd.servlet.Helloworld</servlet-class>
  </servlet>
  <servlet-mapping>
    <servlet-name>Helloworld</servlet-name>
    <url-pattern>/Helloworld</url-pattern>
  </servlet-mapping>
```

其中，在<servlet>标签子标签<servlet-name> </servlet-name>之间的内容是 Servlet 的名称，该名称可以自定义，但需要符合 Java 标识符的命名规范；<servlet>标签子标签<servlet-class> </servlet-class>之间的内容是 Servlet 的类的路径，类的路径必须是 Servlet 类的完整路径；<servlet-mapping>标签子标签<servlet-name </servlet-name>之间的内容是 Servlet 的映射名称，该映射名称必须和上面定义的 Servlet 名称相同；<servlet-mapping>标签子标签<url-pattern> /Helloworld</url-pattern>是 Servlet 的映射路径，该映射路径可以自定义，但开头必须以“/”

开头。

在 web.xml 中配置好这些内容后，Helloworld 类就可以在服务器端运行了。

2）其他配置

（1）Servlet 描述信息配置。

在 web.xml 文件中配置 Servlet 时，在<servlet>标签子标签<description> </description>之间配置描述信息，在<display-name> </display-name>之间指定在发布时显示的名称。

```
<servlet>
    <description>My First Servlet</description>
    <display-name>helloworld</display-name>
    <servlet-name>Helloworld</servlet-name>
    <servlet-class>com.hkd.servlet.Helloworld</servlet-class>
</servlet>
```

（2）Servlet 初始化参数。

在 web.xml 文件中配置 Servlet 时，在<servlet>标签中还可以配置初始化参数，利用<servlet>标签的子标签<init-param></init-param>配置初始化参数。

```
<servlet>
    <servlet-name>Helloworld</servlet-name>
    <servlet-class>com.hkd.servlet.Helloworld</servlet-class>
        <init-param>
        <param-name>initParam</param-name>
        <param-value>Hello Servlet</param-value>
        </init-param>
</servlet>
```

在<init-param>标签中使用<param-name>子标签配置参数名称，使用<param-value>配置参数值。

（3）上下文参数。

在 web.xml 文件还可以配置上下文参数，在<context-param>标签间配置上下文参数。

```
<context-param>
        <param-name>contextParam</param-name>
        <param-value>Hello Servlet</param-value>
</context-param>
```

注意：上下文参数是在<servlet>标签外配置的，初始化参数是在<servlet>标签内配置的，上下文参数类似于“全局变量”，初始化参数类似于“局部变量”。

8.3.2　Servlet 实现请求转发和重定向

Servlet 接收前台传过来的数据并进行处理后，可以进行跳转响应，Servlet 所实现的跳转响应有两种不同的方式：重定向和请求转发。这两种方式都可以起到页面跳转的效果，但原理和特点是不同的。

1．重定向

Servlet 实现重定向是利用 doGet(HttpServletRequest request, HttpServletResponse response)或 doPost(HttpServletRequest request, HttpServletResponse response)的 HttpServletResponse 类型的参数实现的，利用该参数提供的 sendRedirect()实现页面的重定向。

```
response.sendRedirect("welcome.jsp");
```

2．请求转发

在 Servlet 中，利用 RequestDispatcher 对象，可以将请求转发给另外一个 Servlet 或者 JSP 页面、HTML 页面，来处理对请求的响应。RequestDispatcher 可以通过 HttpServletRequest 的 getRequestDispatcher()方法获得。例如：

```
RequestDispatcher dispatcher= request.getRequestDispatcher("welcome.jsp");
```

RequestDispatcher 接口中定义了 forward()方法用于请求转发：

```
dispatcher.forward(request, response);
```

JSP 的 forward 动作实际上就是调用 RequestDispatcher 的 forward()方法进行转发的，forward()方法将请求转发给服务器上另外一个 Servlet、JSP 页面或 HTML 文件。这个方法必须在响应被提交给客户端之前调用，否则抛出异常。在调用 forward()方法后，Servlet 在响应缓存中的没有提交的内容被自动消除，即原 Servlet 的输出不会被返回给客户端。

【例 8-4】 分别用重定向和请求转发方式实现页面跳转，测试这两种方式的不同。

编写 Servlet 类 SkipServlet，在 doGet()方法中编写代码如下：

```
    protectedvoiddoGet(HttpServletRequestrequest,HttpServletResponseresponse)
throws ServletException, IOException {
        request.setAttribute("uname", "tom");
        response.sendRedirect("welcome.jsp");
        /*
    RequestDispatcher dispatcher= request.getRequestDispatcher("welcome.jsp");
    dispatcher.forward(request, response);*/
    }
```

在 SkipServlet 中，首先使用重定向方式实现页面跳转，然后注释掉重定向代码，使用请求转发方式实现页面跳转，测试这两种方式下哪种方式能实现将 request 范围的数据带到 welcome.jsp 页面中。

编写 welcome.jsp 页面来实现 request 范围的数据的接收和显示，代码如下：

```
<%@ page language="java"  pageEncoding="gbk"%>
<html>
<head>
<title>Insert title here</title>
</head>
<body>
用户名为：${requestScope.uname }
</body>
</html>
```

结果表明重定向方式是不能将 request 范围的数据带到 welcome.jsp 页面中的，而请求转发方式可以做到这一点。

因为对于请求转发方式，客户端首先发送一个请求到服务器端，服务器端发现匹配的 Servlet，并指定它去执行。当这个 Servlet 执行完之后，它要调用 getRequestDispacther()方法，把请求转发给指定的 welcome.jsp 页面，整个流程都是在服务器端完成的，而且是在同一个请求里完成的。因此，Servlet 和 JSP 共享的是同一个 request，在 Servlet 里放的所有数据，在 JSP 中都能取出来，整个过程是一个请求、一个响应。

对于重定向方式，客户端发送一个请求到服务器，服务器匹配 Servlet，这都和请求转发一样，Servlet 处理完后调用了 sendRedirect()方法。该方法的调用需要向客户端返回这个响应，该响应行为告诉客户端必须再发送一个请求去访问 welcome.jsp 页面，紧接着，在客户端收到这个请求后，立刻发出一个新的请求，去请求 welcome.jsp 页面，所以这里两个请求互不干扰、相互独立，对前面的 request 中 setAttribute()的任何内容，在后面的 request 中都无法获得了。因此，重定向是两个请求、两个响应。

8.3.3　Servlet 接收 get/post 请求

Servlet 最重要的作用是：能够接收客户端以 get/post 方式传过来的请求，并进行处理和做出响应。如前所述，get 方式是一种默认的请求发送方式，post 方式需要明确指定 method="post"，对于以 get 方式发送过来的请求，Servlet 将调用 doGet()方法进行接收和处理；对于以 post 方式发送过来的请求，Servlet 将调用 doPost()方法进行接收和处理。

1. get 方式

```
<a href="DoIndex?uname=tom&&pwd=12345">以 get 方式发送请求</a>
```

通过超链接向 DoIndex 发送请求，其中 DoIndex 表示 Servlet 的 url，Servlet 将调用 doGet()方法来接收传过来的数据并进行处理。

2. post 方式

在 login.jsp 页面中，主要代码如下：

```
<form action="login" method="post">
用户名：<input type="text" name="uname" /><br/>
密码：<input type="text" name="pwd" /><br/>
<input type="submit" name="btn" value="提交" />
<input type="reset" name="btn" value="重置" />
</form>
</form>
```

通过表单方式并指定 method="post"向 login 发送请求，其中 login 是 Servlet 的 url，Servlet 将调用 doPost()方法来接收传过来的数据并进行处理。

对应 login 的 Servlet 类如下：

```
public class DoLogin extends HttpServlet {
    protected void doPost(HttpServletRequest request, HttpServletResponse
                response)throws ServletException, IOException {
```

```
        request.setCharacterEncoding("utf-8");          //接收的时候
        String uname=request.getParameter("uname");
        String pwd=request.getParameter("pwd");
        response.setCharacterEncoding("gbk");           //输出的时候
        PrintWriter out=response.getWriter();
        out.print(uname);
        out.print(pwd);
    }
}
```

web.xml 中相应的配置文件如下：

```
<servlet>
    <servlet-name>DoLogin</servlet-name>
    <servlet-class>com.hkd.servlet.DoLogin</servlet-class>
  </servlet>
  <servlet-mapping>
    <servlet-name>DoLogin</servlet-name>
    <url-pattern>/login</url-pattern>
  </servlet-mapping>
```

需要注意：不管是 get 方式还是 post 方式，请求都应该发送给 Servlet 的 url，所以当运行 login.jsp 页面，输入文本框数据，单击“提交”按钮后，能够在页面上显示所输入的用户名和密码。

在 WebContent 下新建文件夹 product，复制 login.jsp 页面至 product 文件夹下，如图 8-10 所示。

运行 product 文件夹下的 login.jsp 页面，输入数据，单击“提交”按钮后，会出现错误信息（如图 8-11 所示）。

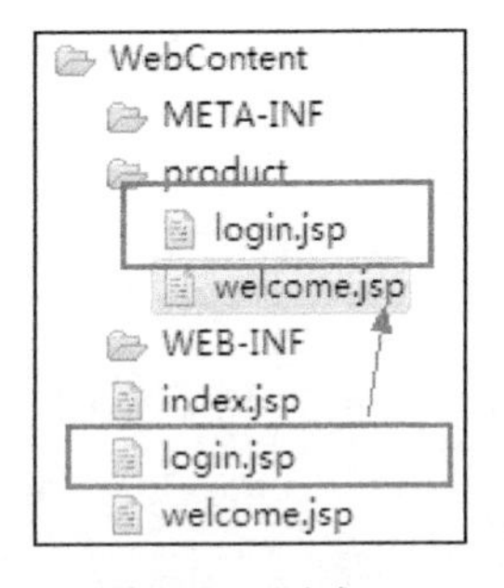

图 8-10　测试 url

HTTP Status 404 - /chapter8_2_1/product/login

type Status report

message /chapter8_2_1/product/login

description The requested resource (/chapter8_2_1/product/login) is not available.

Apache Tomcat/6.0.20

图 8-11　错误信息

分析错误原因：

这是因为位于 product 文件夹下的 login.jsp，发送的请求 url 应该为http://localhost:8080/chapter8_2_1/product/login，而在 web.xml 文件中并不存在。因此，可以在 web.xml 文件中添加相应的配置信息。

```
<servlet>
    <servlet-name>DoLogin1</servlet-name>
    <servlet-class>com.hkd.servlet.DoLogin</servlet-class>
</servlet>
```

```
<servlet-mapping>
    <servlet-name>DoLogin1</servlet-name>
    <url-pattern>/product/login</url-pattern>
</servlet-mapping>
```

在上面这段配置代码中，读者需要注意：

（1）一个 Servlet 类可以映射成多个 url。

（2）url 可以配置多级目录，前面必须以“/”开头。

8.4　Servlet 获取初始化参数及上下文参数

8.4.1　获取初始化参数

在 web.xml 文件中，<init-param>元素的相关配置代表 Servlet 的初始化参数。在 Servlet 中，这些参数的获取是通过 ServletConfig 接口的 getInitParameter()方法完成的。

getInitParameter()方法的语法格式如下：

```
public String getInitParameter(String name)
```

在该语句中，参数 name 为<param-name>元素的值。getInitParameter()方法的返回值为<param-value>元素的值。

Servlet 初始化参数配置如下：

```
<servlet>
    <servlet-name>InitParamTest</servlet-name>
    <servlet-class>com.hkd.servlet.InitParamTest</servlet-class>
    <init-param>
      <param-name>username</param-name>
      <param-value>tom</param-value>
    </init-param>
</servlet>
```

在 InitParamTest 类的 doGet 方法中，获得初始化参数。

```
public class InitParamTest extends HttpServlet {
    @Override
    protected void doGet(HttpServletRequest req, HttpServletResponse resp)
            throws ServletException, IOException {
        String uname=this.getInitParameter("username");
        PrintWriter out=resp.getWriter();
        out.print(uname);
    }
}
```

在服务器上运行 InitParamTest 类，可以在界面上输出“tom”。

注意：因为初始化参数是局部于某个 Servlet 的，因此获取初始化参数时，也必须在这个 Servlet 中进行获取。

8.4.2 获取上下文参数

在 web.xml 文件中，<context-param>元素的相关配置代表上下文参数。在 Servlet 中，这些参数的获取是通过 ServletContext 接口的 getInitParameter()方法来完成的。

getInitParameter()方法的语法格式如下：

```
public String getInitParameter(String name)
```

在该语句中，参数 name 为<param-name>元素的值。getInitParameter()方法的返回值为<param-value>元素的值。

配置上下文参数：

```
<context-param>
    <param-name>driver</param-name>
    <param-value>oracle.jdbc.driver.OracleDriver</param-value>
  </context-param>
  <context-param>
    <param-name>url</param-name>
    <param-value>jdbc:oracle:thin:@localhost:1521:oracle11</param-value>
  </context-param>
```

编写 BaseDaoServlet 来访问上下文参数：

```
public class BaseDaoServlet extends HttpServlet {
    Connection conn=null;
    @Override
    public void init() throws ServletException {
        super.init();
        ServletContext app=this.getServletContext();
        String url=app.getInitParameter("url");
        String driver=app.getInitParameter("driver");
        String name=app.getInitParameter("username");
        String pwd=app.getInitParameter("pwd");
        try {
            Class.forName(driver);
            conn=DriverManager.getConnection(url,name,pwd);
        } catch (ClassNotFoundException e) {
            e.printStackTrace();
        } catch (SQLException e) {
            e.printStackTrace();
        }
    }
}
```

把数据库连接相关信息以上下文参数的形式来进行配置，在 BaseDaoServlet 中访问这些上下文参数，并且和数据库建立连接。在服务器上运行 BaseDaoServlet 可以实现和数据库的一次连接。

8.5　Servlet 获取 JSP 内置对象

JSP 中有 9 个内置对象，前面重点介绍了其中的 5 个，即 out、request、response、session、application。JSP 中的这些内置对象在 Servlet 中都是可以使用的，但不能直接使用，需要创建后才能使用。下面详细介绍这些对象的创建方式。

8.5.1　Servlet 获得 JSP 中的 out 对象

```
import java.io.PrintWriter;
public class InnerObject1 extends HttpServlet {
    protected void doGet(HttpServletRequest request, HttpServletResponse
                    response)throws ServletException, IOException {
        PrintWriter out=response.getWriter();
        out.print("helloworld");
        }
    }
```

PrintWriter out=response.getWriter();所生成的 out 和 JSP 内置对象 out 的功能大致相同，主要功能都是进行输出响应，但也有以下区别。

（1）JSP 的 out 对象和 response.getWriter()的类不同：一个是 JspWriter，另一个是 java.io.PrintWriter。

（2）执行原理不同：JspWriter 相当于一个带缓存功能的 printWriter，它不是直接将数据输出到页面，而是将数据刷新到 response 的缓冲区后再输出，response.getWriter()直接输出数据（response.print()），所以（out.print）只能在其后输出。

（3）out 为 JSP 的内置对象，刷新 JSP 页面，自动初始化获得 out 对象，所以使用 out 对象是需要刷新页面的，而 response.getWriter()响应信息通过 out 对象输出到网页上，当响应结束时，它自动被关闭，与 JSP 页面无关，无须刷新页面。

（4）out 的 print()方法和 println()方法在缓冲区溢出，并且在没有自动刷新时会产生 ioexception，而 response.getWriter()方法的 print()和 println()中都是抑制 ioexception 异常的，不会有 ioexception。

8.5.2　Servlet 获得 JSP 中的 request 对象

Servlet 通过 ServletRequest 接口或其子接口 HttpServletRequest 来生成 request 对象，request 对象通常用来作为 doGet 或 doPost 函数的参数。

```
protected void doGet(HttpServletRequest request, HttpServletResponse
                response)throws ServletException, IOException {
    }
```

通过 HttpServletRequest 提供的相关方法可获取客户端信息，例如客户端主机名、客户端 IP 地址、客户端端口号、客户端的请求参数等。HttpServletRequest 类的主要方法如表 8-1 所示。

表 8-1 HttpServletRequest 类的主要方法

方法	说明
getHeader(String name)	获得 HTTP 协议定义的文件头信息
getMethod()	获得客户端向服务器端传送数据的方法，如 get、post、header、trace 等
getProtocol()	获得客户端向服务器端传送数据所依据的协议名称
getRequestURI()	获得发出请求字符串的客户端地址
getRealPath()	返回当前请求文件的绝对路径
getRemoteAddr()	获取客户端的 IP 地址
getRemoteHost()	获取客户端的机器名称
getServerName()	获取服务器的名字

编写 Servlet InnerObject2 测试这些方法，代码如下：

```
public class InnerObject2 extends HttpServlet {

    protected void doGet(HttpServletRequest request, HttpServletResponse
            response)throws ServletException, IOException {
        PrintWriter out=response.getWriter();
        out.println("contextPath: "+request.getContextPath());
        out.println("Cookies:"+request.getCookies());
        out.println("Host:"+request.getHeader("Host"));
        out.println("ServerName:"+request.getServerName());
        out.println("ServerPort:"+request.getServerPort());
        out.println("RemoteAddr:"+request.getRemoteAddr());
    }
}
```

运行效果如下：

```
contextPath?/chapter8_2_1
Cookies:[Ljavax.servlet.http.Cookie;@2c9645
Host:localhost:8080
ServerName:localhost
ServerPort:8080
RemoteAddr:0:0:0:0:0:0:0:1
```

8.5.3 Servlet 获得 JSP 中的 response 对象

Servlet 通过 ServletResponse 接口或其子接口 HttpServletResponse 来生成 response 对象，response 对象通常用来作为 doGet 或 doPost 函数的参数。

```
protected void doGet(HttpServletRequest request, HttpServletResponse
                response)throws ServletException, IOException {
    }
```

通过 response 对象可以实现重定向、设置 HTTP 响应报头等。

8.5.4 Servlet 获得 JSP 中的 session 对象

当需要为客户端建立 session 时，Servlet 容器会给每个用户建立一个 HttpSession 对象。获取 HttpSession 对象的方式是通过调用 HttpServletRequest 接口提供的以下两个方法：

```
public HttpSession getSession()
public HttpSession getSession(Boolean create)
```

使用无参数的 getSession()方法可获取一个 HttpSession 对象；而对于带参数的 getSession()方法，如果当前请求不属于任何会话，而且参数 create 值为 true，则创建一个新会话，否则返回 null，此后所有来自同一个的请求都属于这个会话。

也就是说，getSession()方法和 getSession(true)方法的作用是一样的，如果有与当前的 request 相关联的 HttpSession，则返回与当前 request 关联的 HttpSession；如果没有，则返回一个新建的 HttpSession；而 getSession(true)如果没有与当前的 request 相关联的 HttpSession，则返回 null。

【例 8-5】　编写 Servlet 测试 getSession()方法、getSession(Boolean create)方法。

编写 Servlet 类 SessionTest，代码如下：

```
public class SessionTest extends HttpServlet {
    protected void doGet(HttpServletRequest request, HttpServletResponse
                                response)throws ServletException, IOException {
        HttpSession session=request.getSession();
        System.out.println(session.getId());
        response.sendRedirect("sessiontest.jsp");}
}
```

其中，HttpSession session=request.getSession();表示通过 request 获得 session，如果 request 中没有 session，则新建一个。

编写 sessiontest.jsp 页面，代码如下：

```
<%@ page language="java"  pageEncoding="gbk"%>
<html>
<head>
<title>Insert title here</title>
</head>
<body>
<%
session.invalidate();
%>
<form action="SessionTest2" method="post">
<input type="submit" name="btn" value="提交" />
</form>
</body>
</html>
```

其中，session.invalidate();表示销毁 session。

编写 Servlet 类 SessionTest2，代码如下：

```
public class SessionTest2 extends HttpServlet {
    @Override
    protected void doPost(HttpServletRequest req, HttpServletResponse resp)
            throws ServletException, IOException {
        this.doGet(req, resp);
    }
```

```
    protected void doGet(HttpServletRequest request, HttpServletResponse
            response)throws ServletException, IOException {
        HttpSession session=request.getSession();
        System.out.println(session.getId());}
}
```

在 tomcat 服务器上运行 SessionTest，页面跳转到 sessiontest.jsp，该页面仅有一个“提交”按钮，单击“提交”按钮，将请求发送给 SessionTest2。运行效果如下：

```
7FD051D7DAA126F37755680A84426CCA
9B0A9D46852D10DD0F784D1BAC34A111
```

由运行效果可以看到，因为在 sessiontest.jsp 中对 session 进行了销毁，所以在 SessionTest2 类中通过 HttpSession session=request.getSession();又创建了一个新的 session，两个 Servlet 类中的 session 是不一样的。

将 SessionTest2 类中的 HttpSession session=request.getSession();改为 HttpSession session=request.getSession(false);重新从 SessionTest 类开始运行，结果如图 8-12 所示。

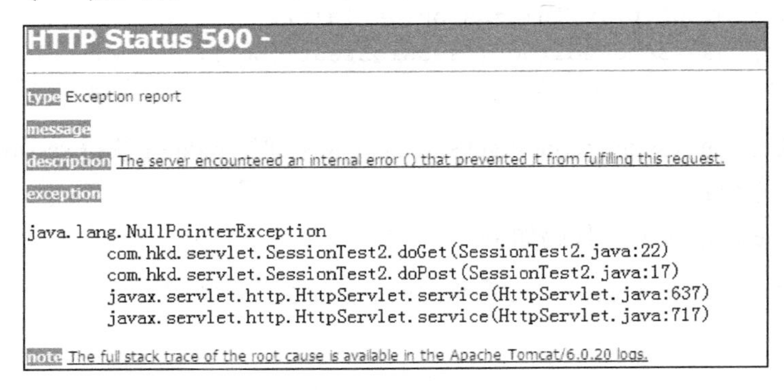

图 8-12 错误界面

出现了空指针异常，这是因为 session 在 sessiontest.jsp 中被销毁了，HttpSession session=request.getSession(false);将返回一个 null。

因此在使用 session 对象时，要首先判空操作。

```
if(session!=null)
{
String uname=session.getAtrribute("uname");
}
```

获取到 HttpSession 对象后，HttpSession 对象所提供的常用方法在 Servlet 中均可以使用。例如，通过 HttpSession 对象的 setAttribute()方法绑定一对键/值数据，可将相关数据保存到当前会话中，HttpSession 提供的 getAttribute()方法可读取存储在会话中的对象，HttpSession 提供的 invalidate()方法可以销毁 HttpSession 对象，这些与 JSP 内置对象 session 的用法是一样的。

8.5.5 Servlet 获得 JSP 中的 application 对象

在 Servlet 中，application 对象的获取是通过 ServletContext 接口来定义的，并且是通过 HttpServlet 提供的 this.getServletContext()来进行实例化的。

```
Public void doGet(HttpServletRequest request,HttpServletResponse response)throws
    ServletException,IOException{
    ServletContext application = this.getServletContext();
    }
```

和 JSP 内置对象中的 application 对象一样，其作用范围是整个服务器的运行期间，application 常用的两个方法为 setAttribute()和 getAttribute()。

JSP 技术和 Servlet 技术是密切相关的，因此 JSP 中的常用内置对象在 Servlet 中都是可以使用的。在第 6 章 6.5 节中，曾经做过一个非常有代表性的例子：猜数字游戏。在本节中，我们将利用 Servlet 技术来改造这个程序。

【例 8-6】　使用 Servlet 技术改造猜数字游戏。

Servlet 版猜数字游戏算法流程如图 8-13 所示。

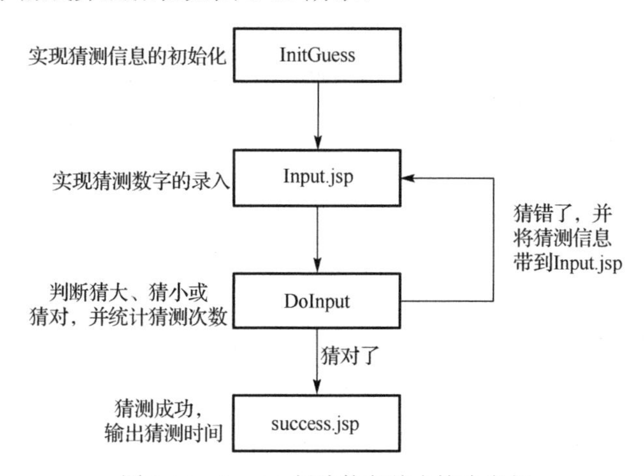

图 8-13　Servlet 版猜数字游戏算法流程

编写 Servlet 类 InitGuess 来实现猜测信息的初始化。需要初始化的信息有待猜测的数字、猜测的次数。这些信息都要存储在 HttpSession 对象中。InitGuess 类的代码如下：

```
public class InitGuess extends HttpServlet {
   public InitGuess(){
      super();
   }
   protected void doGet(HttpServletRequest request, HttpServletResponse
            response)throws ServletException, IOException {

        HttpSession session=request.getSession();
        int counter=0;                                    //计数器
        session.setAttribute("counter", counter);
        int ranNum=(int)(Math.random()*100);     //产生随机数
        session.setAttribute("ranNum", ranNum);
        response.sendRedirect("Input.jsp");
   }
   protected void doPost(HttpServletRequest request, HttpServletResponse
            response)throws ServletException, IOException {
```

```
        this.doGet(request, response);
    }
}
```

编写 Input.jsp 实现猜测数字的录入，并显示猜大、猜小等猜测信息，代码如下：

```
<%@ page language="java" pageEncoding="gbk" %>
<html>
<head>
<title>
产生随机数
</title>
</head>
<body>
${sessionScope.guessinfo }<br/>
随机分给你一个 0～100 之间的数，请输入你所猜的数字:<br>
<form action="DoInput" method="post" >
<input type="text" name="numTxt"/>
<input type="submit" name="submit" value="提交"/>
</form>
</body>
</html>
```

编写 Servlet 类 DoInput 实现接收 Input.jsp 传过来的猜测数字，并和带猜测的数字进行对比，给出判断信息并统计猜测次数，代码如下：

```
public class DoInput extends HttpServlet {
    protected void doGet(HttpServletRequest request, HttpServletResponse
              response)throws ServletException, IOException {
        this.doPost(request, response);
    }
    protected void doPost(HttpServletRequest request, HttpServletResponse
              response)throws ServletException, IOException {
        request.setCharacterEncoding("gbk");
        HttpSession session=request.getSession();
        int counter=(Integer)session.getAttribute("counter");
        counter++;
        session.setAttribute("counter", counter);
        int ranNum=(Integer)session.getAttribute("ranNum");
        String numTxt01=request.getParameter("numTxt");
        int numTxt=Integer.parseInt(numTxt01);
        if(ranNum>numTxt){
          session.setAttribute("guessinfo", "你猜小了");
          response.sendRedirect("Input.jsp");
        }else if(ranNum<numTxt){
           session.setAttribute("guessinfo", "你猜大了");
           response.sendRedirect("Input.jsp");
        }else{
           response.sendRedirect("success.jsp");
```

```
        }
    }
}
```

编写 success.jsp 实现成功信息的输出及猜测次数的输出，以及猜测时间的输出，代码如下：

```
<%@ page language="java" pageEncoding="gbk" %>
<html>
<head></head>
<body>
<%
request.setCharacterEncoding("gbk");
long startTime=session.getCreationTime();
long endTime=session.getLastAccessedTime();
int  time=(int)((endTime-startTime)/1000);
int ranNum=(Integer)session.getAttribute("ranNum");
int counter=(Integer)session.getAttribute("counter");
%>
恭喜你猜对了！！<br>
你总共猜了<%=counter %>次<br>
共历时<%=time %><br>秒
该数字为<%=ranNum %>
</body>
</html>
```

8.6　Servlet 中的异常处理

在设计程序时，为了保证程序的健壮性，需要进行异常处理，同样在编写 Servlet 时也应如此。Servlet 中的异常处理方式有以下两种。

（1）使用 try/catch 语句进行异常处理，这种方式和普通 Java 程序的异常处理方式是一样的，在此不再赘述。

（2）配置 web.xml 中的<error-page>标签来实现异常处理。

当 Servlet 中出现异常时，通常会出现异常页面，例如 404 异常页面（如图 8-14 所示）。

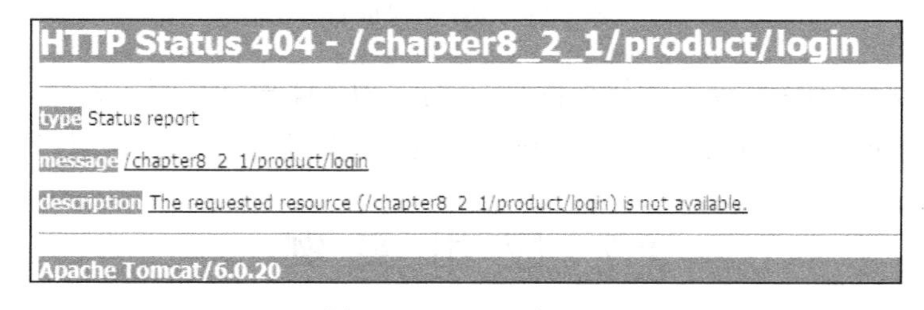

图 8-14　404 异常页面

专业人士可能可以看懂该异常页面，但对于用户来说，如果出现这样的错误页面，可能就会不知所措。因此，对于一个程序员来说，要充分考虑到可能会出现的各种异常，并且对各种异常页面进行专门处理，从而提高程序的容错能力和用户体验。例如，对如图 8-14 所示的 404 异常页面，就可以进行个性化和人性化处理。

<error-page>标签的一般语法如下：

```
<error-page>
   <exception-type>异常类</exception-type>
[<error-code>异常编号</error-code>]
   <location>/异常页面</location>
</error-page>
```

对<exception-type>和<error-code>要选择其一。

下面通过一个例子，对配置 web.xml 实现异常处理的方式进行介绍。

首先，编写 notFound.jsp 页面，代码如下：

```
<%@ page language="java"  pageEncoding="gbk"%>
<html>
<head>
<title>404 异常页面</title>
</head>
<body>
<h2>你访问的页面不存在，你可单击超链接返回<a href="###">首页</a>，重新操作</h2>
</body>
</html>
```

然后，在 web.xml 文件中配置如下信息：

```
<error-page>
  <error-code>404</error-code>
  <location>/notFound.jsp</location>
  </error-page>
```

当请求一个不存在的页面时，会出现如图 8-15 所示的 404 错误页面。

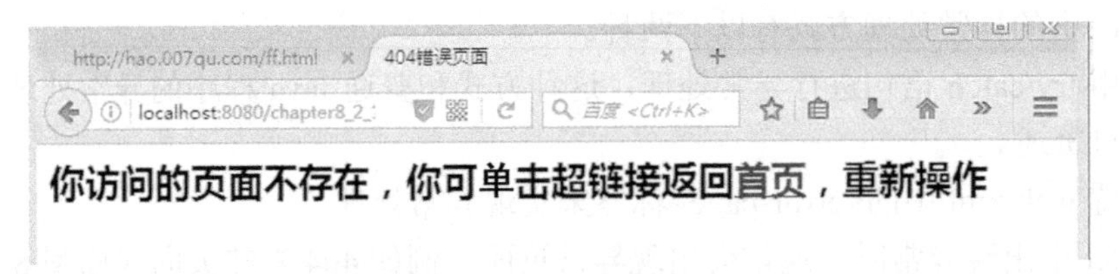

图 8-15　404 错误页面

如图 8-15 所示的 404 错误页面比如图 8-14 所示的 404 异常页面更人性化，使用户体验更好。如果出现这样的错误页面，用户可以返回首页，重新操作，不会让用户不知所措。

8.7 应 用 实 例

在本章的应用实例中将完成在线图书销售平台的购物车功能。相信读者对购物车已经非常熟悉。在现实生活中，购物车是商场提供给顾客用来存放自己所挑选商品的工具，顾客还可以从购物车中拿出不打算购买的商品。在 Web 程序开发中，购物车的概念被应用到网上商城中。在网上商城应用中通常包含一个购物车模块，这个购物车就是一辆虚拟的超市购物车，用户可以通过购物车模块实现和现实购物车完全相同的功能，其中包括将商品添加至购物车、查看购物车、修改购物车中商品数量、在购物车中移除指定商品、结账等。结账功能将在下一章实现，购物车的其他功能都在本章实现。

下面首先对实现购物车功能的关键要素进行分析和设计。购物车功能包含购物车的添加、购物车的移除、购物车的更新和购物车的查看。经过分析，我们发现这些功能都是围绕购物车列表展开的。购物车的添加实际上就是对购物车列表的 add 操作；而购物车的移除实际上就是对购物车列表的 remove 操作；购物车的更新就是对购物车列表中对象的更新；购物车的查看就是对购物车列表的遍历操作。由此可见，购物车列表是整个购物车算法的核心。在购物车算法中要注意以下两个关键问题：

（1）如何定义购物车列表，以及如何存储购物车列表？

购物车列表可以定义为 ArrayList 类型，而购物车列表需要用 session 进行存储，对购物车列表的添加、删除、更新、查看都要确保该列表是从 session 中获取的，并且对购物车进行更新后要在 session 中重置购物车列表，从而始终保证所操作的是一个购物车列表。

（2）如何获得购物车中商品信息？

对购物车的添加、删除和查看，都需要用到购物车中的商品对象。因此，需要根据购物车列表所要显示的信息构建一个购物车对象。该对象所包含的属性有明细编号、商品编号、商品描述、库存、商品数量、商品单价等，在 com.hkd.entity 中定义这个购物车类，类名为 ProItInven，并构建该类相关的 Dao 模式的其他几个类。

1）购物车类 ProItInven

```
package com.hkd.entity;
public class ProItInven {
    String itemid;
    String productid;
    String attr1;
    String name;
    int qty;
    int buyqty;
    double listprice;
    String attr4;
    double unitprice;
    public String getAttr4() {
        return attr4;
    }
    public void setAttr4(String attr4) {
        this.attr4 = attr4;
    }
    public double getUnitprice() {
        return unitprice;
    }
    public void setUnitprice(double unitprice) {
        this.unitprice = unitprice;
    }
    public String getItemid() {
```

```
        return itemid;
    }
    public void setItemid(String itemid) {
        this.itemid = itemid;
    }
    public String getProductid() {
        return productid;
    }
    public void setProductid(String productid) {
        this.productid = productid;
    }
    public String getAttr1() {
        return attr1;
    }
    public void setAttr1(String attr1) {
        this.attr1 = attr1;
    }
    public String getName() {
        return name;
    }
    public void setName(String name) {
        this.name = name;
    }
    public int getQty() {
        return qty;
    }
    public void setQty(int qty) {
        this.qty = qty;
    }
    public int getBuyqty() {
        return buyqty;
    }
    public void setBuyqty(int buyqty) {
        this.buyqty = buyqty;
    }
    public double getListprice() {
        return listprice;
    }
    public void setListprice(double listprice) {
        this.listprice = listprice;
    }
}
```

注意：该类并没有相应的数据表和它对应，该类是和购物车中商品信息对应的。

2）ProItInvenDao 接口

```
package com.hkd.dao;
public interface ProItInvenDao {
```

```
    public ArrayList<ProItInven> getItInProByItemid(String itemid);
    public ArrayList<ProItInven> selectCart (String itemid);
}
```

3）ProItInvenDaoImp 实现类

```
package com.hkd.daoimp;
import java.sql.ResultSet;
import java.sql.SQLException;
import java.util.ArrayList;
import com.hkd.dao.ProItInvenDao;
import com.hkd.entity.ProItInven;
import com.hkd.util.DataBase;
public class ProItInvenDaoImp extends DataBase implements ProItInvenDao{
    public ArrayList<ProItInven> selectCart (String itemid) {
        String  sql="select  item.itemid,product.productid,attr1,name,qty,
listprice from product join item on "
            +"product.productid=item.productid join inventory on item.itemid=
inventory.itemid "
            + " where item.itemid='"+itemid+"'";
    ArrayList<ProItInven> list=new ArrayList<ProItInven>();
    ResultSet rs=this.getResult(sql);
    try {
        while(rs.next())
        {
            ProItInven pi=new ProItInven();
            pi.setItemid(rs.getString("itemid"));
            pi.setProductid(rs.getString("productid"));
            pi.setAttr1(rs.getString("attr1"));
            pi.setName(rs.getString("name"));
            pi.setQty(rs.getInt("qty"));
            pi.setListprice(rs.getDouble("listprice"));
            pi.setBuyqty(1);
            list.add(pi);
        }
    } catch (SQLException e) {
            e.printStackTrace();
        }
        return list;
    }
public ArrayList<ProItInven> getItInProByItemid(String itemid) {
        String sql="select attr4,item.itemid,name,qty,unitcost from item"
              +" join product"+
               " on item.productid=product.productid"+
              " join inventory"+
               " on item.itemid=inventory.itemid"+
               " where item.itemid='"+itemid+"'";
    ArrayList<ProItInven> list=new ArrayList<ProItInven>();
    ResultSet rs=this.getResult(sql);
    try {
        while(rs.next())
```

```
        {
            ProItInven pi=new ProItInven();
            pi.setItemid(rs.getString("itemid"));
            pi.setAttr4(rs.getString("attr4"));
            pi.setName(rs.getString("name"));
            pi.setQty(rs.getInt("qty"));
            pi.setUnitprice(rs.getDouble("unitcost"));
            list.add(pi);
        }
    } catch (SQLException e) {
            e.printStackTrace();
        }
        return list;
    }
}
```

以上两个问题是购物车算法的关键。下面分别介绍购物车添加、移除、更新的实现。

8.7.1 购物车添加

用户单击图书明细列表或图书库存信息页面的 add to cart（添加购物车）按钮可以将一个项目添加到用户的购物车中。将商品添加至购物车时，按照购物车中是否已经存在当前商品分为以下两种情况。

（1）当前商品不在购物车中时，直接将当前商品放入购物车中。

（2）当前商品在购物车中时，将当前商品在购物车中的数量加 1。

添加购物车流程如图 8-16 所示。

与购物车添加功能相关的页面有三个：负责发送添加请求的 item.jsp 页面、负责处理添加请求的 DoCart 页面、负责显示购物车信息的 cart.jsp 页面。下面分别对这三个页面进行说明。

在 item.jsp 页面中，添加购物车功能的关键代码如下：

```
<a href="DoCart?itemid=${item.itemid}">add to cart</a>
```

用户单击 add to cart 按钮，将请求参数 itemid 发送给 DoCart，DoCart 接收到请求数据 itemid，调用 selectCart(String itemid)，获得所要添加到购物车的购物车对象，并根据如图 8-16 所示的流程进行相关判断，最终实现添加购物车功能。

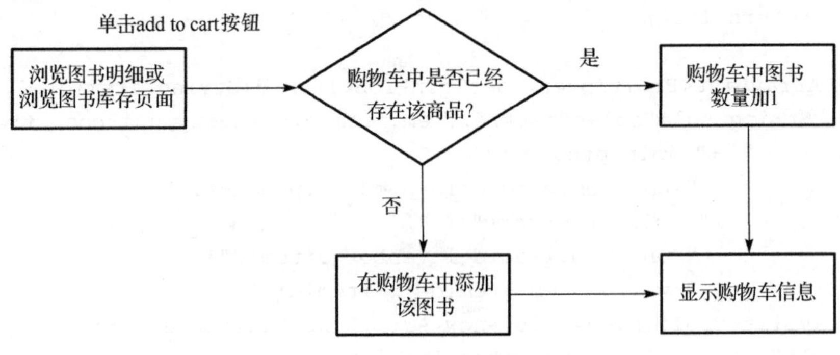

图 8-16　添加购物车流程

DoCart 类的代码如下：

```
package com.hkd.servlet;
import java.io.IOException;
import java.util.ArrayList;
import javax.servlet.ServletException;
import javax.servlet.annotation.WebServlet;
import javax.servlet.http.HttpServlet;
import javax.servlet.http.HttpServletRequest;
import javax.servlet.http.HttpServletResponse;
import javax.servlet.http.HttpSession;
import com.hkd.daoimp.ProItInvenDaoImp;
import com.hkd.entity.ProItInven;
public class DoCart extends HttpServlet{
    @Override
    protected void doGet(HttpServletRequest request, HttpServletResponse
response)
            throws ServletException, IOException {
        HttpSession session=request.getSession(true);
        String itemid=request.getParameter("itemid");
        ProItInvenDaoImp pisi=new ProItInvenDaoImp();
        ArrayList<ProItInven> list=pisi.selectCart(itemid);
        ProItInven pii=list.get(0);
        ArrayList<ProItInven> cartlist=new ArrayList<ProItInven>();
        boolean flag=false;
        if(session.getAttribute("cartlist")==null)
        {
           cartlist.add(pii);
        }
        else
        {
        cartlist=(ArrayList<ProItInven>)session.getAttribute("cartlist");
            for(ProItInven p:cartlist)
            {
                double total=0;
                if(p.getItemid().equals(pii.getItemid()))
                {
                    flag=true;
                    p.setBuyqty(p.getBuyqty()+1);

                    total=total+p.getBuyqty()*p.getListprice();
                }
                session.setAttribute("total", total);
            }
            if(!flag)
                cartlist.add(pii);
            }
        session.setAttribute("cartlist",cartlist);
```

```
        response.sendRedirect("cart.jsp");
    }
    @Override
    protected void doPost(HttpServletRequest req, HttpServletResponse resp)
            throws ServletException, IOException {
        this.doGet(req, resp);
    }
}
```

DoCart 类是一个 Servlet 类，Servlet 类是本章的教学重点。Servlet 类的创建分两部分进行：首先编写 Servlet 类，然后在 web.xml 中进行配置。DoCart 类相关的配置文件如下：

```
<servlet>
    <servlet-name>DoCart</servlet-name>
    <servlet-class>com.hkd.servlet.DoCart</servlet-class>
  </servlet>
  <servlet-mapping>
    <servlet-name>DoCart</servlet-name>
    <url-pattern>/DoCart</url-pattern>
  </servlet-mapping>
```

在 DoCart 类中实现购物车添加后，将购物车列表存储在 session 中，并将页面重定向到 cart.jsp 页面，在 cart.jsp 页面中显示购物车的信息。cart.jsp 页面的关键代码如下：

```
<div class="row" style="height: 500px;text-align: center;">
        <div class="col-md-10 col-md-push-1">
 <form action="DoUpdateCart"  method="post">
 <table class="table table-striped">
<tr height="35px"><th>项目编号</th><th>产品编号</th>
<th>描述</th><th>库存</th>
<th>数量</th>
<th>单价</th>
<th>总价</th>
<th>操作</th></tr>
<%int i=0; %>
<c:forEach var="cart" items="${sessionScope.cartlist}" varStatus="status">
<tr height="30px">
<td>${cart.itemid} </td>
<td>${cart.productid}</td>
<td>${cart.name}(${cart.attr1})</td>
<td>${cart.qty}</td>
<td><input type="text" name="qty<%=i %>" class="qty" value="${cart.buyqty}"
size="6" onblur="check()"/></td>
 <td>${cart.listprice}</td>
  <td>${cart.listprice*cart.buyqty}</td>
  <td> <a href="DoRemoveCart?itemid=${cart.itemid}">remove </a></td>
</tr>
<%i++; %>
</c:forEach>
```

```
    <tr height="30px">  <td colspan="7" align="right">Total:${sessionScope.total}
</td>
    <td> <input type="submit" name="btn" value="update cart"/></td></tr>
    </table>
    <div align="center"><a href="DoCheckLogin">continue</a></div>
    </form>
    </div>
    </div>
```

在购物车信息显示页面即 cart.jsp 页面中，通过 JSTL 标签和 EL 表达式的综合使用实现了购物车信息的输出。购物车信息显示页面如图 8-17 所示。

图 8-17　购物车信息显示页面

8.7.2　购物车移除

在图 8-17 中，单击 remove 可以移除购物车中对应的商品，与移除购物车相关的文件有两个：cart.jsp、DoRemoveCart。其中，cart.jsp 既负责移除请求的发送，又负责移除后购物车信息的显示；DoRemoveCart 负责接收移除请求及相应的请求参数数据，并且对购物车列表进行 remove 操作，处理结束后，将页面重定向到 cart.jsp。移除购物车流程如图 8-18 所示。

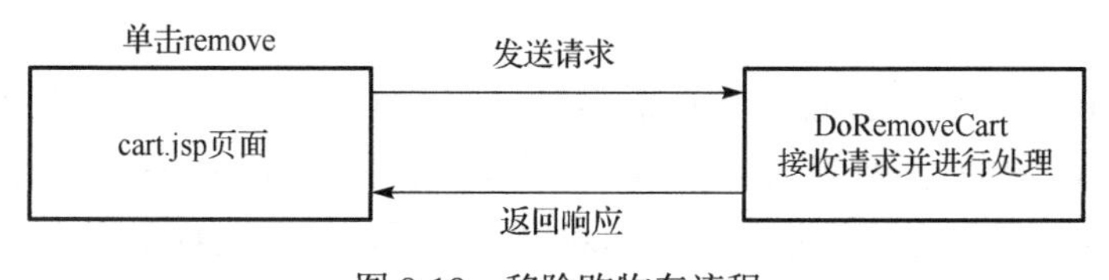

图 8-18　移除购物车流程

DoRemoveCart 代码如下：

```
package com.hkd.servlet;
import java.io.IOException;
import java.util.ArrayList;
import javax.servlet.ServletException;
```

```
import javax.servlet.annotation.WebServlet;
import javax.servlet.http.HttpServlet;
import javax.servlet.http.HttpServletRequest;
import javax.servlet.http.HttpServletResponse;
import javax.servlet.http.HttpSession;
import com.hkd.daoimp.ProItInvenDaoImp;
import com.hkd.entity.ProItInven;
public class DoRemoveCart extends HttpServlet{
    @Override
    protected void doGet(HttpServletRequest request, HttpServletResponse
response)
            throws ServletException, IOException {
        HttpSession session=request.getSession(true);
        String itemid=request.getParameter("itemid");
        ProItInvenDaoImp pisi=new ProItInvenDaoImp();
        ArrayList<ProItInven> list=pisi.selectCart(itemid);
        ProItInven pii=list.get(0);
        ArrayList<ProItInven> cartlist=new ArrayList<ProItInven>();
        cartlist=(ArrayList<ProItInven>)session.getAttribute("cartlist");
            for(ProItInven p:cartlist)
            {
                if(p.getItemid().equals(pii.getItemid()))
                {
                    cartlist.remove(p);
                    break;
                }
            }
        session.setAttribute("cartlist",cartlist);
        response.sendRedirect("cart.jsp");
    }
    @Override
    protected void doPost(HttpServletRequest req, HttpServletResponse resp)
            throws ServletException, IOException {
        this.doGet(req, resp);
    }
}
```

DoRemoveCart 是一个 Servlet 类，也需要在 web.xml 中进行配置，配置代码略。

DoRemoveCart 的算法处理流程是：首先，接收 cart.jsp 传过来的 itemid，调用 selectCart(itemid)函数获得将要移除的购物车对象。然后，遍历购物车列表，找到购物车列表中待移除对象，调用 remove 函数进行移除。注意：移除后需要对购物车列表在 session 中进行重置。

另外，对于 for(ProItInven p:cartlist)循环，这种结构的 for 语句是利用迭代器原理进行的，在循环体内是不允许进行更改列表的长度的，也就是说在这样的 for 循环内部是不能进行 add 或者 remove 操作的，所以需要在 remove 语句的后面加上一个 break 语句，否则将会抛出 java.util. ConcurrentModificationException 异常。

8.7.3　购物车更新

用户在购物车信息显示页面即 cart.jsp 页面（见图 8-17）中对商品的数量进行修改后，单击 update.cart 按钮，即可修改其数量，数量修改完毕后会返回到查看购物车页面。此时，购物车中的商品数量、商品价格小计、商品总价格都会发生相应的变化。

与购物车更新相关的文件有两个：cart.jsp 和 DoUpdateCart。其中，cart.jsp 既负责更新请求的发送，又负责更新后购物车信息的显示；DoUpdateCart 负责接收更新请求及相应的请求参数数据，并且对购物车列表进行更新操作，处理结束后，将页面重定向到 cart.jsp。更新工作流程如图 8-19 所示。

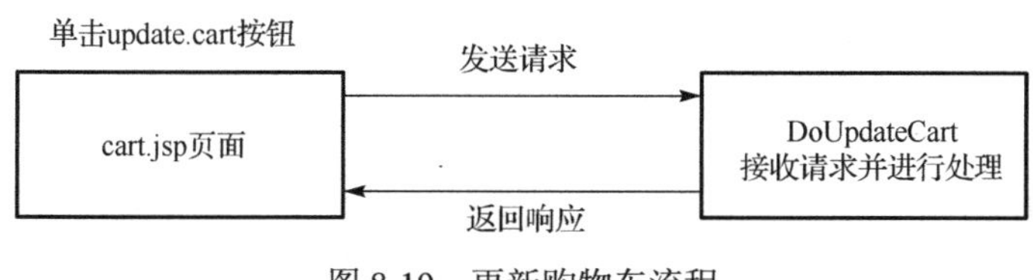

图 8-19　更新购物车流程

DoUpdateCart 代码如下：

```
    package com.hkd.servlet;
    import java.io.IOException;
    import java.util.ArrayList;
    import javax.servlet.ServletException;
    import javax.servlet.annotation.WebServlet;
    import javax.servlet.http.HttpServlet;
    import javax.servlet.http.HttpServletRequest;
    import javax.servlet.http.HttpServletResponse;
    import javax.servlet.http.HttpSession;
    import com.hkd.entity.ProItInven;
    public class DoUpdateCart extends HttpServlet{
        @Override
        protected void doGet(HttpServletRequest req, HttpServletResponse resp)
                throws ServletException, IOException {
            this.doPost(req, resp);
        }
        @Override
        protected void doPost(HttpServletRequest request, HttpServletResponse
response)
                throws ServletException, IOException {
            HttpSession session=request.getSession(true);
            ArrayList<ProItInven> cartlist=new ArrayList<ProItInven>();
            if(session.getAttribute("cartlist")!=null)
            {
    cartlist=(ArrayList<ProItInven>)session.getAttribute("cartlist");
            }

                int i=0;
```

```
            double total=0;
            for(ProItInven p:cartlist)
            {
                String qty=request.getParameter("qty"+i);
                int bqty=Integer.parseInt(qty);
                p.setBuyqty(bqty);
                i++;
                total=total+bqty*p.getListprice();
            }
        session.setAttribute("total", total);
        response.sendRedirect("cart.jsp");
    }
}
```

DoUpdateCart 在 web.xml 文件中的配置代码略。

最后对本章的应用实例进行总结：在本章的应用实例中，利用 Servlet 技术来实现在线图书销售平台的购物车功能，购物车功能的核心部分都是利用 Servlet 来完成的。读者可以利用 Servlet 技术改造前面章节中应用实例的代码，把前面代码中用于数据处理的页面用 Servlet 技术来实现。

习　题　8

1．在 Servlet 中，使用（　　）接口中定义的（　　）方法来处理客户端发出的表单数据 post 请求。

A．HttpServlet　doHead　　B．HttpServlet　doPost

C．ServletRequest　doGet　　D．ServletRequest　doPost

2．在 Java Web 中，Servlet 从实例化到消亡是一个生命周期。下列描述中正确的是（　　）。

A．init()方法是包容器调用的 Servlet 实例的第一个方法

B．在典型的 Servlet 生命周期模型中，每次 Web 请求会创建一个 Servlet 实例，请求结束，Servlet 就消亡了

C．在包容器把请求传送给 Servlet 之后，和在调用 Servlet 实例的 doGet()或者 doPost()方法之前，包容器不会调用 Servlet 实例的其他方法

D．在 Servlet 实例消亡之前，容器调用 Servlet 实例的 close()方法

3．下面哪一项对 Servlet、JSP 的描述是错误的？（　　）

A．HTML、Java 和脚本语言混合在一起的程序可读性较差，维护起来较困难。

B．JSP 技术是在 Servlet 之后产生的，它以 Servlet 为核心技术，是 Servlet 技术的一个成功应用

C．当 JSP 页面被请求时，JSP 页面会被 JSP 引擎翻译成 Servlet 字节码执行

D．一般用 JSP 来处理业务逻辑，用 Servlet 来实现页面显示

4．在 MVC 设计模式体系结构中，（　　）是实现控制器的首选方案。

A．JavaBean　　B．Servlet　　C．JSP　　D．HTML

5．下面哪一项不在 Servlet 的工作过程中？（　　）

A．服务器将请求信息发送至 Servlet　　B．客户端运行 Applet

C．Servlet 生成响应内容并将其传给服务器　　D．服务器将动态内容发送至客户端

6．下面哪个方法当服务器关闭时被调用，用来释放 Servlet 所占的资源？（　　）

A．service()　　B．init()　　C．doPost()　　D．destroy()

7．关于 MVC 架构的缺点，下列叙述中哪一项是不正确的？（　　）

A．提高了对开发人员的要求　　B．代码复用率低

C．增加了文件管理的难度　　D．产生较多的文件

8．下面是 Servlet 调用的一种典型代码：

```
<%@ page contentType="text/html;charset=GB2312" %>
<%@ page import="java.sql.*" %>
<html><body bgcolor=cyan>
<a href="helpHello">访问 FirstServlet</a>
</body></html>
```

该调用属于下述中的哪一种？（　　）

A．url 直接调用　　B．超链接调用

C．表单提交调用　　D．jsp:forward 调用

9．Servlet 有哪些功能？

10．创建一个 Servlet 需要哪些步骤？请通过代码进行辅助描述。

11．在 Servlet 中如何使用常用内置对象？请通过代码进行描述。

12．如何在 Servlet 中进行异常处理？

13．如何在 Servlet 中配置初始化参数？请通过代码进行描述。

第 9 章　过滤器和监听器

9.1　过　滤　器

9.1.1　过滤器概述

过滤器（Filter）是在 Servlet 2.3 规范中引入的新功能，并在 Servlet 2.4 规范中得到增强。Servlet 过滤器是一种 Web 组件，是一种能够对 Web 请求和 Web 响应的头属性（Header）和内容体（Body）进行操作的一种特殊 Web 组件。其特殊之处在于本身并不直接生成 Web 响应，而是拦截 Web 请求和响应，以便查看、提取或以某种方式操作客户端和服务器之间交换的数据。

过滤器的主要功能有分析 Web 请求，对输入数据进行预处理，阻止 Web 请求和响应的进行，根据功能改动请求的头信息和数据体，与其他 Web 资源协作。

过滤器的工作原理：过滤器介于与之相关的 Servlet 或 JSP 页面与客户端之间，当客户端访问服务器中的目标资源时，对该资源的所有请求都会经过 Servlet 过滤器，Servlet 过滤器在 Servlet 被调用之前会检查请求对象（request 对象），并决定是将请求转发给过滤器链中的下一个资源，还是中止该请求并响应用户。在请求被转发给过滤器链中的下一个资源处理后，Servlet 过滤器会检查响应对象（response 对象），进行处理后返回给用户，其工作原理如图 9-1 所示。

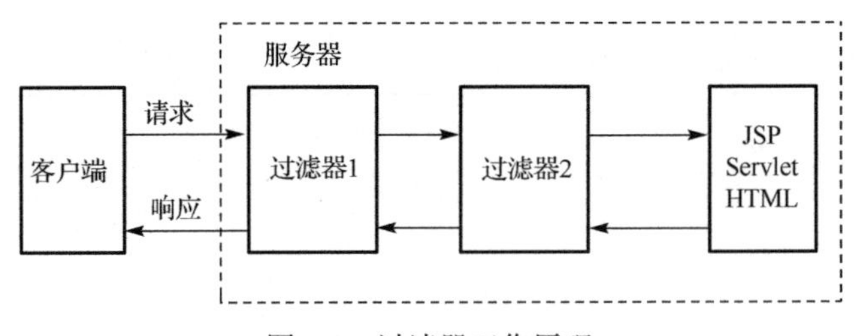

图 9-1　过滤器工作原理

9.1.2　过滤器的生命周期

与 Servlet 一样，过滤器也有自己的生命周期，其生命周期的过程如下。

1．实例化

Web 容器启动时，会根据 web.xml 中声明的过滤器顺序，调用过滤器默认的构造函数，依次对过滤器进行实例化。

2．初始化

Web 容器调用 init(FilterConfig)来初始化过滤器。容器在调用该方法时，向过滤器传递

FilterConfig 对象，利用 FilterConfig 对象可以得到 ServletContext 对象，通过 ServletContext 对象获得 web.xml 中配置的过滤器的初始化参数。在这个方法中，可以抛出 ServletException 异常，通知容器该过滤器不能正常工作。此时的 Web 容器启动失败，整个应用程序不能被访问。

注意：实例化和初始化的操作只会在容器启动时执行，而且只会执行一次。

3．过滤

Web 容器调用 doFilter 方法来实现过滤，当客户端请求目标资源的时候，容器会筛选出符合 filter-mapping 中的 url-pattern 的 Filter，并按照声明 filter-mapping 的顺序依次调用这些 Filter 的 doFilter 方法。在这个链式调用过程中，可以调用 chain.doFilter(ServletRequest, ServletResponse)将请求传给下一个过滤器（或目标资源），也可以直接向客户端返回响应信息，还可以将请求转到其他资源。

4．销毁

Web 容器调用 destroy 方法指示过滤器的生命周期结束。在这个方法中，可以释放过滤器使用的资源。

【例 9-1】　利用 Eclipse 向导创建第一个 Filter，并测试其生命周期函数。

利用 Eclipse 创建动态 Web 工程，在 src 下创建 com.hkd.filter，在该包下利用向导创建过滤器类 FilterLife，如图 9-2 所示。

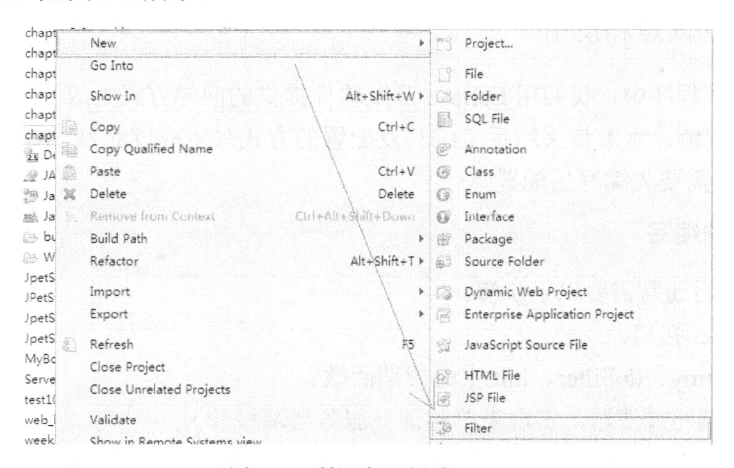

图 9-2　利用向导创建 Filter

代码如下：

```
public class FilterLife implements Filter {
    public FilterLife(){
       System.out.println("Filter 创建");
    }
    public void destroy(){
        System.out.println("销毁");
    }
    public void doFilter(ServletRequest request, ServletResponse response,
                FilterChain chain)throws IOException, ServletException {
```

```
        System.out.println("过滤");
        chain.doFilter(request, response);
    }
    public void init(FilterConfig fConfig)throws ServletException {
         System.out.println("Filter 初始化");
    }}
```

创建目标资源 Servlet，类名为 MyServlet，在 web.xml 中，Servlet 的 url 要和 Filter 的 url 保持一致。

当启动 Tomcat 服务器时，控制台下显示如下信息：

```
Filter 创建
Filter 初始化
```

当 MyServlet 启动时，控制台下显示如下信息：

```
过滤
```

当停止 Tomcat 服务器时，控制台下显示如下信息：

```
销毁
```

由此可见，doFilter 方法类似于 Servlet 生命周期中的 service 方法。service 方法是可以多次接收请求的。同样，doFilter 方法也是可以多次拦截请求进行过滤的。

9.1.3 过滤器的创建和使用

在前面的测试程序中，我们用 Eclipse 开发软件提供的向导方式生成了过滤器，为了便于读者对过滤器的理解，本节将采用手工编写及配置的方式来生成过滤器。

一个 Filter 类需要先编写后配置。

1. Filter 类的编写

Filter 类的编写通常需要以下步骤。

（1）实现 Filter 接口。

（2）重写 destroy、doFilter、init 生命周期函数。

【例 9-2】 编写过滤器，实现表单验证（服务器端校验）。

已知登录页面 login.jsp，页面中有姓名（Name）和密码（Pwd）两个文本框，编写过滤器对这两个表单进行判空处理，并返回相关提示信息。前台页面代码略。

因为 Filter 类的创建也要依赖 Tomcat，所以首先要把 Tomcat 资源包导入工程 chapter9_1 中，具体操作可以参看第 8 章［例 8-3］。

在工程 chapter9_1 下的包 com.hdk.filte 中创建普通类 MyFilter1，选择其实现接口为 Filter，如图 9-3 所示。

代码如下：

```
public class MyFilter1 implements Filter {
    public void destroy(){ }
    public void doFilter(ServletRequest arg0, ServletResponse arg1,
            FilterChain arg2)throws IOException, ServletException {
```

```
        HttpServletRequest request=(HttpServletRequest)arg0;
        HttpServletResponse response=(HttpServletResponse)arg1;
        HttpSession session=request.getSession();
        String uname=request.getParameter("name");
        String pwd=request.getParameter("pwd");
        if(uname!=null&&pwd!=null)
        {
            if(uname.length()>0&&pwd.length()>0)
            {
                arg2.doFilter(arg0, arg1);
            }
            else
            {
            session.setAttribute("errorinfo", "用户名或密码为空");
                response.sendRedirect("login.jsp");
            }}
    }
    public void init(FilterConfig arg0)throws ServletException {   }
}
```

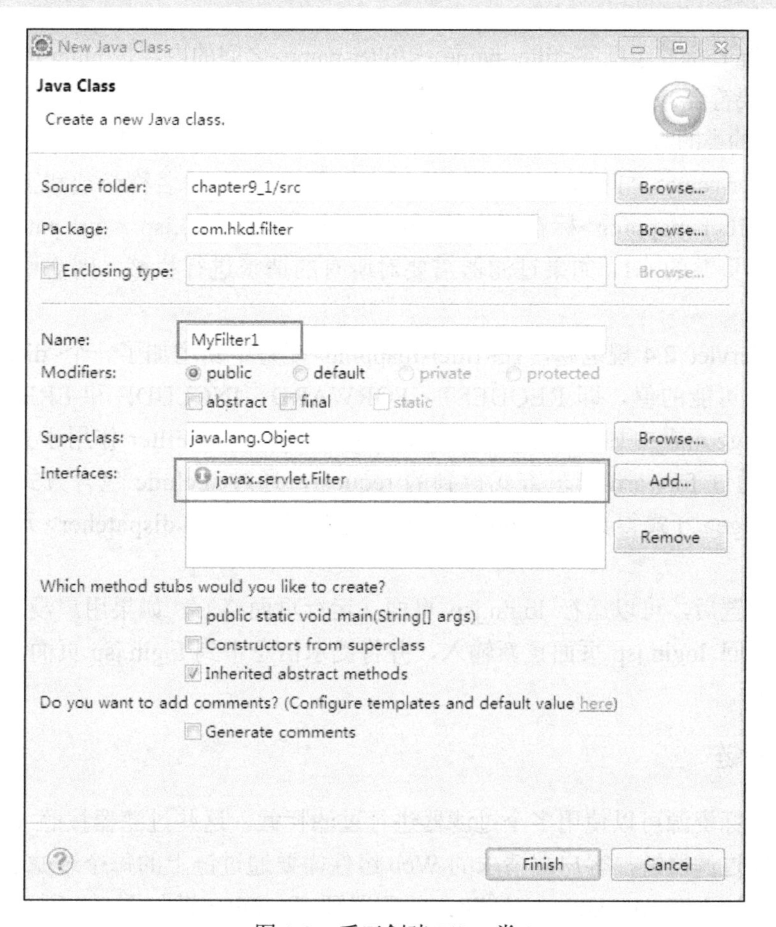

图 9-3　手工创建 Filter 类

说明：

通过调用 chain.doFilter(ServletRequest, ServletResponse)将请求传给目标资源 welcome.jsp，也可以利用 RequestDispatcher 的 forward 方法，以及 HttpServletResponse 的 sendRedirect 方法将请求转到其他资源。另外要注意：doFilter(ServletRequest, ServletResponse)方法的请求和响应参数的类型是 ServletRequest 和 ServletResponse，也就是说，过滤器的使用并不依赖于具体的协议。

2. Filter 类的配置

过滤器必须在 web.xml 文件中进行配置后才可以运行。在 web.xml 文件中配置 Filter 时，必须指定 Filter 的名称、Filter 的类的路径，以及 Filter 的映射名称、Filter 所要拦截资源的 url。

```
<filter>
   <filter-name>MyFilter1</filter-name>
   <filter-class>com.hkd.filter.MyFilter1</filter-class>
 </filter>
 <filter-mapping>
   <filter-name>MyFilter1</filter-name>
   <url-pattern>/welcome.jsp</url-pattern>
 </filter-mapping>
```

其中，在<filter>标签子标签<filter-name> </filter-name>之间的内容是 Filter 的名称，该名称可以自定义，但需要符合 Java 标识符的命名规范；<filter>标签子标签<filter-class> </filter-class>之间的内容是 Filter 的类的路径，类的路径必须是 Filter 类的完整路径；<filter-mapping>标签子标签<filter-name </filter-name>之间的内容是 Filter 的映射名称，该映射名称必须和上面定义的 Filter 的名称相同；<filter-mapping>标签子标签<url-pattern>/welcome.jsp </url-pattern>表示 Filter 所要拦截的目标资源的 url。如果过滤器需要对所有的请求进行拦截，则需要把<url-pattern>配置为“/*”。

另外，从 Servlet 2.4 规范起，在<filter-mapping>配置中新增加了一个<dispatcher>元素。这个元素有四个可能的值，即 REQUEST、FORWARD、INCLUDE 和 ERROR，可以在一个<filter-mapping>元素中加入任意数目的<dispatcher>，使得 Filter 作用于直接从客户端过来的 request，通过 forward 请求方式得到的 request，通过 include 包含方式得到的 request 和通过<error-page>方式得到的 request。如果没有指定任何<dispatcher>元素，默认值是 REQUEST。

完成上面配置后，可以运行 login.jsp 页面（运行页面略）。如果用户没有输入用户名或者密码，则将返回 login.jsp 页面重新输入，并将提示信息带到 login.jsp 页面，否则将跳转到 welcome.jsp 页面。

9.1.4　过滤器链

对于一个目标资源可以使用多个过滤器进行过滤拦截，这些过滤器按照 web.xml 中配置的先后顺序形成过滤器链，客户端请求的 Web 组件需要通过链上的每个过滤器的过滤。通过过滤器的顺序取决于在 web.xml 中对 Filter 的配置顺序。Filter 链如图 9-4 所示。

过滤器链的工作原理：如图 9-4 所示，当客户端向目标资源发送请求时，需要经过两个过滤器的过滤，首先经过 Filter1 过滤器进行拦截，过滤通过后，调用 Filter1 过滤器类 doFilter 方法中的 FilterChain.doFilter()方法将请求传递给 Filter2，经过过滤后，调用 Filter2 过滤器类 doFilter 方法中的 FilterChain.doFilter()方法将请求传递给目标资源。目标资源接收到请求进行处理后，需要向客户端进行响应，响应信息也会被过滤器过滤，这个拦截顺序正好和前面的描述相反。

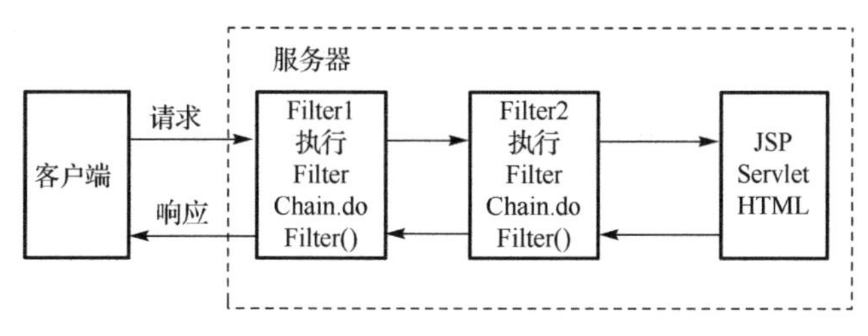

图 9-4　Filter 链

【例 9-3】　测试过滤器链的工作原理和过程。

编写 Filter1 和 Filter2，写入测试语句，代码如下。

Filter1 类代码如下：

```
public class Filter1 implements Filter {
    public void destroy(){
    }
    public void doFilter(ServletRequest request, ServletResponse response,
                 FilterChain chain)throws IOException, ServletException {
        System.out.println("Filter1 过滤前");
        chain.doFilter(request, response);
        System.out.println("Filter1 过滤后");
    }
    public void init(FilterConfig fConfig)throws ServletException {
    }
}
```

Filter2 类代码如下：

```
public class Filter2 implements Filter {
    public void destroy(){
        }
    public void doFilter(ServletRequest request, ServletResponse response,
              FilterChain chain)throws IOException, ServletException {
        System.out.println("Filter2 过滤前");
        chain.doFilter(request, response);
        System.out.println("Filter2 过滤后");
    }
    public void init(FilterConfig fConfig)throws ServletException {
    }
}
```

编写目标资源 Servlet，类名为 MyServlet2，代码如下：

```
public class MyServlet2 extends HttpServlet {
    protected void doGet(HttpServletRequest request, HttpServletResponse
            response)throws ServletException, IOException {
        response.setCharacterEncoding("gbk");
        PrintWriter out=response.getWriter();
        out.print("测试过滤器链");
    }
}
```

在 web.xml 中对过滤器和 Servlet 进行配置，代码如下：

```
<filter>
    <display-name>Filter1</display-name>
    <filter-name>Filter1</filter-name>
    <filter-class>com.hkd.filter.Filter1</filter-class>
  </filter>
  <filter-mapping>
    <filter-name>Filter1</filter-name>
    <url-pattern>/MyServlet2</url-pattern>
  </filter-mapping>
  <filter>
    <display-name>Filter2</display-name>
    <filter-name>Filter2</filter-name>
    <filter-class>com.hkd.filter.Filter2</filter-class>
  </filter>
  <filter-mapping>
    <filter-name>Filter2</filter-name>
    <url-pattern>/MyServlet2</url-pattern>
  </filter-mapping>
  <servlet>
    <servlet-name>MyServlet2</servlet-name>
    <servlet-class>com.hkd.filter.MyServlet2</servlet-class>
  </servlet>
  <servlet-mapping>
    <servlet-name>MyServlet2</servlet-name>
    <url-pattern>/MyServlet2</url-pattern>
  </servlet-mapping>
```

将过滤器 Filter1 和 Filter2 的过滤目标都设置成 MyServlet2，使得它们对同一个目标资源进行过滤。

在服务器上运行 MyServlet2，将在控制台下输出如下信息：

```
Filter1 过滤前
Filter2 过滤前
Filter2 过滤后
Filter1 过滤后
```

由此可见，当客户端向目标资源发送请求时，首先经过 Filter1 的过滤，然后经过 Filter2 的过滤，这个顺序取决于 web.xml 文件中的配置顺序。当返回响应时，则是先经过 Filter2，然后经过 Filter1。

9.1.5　利用过滤器实现禁用 IP 问题

很多在线系统的设计中都涉及禁用 IP 问题。例如在线投票系统、在线评论系统，一台计算机、一个 IP 只允许投票一次，评论一次，一般都不允许重复投票和评论。解决禁用 IP 问题可以利用过滤器技术来实现。

（1）创建过滤器 LimitIp.java，实现对 IP 的过滤，代码如下：

```
public class LimitIp implements Filter {
  String limitip;
   public void destroy(){
   }
   public void doFilter(ServletRequest request, ServletResponse response,
             FilterChain chain)throws IOException, ServletException {
      HttpServletResponse resp=(HttpServletResponse)response;
      String localip=request.getRemoteAddr();        //得到本地 IP
      if(localip.equals(limitip))
      {
         resp.sendRedirect("error.jsp");
      }
      else
      chain.doFilter(request, response);
   }
   public void init(FilterConfig fConfig)throws ServletException {
      limitip=fConfig.getInitParameter("Lip");
      if(limitip==null)
         limitip="";
   }
}
```

说明：

① 当容器对 Filter 对象进行初始化时，容器调用 Filter 的 init 方法，并传入一个实现 FilterConfig 接口的对象。在 init 方法中，通过 FilterConfig 接口对象获得初始化参数中所设置的 IP 值。FilterConfig 接口包含的方法如表 9-1 所示。

表 9-1　FilterConfig 接口包含的方法

方法名	作用
public String getFilterName()	获得过滤器的名称信息。该名称是在部署描述符中说明的
public String getInitParameter(String name)	获得过滤器的初始化字符串。初始化字符串也是在部署描述符中说明的。如果这个参数不存在，则该方法返回 null
public Enumeration getInitParameterNames()	获得一个枚举器，以遍历过滤器的所有初始化字符串。如果过滤器没有初始化参数，则该方法返回一个空的枚举集合
public ServletContext getServletContext()	获得过滤器所在 Web 应用的 Servlet 上下文对象引用

在本例中将使用 getInitParameter(String name)方法来实现获得初始化参数的功能。

② 本地 IP 的值通过 request.getRemoteAddr()函数来获得。

（2）在 web.xml 中对过滤器 LimitIp 进行配置，配置代码如下：

```
<filter>
    <display-name>LimitIp</display-name>
    <filter-name>LimitIp</filter-name>
    <filter-class>com.hkd.filter.LimitIp</filter-class>
    <init-param>
    <param-name>Lip</param-name>
    <param-value>192.168.1.100</param-value>
    </init-param>
</filter>
<filter-mapping>
    <filter-name>LimitIp</filter-name>
    <url-pattern>/*</url-pattern>
</filter-mapping>
```

说明：

在<filter>标签中配置初始化参数，初始化参数的名称为 Lip，参数值为 192.168.1.100，该 IP 值是被拒绝访问的 IP。

（3）编写测试 Servlet 或 JSP 文件。

当客户端向目标 Servlet 或 JSP 文件发送请求时，如果客户端 IP 是 192.168.1.100，那么该请求将被拦截，并跳转到 error.jsp 页面，该页面如图 9-5 所示。

图 9-5　error.jsp 页面

扩展：

在该例中，所要拦截的 IP 写进了<filter>标签的初始化参数中，过滤器通过 FilterConfig 接口的对象获得该参数并和本地 IP 进行对比，进而决定是否拦截请求。在实际的在线投票等系统中，每当一个用户投票后，都会将该用户的 IP 信息存储在数据库中。这时，在过滤器中和本地 IP 进行比较的 IP 信息是取自于数据库的，如果数据库中不存在本地 IP 的值，则过滤器会将请求转发给目标资源或下一个过滤器，否则将拦截请求。

9.2　监　听　器

9.2.1　监听器概述

在 Java 图形界面编程中，曾经出现过监听器的概念，例如对鼠标事件的监听或对键盘事件的监听。Java 图形界面编程中的监听器主要涉及三类对象：①Event——事件，用户对界面操作在 Java 语言上的描述，以类的形式出现，例如键盘操作对应的事件类是 KeyEvent；②Event Source——事件源，事件发生的场所，通常就是各个组件，例如按钮 button；③Event handler——事件处理者，接收事件对象并对其进行处理的对象。例如，如果用户用鼠标单击了按钮对象 button，则该按钮 button 就是事件源；当 Java 运行时，系统会生成 ActionEvent 类的对象 actionE，该对象中描述了该单击事件发生时的一些信息，然后，事件处理者对象将接收由 Java 运行时系统传递过来的事件对象 actionE 并进行相应的处理。

在 Servlet 中也存在监听器的概念，Servlet 中的监听器也是对某类事件进行监听，Servlet 监听器的概念和 Java 图形界面编程中监听器的概念比较类似，例如监听创建、修改、删除 session、request、context 等，并触发响应的事件。Servlet 监听器对象可以在事件发生前后做一些必要的处理。通过实现 Servlet API 提供的 Listener 接口，可以监听正在执行的某个程序，并且根据程序的需求做出适当的响应。

9.2.2　监听器接口简介

在 Servlet 2.4 规范中，根据监听对象的类型和范围，将监听器分为 3 类：ServletRequest 监听器（请求监听器）、HttpSession 监听器（会话监听器）、ServletContext 监听器（上下文监听器）。其中，请求监听器是 Servlet 2.4 规范中新增加的监听器，可以用来监听客户的端请求，在 Servlet 2.4 规范中包含 8 个监听器接口和 6 个监听器事件类。监听器接口如表 9-2 所示。

表 9-2　监听器接口

监听对象	监听器接口	说明
ServletContext(监听应用程序环境对象)	ServletContextListener	此接口的实现接收有关其所属 Web 应用程序的 Servlet 上下文更改的通知。要接收通知事件，必须在 Web 应用程序的部署描述符中配置实现类
	ServletContextAttributeListener	此接口的实现接收 Web 应用程序的 Servlet 上下文中的属性列表更改通知。要接收通知事件，必须在 Web 应用程序的部署描述符中配置实现类
HttpSession(监听用户会话对象)	HttpSessionListener	对 Web 应用程序中活动会话列表的更改将通知此接口的实现。要接收通知事件，必须在 Web 应用程序的部署描述符中配置实现类
	HttpSessionActivationListener	绑定到会话的对象可以侦听通知它们会话将被钝化和会话将被激活的容器事件。在 VM 之间迁移会话或者保留会话的容器需要通知绑定到实现 HttpSessionActivationListener 的会话的所有属性
	SessionAttributeListener	为了获取此 Web 应用程序内会话属性列表更改的通知，可实现此侦听器接口
	HttpSessionBindingListener	使对象在被绑定到会话或从会话中取消对它的绑定时得到通知。该对象通过 HttpSessionBindingEvent 对象得到通知。这可能是 Servlet 编程人员显式从会话中取消绑定某个属性的结果（由于会话无效，或者由于会话超时）
ServletRequest(监听请求消息对象)	ServletRequestListener	监听请求
	ServletRequestAttributeListener	ServletRequestAttributeListener 可由想要在请求属性更改时获得通知的开发人员实现。当请求位于注册了该侦听器的 Web 应用程序范围内时，将生成通知。当请求即将进入每个 Web 应用程序中的第一个 Servlet 或过滤器时，该请求将被定义为进入范围；当它退出链中的最后一个 Servlet 或第一个过滤器时，它将被定义为超出范围

各监听器接口中所定义的函数如表 9-3 所示。

表 9-3　各监听器接口中所定义的函数

监听器接口	对应函数
ServletContextListener	创建一个 ServletContext 对象时，激发 contextInitialzed(ServletContextEvent) 撤销一个 ServletContext 对象时，激发 contextDestroyed(ServletContextEvent)
ServletContextAttributeListener	增加属性时，激发 attributeAdded(ServletContextAttributeEvent) 删除属性时，激发 attributeRemoved(ServletContextAttributeEvent) 修改属性时，激发 attributeReplaced(ServletContextAttributeEvent)
HttpScssionListener	创建一个 session 对象时，激发 sessionCreated(HttpSessionEvent) 删除一个 session 对象时，激发 sessionDestroyed(HttpSessionEvent)
HttpSessionActivationListener	session 对象被保存到磁盘时，激发 sessionWillPassivate(HttpSessionEvent) session 对象被调入内存时，激发 sessionDidActivate(HttpSessionEvent)
HttpSessionAttributeListener	向某个 session 对象中增加新属性时，激发 attributeAdded(HttpSessionBindingEvent) 删除某个 session 对象中的属性时，激发 attributeRemoved(HttpSessionBindingEvent) 修改某个 session 对象中的属性时，激发 attributeReplaced(HttpSessionBindingEvent)
HttpSessionBindingListener	属性被加入 session 对象中时，激发 valueBound(HttpSessionBindingEvent) 属性被从 session 对象中删除时，激发 valueUnbound(HttpSessionBindingEvent)
ServletRequestListener	请求对象初始化时，激发 requestInitialized(ServletRequestEvent) 请求对象被撤销时，激发 requestDestroyed(ServletRequestEvent)
ServletRequestAttributeListener	向某个 request 对象中增加属性时，被调用 attributeAdded(ServletRequestAttributeEvent) 某个 request 对象中删除属性时，被调用 attributeRemoved(ServletRequestAttributeEvent) 修改某个 request 对象中的属性时，被调用 attributeReplaced(ServletRequestAttributeEvent)

9.2.3　监听器的创建和使用

在 Eclipse 下创建监听器可以采用向导方式，该方式比较简单，但不利于读者了解监听器的一般原理。因此，本节将采用手工方式来创建监听器。

Servlet 监听器的创建需要首先编写监听器类，然后进行配置。

1. 编写监听器类

监听器类的编写分以下步骤。

（1）实现监听器接口。

（2）重写监听器接口函数。

【例 9-4】　创建监听器，实现网页在线人数的统计。

创建动态 Web 工程 chapter9_2，在 src 下创建包 com.hkd.listener，在该包下建立监听器类 MyListener.java，该类需要实现接口 HttpSessionListener。

```
public class MyListener implements HttpSessionListener {
    int count;
    public MyListener(){count=0;}
    public void sessionCreated(HttpSessionEvent sessionEvent){
count++;
        sessionEvent.getSession().getServletContext().setAttribute("online",new
                    Integer(count));
    }
public void sessionDestroyed(HttpSessionEvent sessionEvent){
count--;
        sessionEvent.getSession().getServletContext().setAttribute
```

```
                    ("online",new Integer(count));
        }
    }
```

2. 配置监听器

在 web.xml 中配置监听器 MyListener，代码如下：

```
<listener>
<listener-class>com.hkd.listener.MyListener</listener-class>
</listener>
```

创建测试页面 testListener.jsp 进行测试，代码如下：

```
<%@ page language="java" contentType="text/html; charset=gbk"
    pageEncoding="gbk"%>
<html>
<head>
<title>显示在线人数</title>
</head>
<body>
当前的在线人数：${applicationScope.online }
</body>
</html>
```

分别在不同浏览器中运行 testListener.jsp 页面，在本地测试该监听器。运行效果如图 9-6 所示。

图 9-6　运行效果

9.3　过滤器和监听器在 JavaEE 框架中的运用

在 Java Web 开发的后续课程中，读者还要学习 JavaEE 框架开发技术。在 JavaEE 流行框架中，过滤器和监听器起到重要的作用。

例如，在 struts2 框架开发中，搭建 struts2 开发环境首先要配置过滤器，代码如下：

```
<filter>
  <filter-name>struts2</filter-name>  <filter-class>org.apache.struts2.
                   dispatcher.FilterDispatcher</filter-class>
  </filter>
  <filter-mapping>
  <filter-name>struts2</filter-name>
```

```
<url-pattern>/*</url-pattern>
</filter-mapping>
```

其中，org.apache.struts2.dispatcher.FilterDispatcher 表示 struts2 的核心过滤器，<url-pattern>配置为/*表示要对所有的请求进行过滤。

可以对 FilterDispatcher 进行反编译，查看源代码，其核心代码摘录如下：

```
public void doFilter(ServletRequest req, ServletResponse res, FilterChain chain)
        throws IOException, ServletException
    {
        HttpServletRequest request;
        HttpServletResponse response;
        ServletContext servletContext;
        String timerKey;
        request = (HttpServletRequest)req;
        response = (HttpServletResponse)res;
        servletContext = getServletContext();
        timerKey = "FilterDispatcher_doFilter: ";
        org.apache.struts2.dispatcher.mapper.ActionMapping mapping;
        UtilTimerStack.push(timerKey);
        request = prepareDispatcherAndWrapRequest(request, response);
        try
        {   mapping=actionMapper.getMapping(request,dispatcher.
                    getConfigurationManager());
            break MISSING_BLOCK_LABEL_114;
        }
//以下代码略
}
```

此核心代码是写在过滤器的重要生命周期函数 doFilter 中的。

再例如，在利用 spring 框架整合 struts2 框架时，需要在 web.xml 文件中配置监听器。

```
<listener>
  <listener-class>
  org.springframework.web.context.ContextLoaderListener
  </listener-class>
  </listener>
```

其中，org.springframework.web.context.ContextLoaderListener 表示监听器类。对该监听器类进行反编译，代码如下：

```
public class ContextLoaderListener extends ContextLoader
    implements ServletContextListener
{
    public ContextLoaderListener()
```

```
    {
    }
    public ContextLoaderListener(WebApplicationContext context)
    {
       super(context);
    }
    public void contextInitialized(ServletContextEvent event)
    {
       contextLoader = createContextLoader();
       if(contextLoader == null)
     contextLoader=this; contextLoader.initWebApplicationContext(event.
              getServletContext());
    }
     protected ContextLoader createContextLoader()
    {
       return null;
    }
    public ContextLoader getContextLoader()
    {
       return contextLoader;
    }
    public void contextDestroyed(ServletContextEvent event)
    {
       if(contextLoader != null)
 contextLoader.closeWebApplicationContext(event.getServletContext());
 ContextCleanupListener.cleanupAttributes(event.getServletContext());
    }
    private ContextLoader contextLoader;
 }
```

通过查看源代码，能够看到整合框架所用到的监听器是一个实现 ServletContextListener 接口的监听器，此接口的实现接收有关其所属 Web 应用程序的 Servlet 上下文更改的通知。要接收通知事件，必须在 Web 应用程序的部署描述符中配置实现类。

因此，读者只有在掌握了过滤器和监听器的概念原理后，才能了解 JavaEE 框架的工作原理。如果不具有过滤器和监听器的知识基础，则很难掌握 JavaEE 框架。

9.4 应用实例

在本章应用示例中将完成结账功能，用户在购物车页面中单击continue。如果用户没有登录，则应用程序将跳转到登录页面，用户需要提供其账户名和密码。若用户已经登录，该应用程序将显示付款和发货信息页面。当用户填写完所需信息后，应单击“提交”按钮，该应用程序将显示包含用户的账单和发货地址的只读页。要完成订单，应单击“提交”按钮，这时将显示订单完成页面。

结账功能的流程如图 9-7 所示。

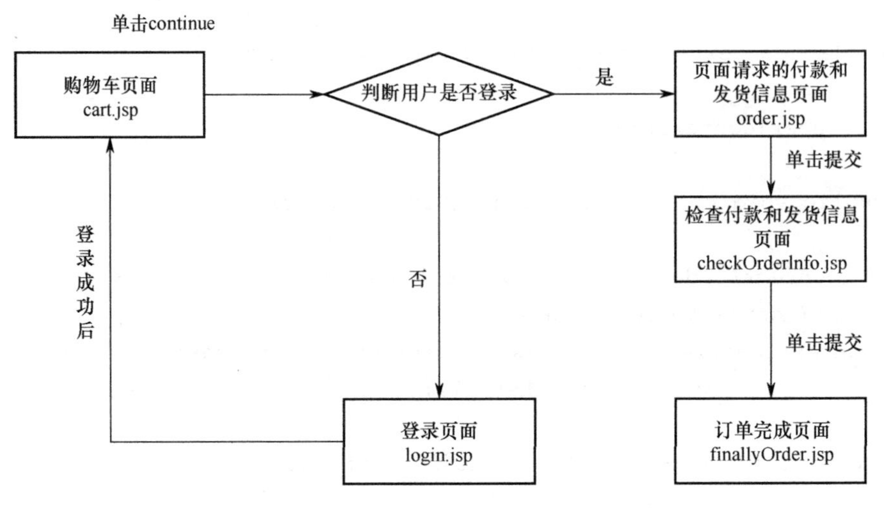

图 9-7　结账功能流程

结账功能比较复杂，与之相关的页面有付款和发货信息页面 order.jsp、检查付款和发货信息页面 checkOrderInfo.jsp 及订单完成页面 finallyOrder.jsp。这些页面的编写利用前面所学的知识即可完成，相关代码不再赘述。

付款和发货信息页面 order.jsp 运行效果如图 9-8 所示。

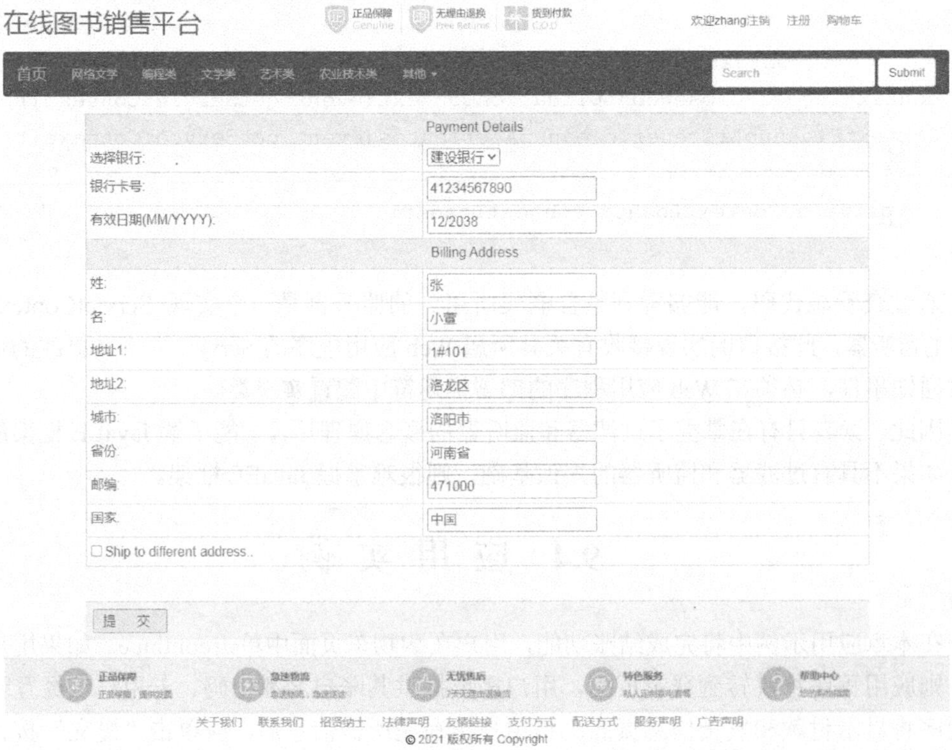

图 9-8　付款和发货信息页面 order.jsp 运行效果

检查付款和发货信息页面 checkOrderInfo.jsp 运行效果如图 9-9 所示。

图 9-9　检查付款和发货信息页面 checkOrderInfo.jsp 运行效果

订单完成页面 finallyOrder.jsp 运行效果如图 9-10 所示。

图 9-10　订单完成页面 finallyOrder.jsp 运行效果

本节将重点介绍订单提交的数据层代码，围绕订单提交需要对数据库中的 4 个表进行操作：对 orders 表、orderstatus 表、lineitem 表进行插入操作，对 inventory 表进行更新操作。

数据层的关键代码如下：

```
    package com.hkd.daoimp;
    import java.sql.Connection;
    import java.sql.SQLException;
    import java.util.ArrayList;
    import com.hkd.dao.OrderDao;
    import com.hkd.entity.ProItInven;
    import com.hkd.util.DataBase;
    public class OrderDaoImp extends DataBase implements OrderDao{
        public void orderInfo(int orderid,String userid,String orderdate,String
 saddr1,String saddr2,String scity,
                String sstate,String szip,String scountry, String baddr1,String
 baddr2, String bcity, String bstate,
                String bzip,String bcountry,String courier,double totalprice,
String bfn,String bln,String sfn,String sln,
               String creditcard,String exprdate,String cardtype,String locale,
int linenum, ArrayList<ProItInven> list) {
            Connection conn=this.conn;
            System.out.println(scountry);
            String sql1="insert into orders values("+orderid+",'"+userid+"', '
"+orderdate+"' ,'"+saddr1+"','"+saddr2+"',"
                    + "'"+scity+"','"+sstate+"','"+szip+"','"+scountry+"','
"+baddr1+"',"+ "'"+baddr2+"','"+bcity+"','"+bstate+"','"+bzip+"',"
                    + "'"+bcountry+"','"+courier+"',"+totalprice+",'"+bfn+"','
"+bln+"','"+sfn+"','"+sln+"','"+creditcard+"','"+exprdate+"',"
                        + "'"+cardtype+"','"+locale+"')";
           String sql2="insert into orderstatus values("+orderid+","+linenum+",
'"+orderdate+"','p')";
            String sql3=null;
            String sql4=null;
            try {
                conn.setAutoCommit(false);
                this.executeDML(sql1);
                this.executeDML(sql2);
                for(ProItInven pii:list)
                {
                sql3="insert into lineitem values("+orderid+","+linenum+","
                        + "'"+pii.getItemid()+"', '"+pii.getBuyqty()+"','
"+pii.getListprice()+"')";
                sql4="update inventory set QTY=qty-'"+pii.getQty()+"' where
itemid='"+pii.getItemid()+"'";
```

```
            this.executeDML(sql3);
            this.executeDML(sql4);
            System.out.println("插入成功");
            }
            conn.commit();
        } catch (SQLException e) {
            try {
            System.out.println("插入失败");
            conn.rollback();
            } catch (SQLException e1) {
            e1.printStackTrace();
            }
        }
    }
}
```

说明：

为了保证对这 4 个表的操作的一致性，本例中使用了事务机制。

```
try {
conn.setAutoCommit(false);
//持久化操作
conn.commit();
} catch (SQLException e){
try {
conn.rollback();
} catch (SQLException e1){
e1.printStackTrace();
}
}
```

因为 Java 中对数据库的持久化操作默认为隐式提交，所以在事务机制的使用中首先设置隐式提交为显示提交。若持久化操作有异常，则进行事务回滚。

习　题　9

1．创建过滤器需要哪些步骤？
2．创建监听器需要哪些步骤。
3．简述过滤器链的作用及过滤特点。
4．常用的监听器接口有哪些？
5．在 JavaEE 框架中，过滤器和监听器有哪些重要作用？

第 10 章　Ajax 技术简介及应用

10.1　Ajax 概述

10.1.1　Ajax 简介

Ajax 是 Asynchronous JavaScript and XML 的缩写，意为异步的 JavaScript 和 XML。这项技术由 Jesse James Garrett 于 2005 年提出，目的是用 JavaScript 执行异步网络请求，Google 通过其 Google Suggest 项目使 Ajax 变得流行起来。传统的网页（不使用 Ajax）如果需要更新内容，则必须重载整个网页面，Ajax 是一种在不需要重新加载整个网页的情况下能够更新部分网页的技术。

Ajax 并不是新的编程语言，它需要多种技术综合运用来进行实现，这些技术包括服务器端语言、JavaScript、XHTML、CSS、DOM、XML 和 XMLHttpRequest。Ajax 需要使用 JavaScript 来绑定和处理所有数据，需要使用 XMLHTTP 组件中的 XMLHttpRequest 对象进行异步数据读取，需要使用 DOM 来实现动态显示和交互，需要使用 XHTML 和 CSS 来实现标准化呈现，需要使用 XML 语言来实现在服务器和客户端之间传递信息，同时还需要服务器端向浏览器发送特定信息。当然，Ajax 与服务器端语言是无关的，不管服务器端语言是 JSP、ASP 还是 PHP 都是可以使用 Ajax 的。

10.1.2　同步和异步的概念

同步是指一个线程要等待上一个线程执行完才能开始执行，同步可以看成一个单线程操作，也就是说当客户端发送请求后，在服务器没有反馈信息之前是一个线程阻塞状态，同步强调的是执行的顺序性，而异步则不存在这种顺序性。

异步是指一个线程在执行中，下一个线程不必等待它执行完就可以开始执行。异步肯定是个多线程。在客户端发送请求后，即便还没有得到服务器的反馈信息，仍然可以执行其他线程，并且把这个线程存放在其执行队列里有序地执行。因此，异步的效率要高于同步。

传统的 B/S 模式的程序是同步通信的，而 Ajax 是一种异步通信技术。传统的 B/S 模式程序的通信过程是：客户端浏览器提交请求→等待服务器处理→处理完毕返回，在这个期间，客户端浏览器不能做任何事。Ajax 程序的通信过程是：客户端浏览器的请求通过事件触发→服务器处理（这时，浏览器可以做其他事情）→处理完毕，所以使用 Ajax 技术可以实现页面的局部刷新，从而提高页面的加载效率。

10.1.3　Ajax 工作原理

Ajax 工作原理相当于在客户端和服务器之间加了一个中间层（Ajax 引擎），使客户端操作与服务器响应异步化。并不是所有的客户端请求都提交给服务器，像一些数据验证和数据处理等都交给 Ajax 引擎自己来做，只有确定需要从服务器读取新数据时再由 Ajax 引擎代为向服务器提交请求。

Ajax 工作原理如图 10-1 所示。

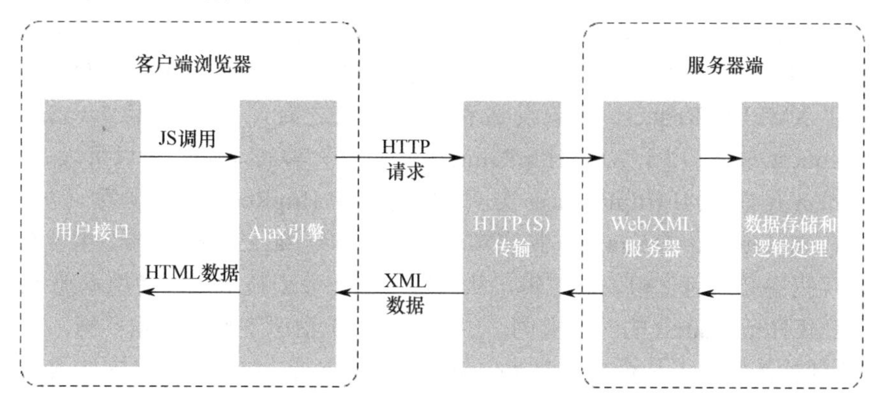

图 10-1 Ajax 工作原理

10.1.4 Ajax 优点和不足

Ajax 的优点如下。

（1）可以实现无刷新更新数据，能够在不刷新整个页面的情况下维持与服务器的通信，从而可以获得更好的用户体验。

（2）与服务器进行异步通信，可以不打断用户的操作，从而获得更快的响应能力。

（3）能够实现客户端和服务器端的负载均衡，减少冗余请求，从而在一定程度上减缓 B/S 模式下服务器负担过重的问题。

（4）基于标准化的并被广泛支持的技术，不需要下载插件或者小程序。

Ajax 的缺点如下。

（1）Ajax 不支持 Back 与 History 功能，即对浏览器机制有所破坏，在动态更新页面的情况下，用户无法回到前一页的页面状态，因为浏览器仅能记忆历史纪录中的静态页面。

（2）安全问题：Ajax 在给用户带来很好的用户体验的同时也给 IT 企业带来了新的安全威胁，Ajax 就如同对企业数据建立了一个直接通道。这使得开发者在不经意间会暴露比以前更多的数据和服务器逻辑。Ajax 可以让客户端的安全扫描技术隐藏起来，允许黑客从远端服务器上建立新的攻击。另外，Ajax 也难以避免一些已知的安全弱点，如跨站点脚本攻击、SQL 注入攻击和基于 Credentials 的安全漏洞等。

（3）对搜索引擎支持较弱：如果使用不当，Ajax 会增大网络数据的流量，从而降低整个系统的性能。

（4）破坏程序的异常处理机制。

（5）不能很好地支持移动设备。

10.2 XMLHttpRequest 对象详解

10.2.1 XMLHttpRequest 对象简介

XMLHttpRequest 是一个 API 对象，其中的方法可以用来在浏览器和服务器端传输数据。

这个对象是浏览器的 JS（JavaScript）环境提供的。从 XMLHttpRequest 获取数据的目的是持续修改一个加载过的页面，XMLHttpRequest 是 Ajax 设计的底层概念。XMLHttpRequest 使用的协议不同于 HTTP，不仅可以使用 XML 格式的数据，也支持 JSON、HTML 或者纯文本。

在使用 XMLHttpRequest 对象发送和处理响应之前，必须先用 JavaScript 创建一个 XMLHttpRequest 对象。由于 XMLHttpRequest 不是一个 W3C 标准，所以可以采用多种方法使用 JavaScript 来创建 XMLHttpRequest 实例。IE 把 XMLHttpRequest 实现为一个 ActiveX 对象，其他浏览器（如 Firefox、Opera 等）把它实现为一个本地 JavaScript 对象。由于存在这些差别，JavaScript 代码中必须包含相关的逻辑，从而使用 ActiveX 技术或者使用本地 JavaScript 对象技术创建 XMLHttpRequest 的一个实例。由于不同浏览器所支持的技术不同，在具体操作中，我们首先需要检测浏览器是否提供对 ActiveX 对象的支持。如果浏览器支持 ActiveX 对象，就可以使用 ActiveX 技术来创建 XMLHttpRequest 对象。否则，就要使用本地 JavaScript 对象技术来创建。下面的例子展示编写跨浏览器的 JavaScript 代码以创建 XMLHttpRequest 对象：

```
var XHR;
      function createXMLHttpRequest(){
          if(window.XMLHttpRequest){
              XHR= new XMLHttpRequest();
          }else if(window.ActiveObject){
              XHR= new ActiveObject("Microsoft.XMLHTTP");
          }
      }
```

可以看到，创建 XMLHttpRequest 对象相当容易。首先，要创建一个全局作用域变量 XHR 来保存这个对象的引用。createXMLHttpRequest 方法完成创建 XMLHttpRequest 实例的具体工作。这个方法中只有简单的分支逻辑（选择逻辑）来确定如何创建对象。对 window.ActiveXObject 的调用会返回一个对象，也可能返回 null，if 语句会把调用返回的结果看成 true 或 false（如果返回对象则为 true，如果返回 null 则为 false），以此指示浏览器是否支持 ActiveX 控件。

由于 JavaScript 具有动态类型特性，而且 XMLHttpRequest 在不同浏览器上的实现是兼容的，所以可以用相同的方法访问 XMLHttpRequest 实例的属性和方法，而不论这个示例是使用什么方法创建的。这就大大简化了开发过程，而且在 JavaScript 中也不必编写特定于浏览器的逻辑。

10.2.2　XMLHttpRequest 对象方法和属性

XMLHttpRequest 提供了一组用于客户端与服务器之间传输数据的方法和属性，如表 10-1 所示。

表 10-1　XMLHttpRequest 对象方法和属性

方法属性	描述
void abort()	停止当前异步请求
String getAllresponseHeadders()	以字符串把 HTTP 请求的所有响应首部作为键值对返回
String getResponseheader("header")	返回指定首部字段的字符串

续表

方法属性	描述
void open(string method,string url,boolean asynch,string username, string password)	建立对服务器的调用，初始化请求的纯脚本方法，第三个参数表示调用为异步（true）还是同步（false），默认为异步
void send(content)	向服务器发出请求，如果声明异步，则立即返回，否则等待接收到响应为止，可选参数可以是 DOM 对象的实例、输入流或字符串，传入这个方法的内容会作为请求的一部分发送
void setRequestHeader(string header,string value)	把指定的首部设置为所提供的值，在设置任何首部前必须先调用 open()后才可调用
onreadystatechange	每个状态改变时都会触发这个事件处理器，通常会调用事件处理函数
readyState	请求的状态，0（未初始化），1（正在加载），2（已加载），3（交互中），4（完成）
responseText	返回服务器的响应，表示为一个字符串
responseXML	返回服务器的响应，表示为 xml，可以解析为 DOM 对象
status	服务器的 HTTP 状态码
statusText	服务器状态码对应原因短语

下面对一些常用的方法和属性进行说明。

1. void open(string method,string url,boolean asynch,string username,string password)方法

使用 XMLHttpRequest 对象的 open()方法可以建立一个 HTTP 请求，open()方法包含 5 个参数，说明如下。

（1）method：HTTP 请求方法，必选参数，值包括 POST、GET 和 HEAD，大小写不敏感。

（2）url：请求的 URL 字符串，必选参数，大部分浏览器仅支持同源请求。

（3）asynch：指定请求是否为异步方式，默认为 true。如果这个参数为 false，处理就会等待，直到从服务器返回响应为止。由于异步调用是使用 Ajax 的主要优势之一，所以若将这个参数设置为 false，则从某种程度上讲与使用 XMLHttpRequest 对象的初衷不太相符。

（4）username：可选参数。如果服务器需要验证，则该参数指定用户名；如果未指定，则当服务器需要验证时弹出验证窗口。

（5）password：可选参数，验证信息中的密码部分。如果用户名为空，则该值将被忽略。

具体用法如下：

```
xhr.open(method, url, async, username, password);
```

其中，xhr 表示 XMLHttpRequest 对象。

建立连接后，可以使用 send()方法发送请求。下面具体介绍 send()方法。

2. void send(content)

这个方法具体向服务器发出请求。如果请求声明是异步的，则这个方法会立即返回，否则它会等待，直到收到响应为止。用法如下：

```
xhr.send(body);
```

其中，参数 body 表示通过该请求发送的数据。如果不传递信息，则可以设置为 null 或者省略。发送请求后，可以使用 XMLHttpRequest 对象的 responseBody、responseStream、responseText 或 responseXML 属性等待接收响应数据。

在下面的例子中，运用上述两个方法演示如何实现异步通信。

```
<script type="text/javascript">
var XHR;
    if(window.XMLHttpRequest){
        XHR = new XMLHttpRequest();
    }else if(window.ActiveObject){
        XHR= new ActiveObject("Microsoft.XMLHTTP");//实例化 XHR 对象
}
XHR.open ("GET","server.txt", false);  //建立连接
XHR.send(null);  //发送请求
alert(XHR.responseText);
</script>
```

在服务器端 server.txt 中输入如下字符串。

```
Hello World  //服务器端脚本
```

运行后会弹出对话框显示“Hello World”信息。该字符串是从服务器端响应的字符串。

在该例中，调用 XMLHttpRequest 对象的 open()方法来建立一个请求，调用 send()方法来发送请求。如果请求方式是 get 方式，则 send()方法的参数为空或 null。如果请求方式是 post 方式，则 send()方法的参数表示发送请求的数据。下面分别对发送请求的这两种方式进行说明。

（1）get 方式。

get 请求简单、方便，适用于简单字符串，不适用于大容量或加密数据。实现方法：将包含参数字符串的 URL 传入 open()方法，设置第一个参数值为 GET 即可，第二个参数中的参数字符串通过“?”作为前缀附加在 URL 的末尾，发送数据是以字符“&”连接的一个或多个键值对。客户端 JS 代码如下：

```
<script type="text/javascript">
var XHR;
    if(window.XMLHttpRequest){
        XHR = new XMLHttpRequest();
    }else if(window.ActiveObject){
        XHR= new ActiveObject("Microsoft.XMLHTTP");
}
XHR.open ("GET","Login?uname=tom", false);  //建立连接
        XHR.send(null);  //发送请求
        alert(XHR.responseText);
</script>
```

在服务器端，编写 URL 是“Login”的 servlet，其 doGet 方法代码如下：

```
protected void doGet(HttpServletRequest request, HttpServletResponse response)
```

```
throws ServletException, IOException {
        PrintWriter out=response.getWriter();
        String uname=request.getParameter("uname");
        out.write(uname);
        out.flush();
    }
```

当浏览器启动时，将弹出“tom”信息。

（2）post 方式。

post 请求允许发送任意类型、长度的数据，多用于表单提交，以 send()方法进行传递，而不以参数字符串的方式进行传递。具体实现方法如下：设置 open()方法的第一个参数为“post”，而 open()方法的第二个参数只需要指明服务器的名称，而不需要编写参数列表，参数需要通过 send()方法进行发送，send()方法的参数字符串和 get 方式的参数字符串格式相同。客户端 JS 代码如下：

```
<script type="text/javascript">
var XHR;
    if(window.XMLHttpRequest){
        XHR = new XMLHttpRequest();
    }else if(window.ActiveObject){
        XHR= new ActiveObject("Microsoft.XMLHTTP");
}
XHR.open ("post","Login", false);  //建立连接
XHR.setRequestHeader("Content-type", "application/x-www-form-urlencoded");
//设置为表单方式提交
XHR.send("pwd=123456");  //发送请求
alert(XHR.responseText);
</script>
```

在服务器端，完善 URL 是“Login”的 servlet，编写其 doPost 方法，代码如下：

```
protectedvoiddoPost(HttpServletRequest request, HttpServletResponse response)
throws ServletException, IOException {
        PrintWriter out=response.getWriter();
        String pwd=request.getParameter("pwd");
        out.write(pwd);
        out.flush();
    }
```

对于 post 请求，需要使用 setRequestHeader()方法设置请求消息的内容类型为“application/x-www-form-urlencoded”，它表示传递的是表单值，否则服务器无法识别传递过来的数据。下面具体介绍 setRequestHeader()方法。

3. void setRequestHeader(string header, string value)

这个方法为 HTTP 请求中一个给定的首部设置值。它有两个参数：第一个参数表示要设置的首部，第二个参数表示要在首部中放置的值。需要说明的是，这个方法必须在调用 open()方法之后才能调用，其中 header 常见的取值为 Content-type，相对应 value 常见的取值为

application/x-www-form-urlencoded，其含义是客户端提交给服务器文本内容的编码方式为 URL 编码。当然，还有其他编码方式，如 multipart/form-data，而参数 header 也可以是 Content-length，表示提交的数据字节大小。

4．readyState 属性

使用 readyState 属性可以实时跟踪异步响应状态。当该属性值发生变化时，会触发 readystatechange 事件，调用绑定的回调函数。readyState 属性值说明如表 10-2 所示。

表 10-2　readyState 属性值说明

就绪状态码	说明
0	XMLHttpRequest 对象没有完成初始化，尚未调用 open()方法
1	XMLHttpRequest 对象开始发送请求，尚未调用 send() 方法
2	XMLHttpRequest 对象的请求发送完成，send()方法已经调用，但是当前的状态及 HTTP 头未知
3	XMLHttpRequest 对象开始读取响应，还没有结束，这时通过 responseBody 和 responseText 获取部分数据会出现错误
4	XMLHttpRequest 对象读取响应结束，此时可以通过 responseBody 和 responseText 获取完整的响应数据

5．status 属性

该属性表示 HTTP 的状态码。常用的 HTTP 的状态码如表 10-3 所示。

表 10-3　常用的 HTTP 的状态码

状态码	说明
200	服务器响应正常
400	无法找到请求的资源
403	没有访问权限
404	访问的资源不存在
500	服务器内部错误

根据 readyState 和 status 的属性值及其含义可以知道，如果 readyState 属性值为 4 且 status（状态码）属性值为 200，则说明 HTTP 请求和响应过程顺利完成，这时可以安全、异步地读取数据。

6．onreadystatechange 事件监听器

Ajax 需要通过 onreadystatechange 属性来指定回调函数。如果 XMLHttpRequest 对象的 open()方法第三个参数是 true，也就是发送了异步请求，onreadystatechange 事件监听器将自动在 XMLHttpRequest 对象的 readyState 属性改变时被触发。

10.3　Ajax 程序开发步骤

10.3.1　原生 Ajax 程序开发步骤

基于 JavaScript 的原生 Ajax 程序的开发包括以下步骤。

1．创建 XMLHttpRequset 对象

不同浏览器创建 XMLHttpRequest 对象的方法不同、IE 浏览器使用 ActiveXObject，而其他的浏览器使用名为 XMLHttpRequest 的 JavaScript 内建对象。以下程序可以兼容各种不同浏览器。

```
<script type="text/javascript">
var XMLHttp=null ;
function createXMLHttpRequest(){
      if(window.XMLHttpRequest){
          XMLHttp= new XMLHttpRequest();
      }else if(window.ActiveXObject){
      var aVersions=["MSXML2.XMLHttp.6.0",
        "MSXML2.XMLHttp.5.0", "MSXML2.XMLHttp.4.0",
        "MSXML2.XMLHttp.3.0", "MSXML2.XMLHttp","Microsoft.XMLHttp"];
        for(var i=0; i<aVersions.length; i++){
          try{
           XMLHttp=new ActiveXObject(aVersions[i]);
            }catch(oError){
            }
        }
      }
   }
</script >
```

2．注册回调函数

使用 XMLHttpRequest 对象的 onreadystatechange 属性注册回调函数，具体代码如下：

```
XMLHttp.onreadystatechange=processRequest;
```

注意其中 XMLHttp 表示 XMLHttpRequset 对象，processRequest 表示回调函数名。

3．设置请求信息，发送请求

使用 XMLHttpRequest 对象的 open 函数来设置请求信息，并使用 send 函数发送请求。如果请求信息中设置的请求方式是 get 方式，则请求数据是通过附加在 URL 末尾的以“?”号作为前缀的参数字符串的方式进行发送的。如果请求信息中设置的请求方式是 post 方式，则请求数据是利用 send 函数进行发送的。此时，send 函数需要一个“参数字符串”作为参数。另外需要注意：如果以 post 方式发送请求数据，则需要使用 setRequestHeader 函数来设置头部信息。

get 方式代码如下：

```
XMLHttp.open ("GET","Login?uname=tom", false);  //建立连接
XMLHttp.send(null);  //发送请求
```

post 方式代码如下：

```
XMLHttp.open ("post","Login", false);  //建立连接
```

```
    XMLHttp.setRequestHeader("Content-type",
"application/x-www-form-urlencoded"); //设置为表单方式提交
    XMLHttp.send("pwd=123456");  //发送请求
```

注意：其中的 XMLHttp 表示 XMLHttpRequest 对象。

4. 完善回调函数

```
    function processRequest(){
        if(XMLHttp.readyState==4){
          if(XMLHttp.status==200){
              var str= XMLHttp.responseText;
              if(str==1)
              {
              alert("修改成功，提交核对");
                  }
              else if(str==2)
              {
                  alert("修改成功，提交审核");
              }
          }
          else
              {
              alert("操作失败，请检查您所输入的参数");}
        }
    }
```

10.3.2 实现无刷新用户名验证

用户名验证指用户在注册信息时，如果要注册的用户名已经存在，则系统提示“用户名已经存在，不可用”，若用户名不存在，则系统提示“用户名可用”。利用 Ajax 可以实现无刷新的用户名验证，也就是说当用户名文本框失去焦点时，发送请求到服务器，只局部刷新页面的判断用户名是否可用的部分。

首先，编写 JSP 文件 loginCheck.jsp，其 HTML 页面部分核心代码如下：

```
    <body>
          <form name="form1" action="" method="post">
              用户名
              <input type="text" id="uname" name="username" value=""
                  onblur="checkUserExists()" />
              <div id="info" style="display: inline"/>
          </form>
      </body>
```

然后，编写 loginCheck.jsp 文件的 JavaScript 部分代码：

```
    <script language="javascript">
        var xhr; //声明浏览器初始化对象变量
        function createXMLHttpRequest(){
              if(window.XMLHttpRequest){
```

```
            xhr= new XMLHttpRequest();
        }else if(window.ActiveXObject){
        var aVersions=["MSXML2.XMLHttp.6.0",
          "MSXML2.XMLHttp.5.0", "MSXML2.XMLHttp.4.0",
          "MSXML2.XMLHttp.3.0", "MSXML2.XMLHttp","Microsoft.XMLHttp"];
          for(var i=0; i<aVersions.length; i++){
            try{
             xhr=new ActiveXObject(aVersions[i]);
              }catch(oError){
             }
          }
        }
      }
  function checkUserExists() {
      var f = document.form1;
      var username = f.username.value;
      if (username == "") {
          alert("用户名不能为空");
          f.username.focus();
          return false;
      } else {
          doAjax("CheckLoginServlet?username=" + username);
      }
  }
  function doAjax(url) {
      createXMLHttpRequest();
      //判断 XMLHttpRequest 对象是否成功创建
      if (!xhr) {
          alert("不能创建 XMLHttpRequest 对象实例");
          return false;
      }
      //创建请求结果处理程序
      xhr.onreadystatechange = processRequest;
      xhr.open("post", url, true);
      //如果以 post 方式请求，必须要添加
      xhr.setRequestHeader("Content-type",
              "application/x-www-form-urlencoded");
      xhr.send(null);
  }
  function processRequest() {
      if (xhr.readyState == 4) {//等于 4 代表请求完成
          if (xhr.status == 200) {
              //responseText 表示请求完成后，返回的字符串信息
              if (xhr.responseText == "2") {
                  document.getElementById("info").innerHTML = "用户名可以使用";
                              } else if(xhr.responseText == "1"){
                  document.getElementById("info").innerHTML = "用户名已被使用";
              }
          } else {
```

```
                    alert("请求处理返回的数据有错误");
                }
            }
        }
    </script>
```

还需要编写服务器端的 servlet 来接收 Ajax 发过来的请求，该 servlet 的 url 为 "/CheckLoginServlet"，其 doGet 方法代码如下：

```
    protected void doGet(HttpServletRequest request, HttpServletResponse response)
throws ServletException, IOException {
            request.setCharacterEncoding("GBK");
            String user = request.getParameter("username");
            response.setCharacterEncoding("GBK");
            PrintWriter out = response.getWriter();
            if("tom".equals(user))
            out.print("1");
            else
            out.print("2");
            out.flush();
            out.close();
        }
```

假设已经存在的用户名为 tom，若输入的用户名为 tom，则会在文本框后面显示“用户名已被使用”（如图 10-2 所示），否则会在文本框后面显示“用户名可以使用”（如图 10-3 所示）。

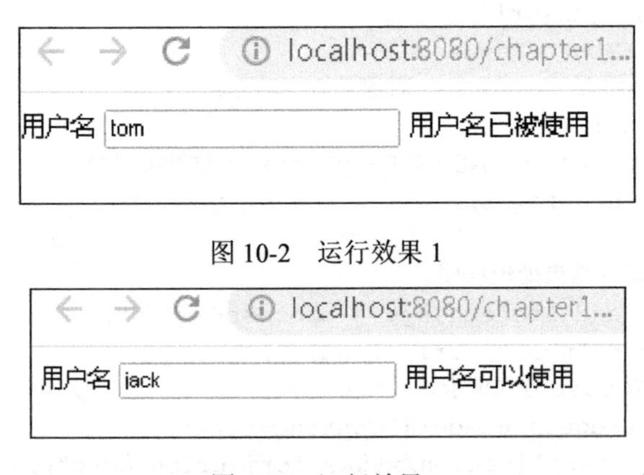

图 10-2　运行效果 1

图 10-3　运行效果 2

10.4　基于 jQuery 的 Ajax 技术

10.4.1　基于 jQuery 的 Ajax 技术简介

jQuery 是一个快速、简洁的 JavaScript 框架，它封装 JavaScript 常用的功能代码，提供一种简便的 JavaScript 设计模式，优化了 HTML 文档操作、事件处理、动画设计和 Ajax 交互。jQuery 对基于 JavaScript 的原生 Ajax 进行了封装，封装后的 Ajax 的操作方法更简洁，、功能更强大。与 Ajax 操作相关的 jQuery 方法如表 10-4 所示。

表 10-4　与 Ajax 操作相关的 jQuery 方法

方法名	方法描述
load()	调用 load()方法可以动态地从服务器加载数据，并填充调用它的 HTML 元素的内容
$.get()	使用$.get()方法可以通过 HTTP GET 请求从服务器加载数据
$. post ()	使用$.post ()方法可以通过 HTTP POST 请求从服务器加载数据
$.getJSON()	使用$.getJSON()方法可以通过 HTTP GET 请求从服务器加载 JSON 编码格式的数据
$.ajax ()	调用$.ajax ()方法可以执行异步 HTTP（Ajax）请求

下面仅对这些方法中使用频率最高、功能最强大的$.ajax ()方法进行介绍。

$.ajax()方法是 jQuery 底层 Ajax 实现，$.ajax()方法返回其创建的 XMLHttpRequest 对象，其语法格式如下：

```
$.ajax([settings])
```

其中，settings 是用于配置 Ajax 请求的键值对集合，键表示参数名，值表示参数值。$.ajax()方法参数如表 10-5 所示。

表 10-5　$.ajax()方法参数

参数名	类型	描述
url	String	发送请求的地址（若缺省则表示当前页地址）
type	String	请求方式（"POST"或"GET"），默认为"GET"
timeout	Number	设置请求超时时间（毫秒）。该设置将覆盖全局设置$.ajaxSetup()
async	Boolean	（默认：true）默认设置下，所有请求均为异步请求。如果需要发送同步请求，则将此选项设置为 false。注意，同步请求将锁住浏览器，用户其他操作必须等待请求完成才可以执行
beforeSend	Function	发送请求前可修改 jqXHR 对象的函数，jqXHR 对象是其唯一的参数。（在 jQuery1.4.x，为 XMLHTTPRequest 对象）。该函数为一个事件，如果函数返回 false，则表示取消本次事件。从 jQuery 1.5 开始，beforeSend 无论请求的类型如何，都将调用该选项
cache	Boolean	（默认：true）设置为 false 将不会从浏览器缓存中加载请求信息
complete	Function	请求完成后的回调函数，请求成功或失败都会调用。其中有两个参数：一个是 jqXHR 对象，另一个为状态信息字符串
contentType	String	发送信息至服务器时的内容编码类型。默认值适合大多数应用场合
data	Object, String	发送到服务器的数据。将自动转换为请求字符串格式。GET 请求中将附加在 URL 后，如{foo:["bar1", "bar2"]} 转换为'&foo=bar1&foo=bar2'
dataType	String	预期服务器返回的数据类型。如果不指定，jQuery 将自动根据 HTTP 包 MIME 信息返回 responseXML 或 responseText，并作为回调函数参数传递，可用值如下。 ① "xml"：返回 XML 文档，可用 jQuery 处理。 ② "html"：返回纯文本 HTML 信息；包含 Script 元素。 ③ "script"：返回纯文本 JavaScript 代码。不会自动缓存结果。 ④ "json"：返回 JSON 数据。 ⑤ "jsonp"：JSONP格式
error	Function	（默认：自动判断（xml 或 html））请求失败时将调用此方法。这个方法有三个参数：jqXHR 对象、错误信息、（可能）捕获的错误对象
global	Boolean	（默认：true）是否触发全局 AJAX 事件。设置为 false 将不会触发全局 AJAX 事件
ifModified	Boolean	（默认：false）仅在服务器数据改变时获取新数据。使用 HTTP 包 Last-Modified 头信息判断
processData	Boolean	（默认：true）默认情况下，发送的数据将被转换为对象，以配合默认内容类型"application/x-www-form-urlencoded"。如果要发送 DOM 树信息或其他不希望转换的信息，则设置为 false
success	Function	请求成功后回调函数。这个方法有两个参数：服务器返回数据、返回状态

10.4.2 实现页面无刷新的用户登录

下面将利用 jQuery 的 Ajax 技术实现页面无刷新的用户登录，在登录页面输入用户名和密码，单击“登录”按钮，以异步方式提交表单数据，如果正确，则显示欢迎信息；如果错误，则显示错误提示信息。登录页面并不刷新，仅刷新正确或错误的提示信息。

首先，编写登录页面 login.jsp，在该文件中，HTML 页面核心代码如下：

```
<body>
    <div id="login">
        <label>登录名</label>
        <input type="text" id="uname" value="" size="19" /><br/>
        <label>密  码</label>
        <input type="password" id="upwd"   value="" />
        <label id="error"></label><br>
        <input type="button" id="btn" value="登录" />
    </div>
</body>
```

然后，编写该文件的 jQuery 代码部分。

```
<script type="text/javascript" src="js/jquery-1.11.3.min.js"></script>
<script type="text/javascript">
        $(document).ready(function(){
         $("#btn").click(function()
        {
        var name = $("#uname").val();
        var pwd = $("#upwd").val();
        var signon=$("#login");
        var errorinfo=$("#error");
        if(name == ""){
        alert("请输入用户名");
        return false;
        }else if(pwd==""){
        alert("请输入密码");
        return false;
        }else{
        $.ajax({
        url:"login",
        type:"post",
        contentType:"application/x-www-form-urlencoded",
        data:"uname="+name+"&pwd="+pwd,
        success:function(str){
        if(str!=0){
        signon[0].innerHTML = "欢迎  <b>"+str + "</b>  登录"+ "<a href='#'>login
out</a>";
        }else{
        errorinfo[0].innerHTML="用户名或密码错误";
            }
```

```
                },
                error:function()
                {
                alert("error");
                }
                });
                }   }); });
        </script>
```

还需要编写服务器端的 Servlet 来接收 Ajax 发过来的请求。该 Servlet 的 URL 为"/login"，其 doPost 方法代码如下：

```
    public void doPost(HttpServletRequest request, HttpServletResponse response)
                throws ServletException, IOException {
            String name=request.getParameter("uname");
            String pwd=request.getParameter("pwd");
            PrintWriter out = response.getWriter();
            if(name.equals("tom")&&pwd.equals("123"))
                out.print(name);
            else
                out.print(0);
            out.flush();
            out.close();
        }
```

程序的运行效果如下：如果在登录页面中输入用户名为“tom”、密码为“123”，单击“登录”按钮后，则无刷新地显示成功信息，否则将无刷新地显示错误信息。

登录页面如图 10-4 所示。

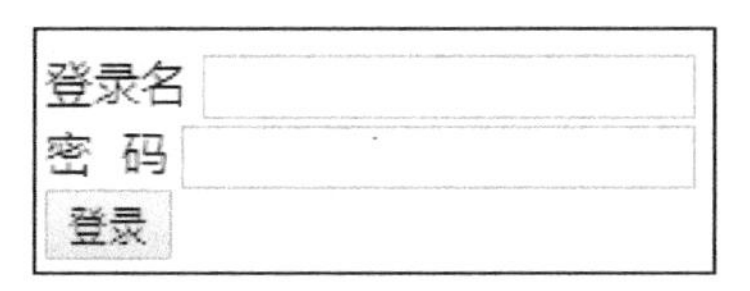

图 10-4　登录页面

登录成功页面如图 10-5 所示。

欢迎 **tom** 登录login out

图 10-5　登录成功页面

登录失败页面如图 10-6 所示。

登录名 bookstore
密 码 •••• 用户名或密码错误
登录

图 10-6　登录失败页面

10.5 应 用 实 例

在第 6 章 6.9 节的注册功能实现中，用户只有将录入的用户名信息发送给后台，并且调用数据层的函数，才能够知道录入的用户名是否存在。这样的操作不仅加大了服务器端的负担，而且系统的用户体验效果也不好。在本节中将使用 Ajax 技术对在线图书销售平台的注册功能进行优化，通过结合数据库操作，使用户在录入完用户名后就能够知道该用户名是否存在，从而节省操作时间。

10.5.1 数据层的实现

（1）判断用户名是否存在是对 Signon 表的操作，所以首先要扩展 SignonDao 接口的抽象函数。在 SignonDao 中编写重载函数 checkByName

```
public ArrayList<Signon> checkByName(String username);
```

（2）在实现类 SignonDaoImp 中重写 checkByName(String username)函数，代码如下：

```
@Override
    public ArrayList<Signon> checkByName(String username) {
        String sql="select * from signon where username='"+username+"'";

            ArrayList<Signon> list=new ArrayList<Signon> ();
            ResultSet rs=this.getResult(sql);
            try {
                while(rs.next())
                {
                    Signon signon=new Signon();
                    signon.setUserName(rs.getString("username"));
                    signon.setPassword(rs.getString("password"));
                    list.add(signon);

                }
            } catch (SQLException e) {
                // TODO Auto-generated catch block
                e.printStackTrace();
            }
            return list;
    }
```

10.5.2 表示层的实现

（1）修改 register.jsp。

① 把 register.jsp 页面的“用户名”录入部分改为如下代码：

```
<div class="col-sm-5">
<input type="text" class="form-control" placeholder="用户名" name="uname"
id="uname"/>
```

```
</div><div id="info" style="display: inline"></div>
```

要注意“用户名”文本框的 id 为 uname，并且在“用户名”文本框后面添加一个 id 为 info 的 div,以便显示用户名是否存在的信息。

② 在 register.jsp 页面中编写 Ajax 代码。

```
<script type="text/javascript">
$(document).ready(function(){
 $("#uname").blur(function()
{
    var name = $("#uname").val();
    var info=$("#info");
    if(name == ""){
        alert("请输入用户名");
        return false;
    }else{
        $.ajax({
            url:"checkRegister",
            type:"post",
            contentType:"application/x-www-form-urlencoded",
            data:"uname="+name,
           success:function(str){
                    if(str==0){
                    info[0].innerHTML = "用户名不存在，可以使用";

                }else{
                    info[0].innerHTML="用户名已经存在";

                }
            },
            error:function()
            {
                alert("error");
            }
        });
    }
}
);
}
);
</script>
```

（2）编写 URL 为“checkRegister”的 Servlet，对 Ajax 发送过来的请求进行处理，代码如下：

```
@WebServlet("/checkRegister")
public class checkRegister extends HttpServlet {
   protected void doGet(HttpServletRequest request, HttpServletResponse
```

```
response) throws ServletException, IOException {
            this.doPost(request, response);
        }
        protected void doPost(HttpServletRequest request, HttpServletResponse
response) throws ServletException, IOException {
            String name=request.getParameter("uname");
            SignonDaoImp sdi=new SignonDaoImp();
            ArrayList<Signon> slist=sdi.checkByName(name);
            PrintWriter out = response.getWriter();
            if(slist.size()>0)
                out.print("1");
            else
                out.print("0");
            out.flush();
            out.close();
        }
    }
```

当用户录入用户名后，系统会自动判断用户名信息是否在数据库中已经存在，并将提示信息显示在“用户名”文本框的后面。用户名是否存在提示信息显示效果如图 10-7 所示。

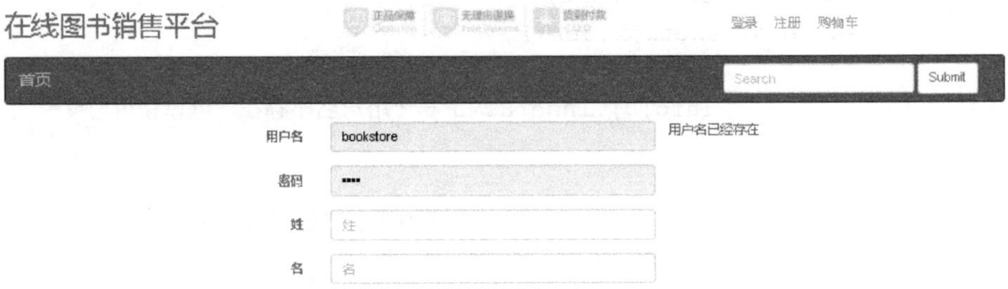

图 10-7　用户名是否存在提示信息显示效果

习　题　10

1．简述同步交互、异步交互的含义。
2．简述 Ajax 的开发步骤。
3．Ajax 包含的技术有哪些？

参考文献

[1] 王斐，祝开艳，肖鹏. Java Web 开发基础——从 Servlet 到 JSP. 北京：清华大学出版社，2014.

[2] 苗连强. JSP 程序设计基础教程. 北京：人民邮电出版社，2009.

[3] 王英瑛，乔小燕. JSP Web 开发案例教程. 北京：清华大学出版社，2013.

[4] 范立锋，乔世权. JSP 程序设计. 北京：人民邮电出版社，2009.

[5] 刘志成. JSP 程序设计案例教程. 北京：清华大学出版社，2007.

[6] 王大东. JSP 程序设计. 北京：清华大学出版社，2017.

[7] 隋春荣. JSP 程序开发实用教程. 北京：清华大学出版社，2013.

[8] 梁文新，王占中. Ajax+JSP 网站开发从入门到精通. 北京：清华大学出版社，2008.

[9] 张银鹤，刘治国. JSP 完全学习手册. 北京：清华大学出版社，2008.

[10] 耿祥义，张跃平. JSP 基础教程. 北京：清华大学出版社，2017.

[11] 张银鹤，刘治国. JSP 动态网站开发实践教程. 北京：清华大学出版社，2009.

[12] 李宁. Java Web 开发技术大全——JSP+Servlet+Struts 2+Hibernate+Spring+Ajax. 北京：清华大学出版社，2009.

[13] 张金霞. HTML 网页设计参考手册. 北京：清华大学出版社，2006.

[14] 王黎，于永军. JSP+Dreamweaver CS4+CSS+Ajax 动态网站开发典型案例. 北京：清华大学出版社，2010.

[15] 范伊红，黄彩霞. 基于 HTML5 的网页设计及应用. 北京：电子工业出版社，2014.

[16] 邱加永，孙连伟. JSP 基础与案例开发详解. 北京：清华大学出版社，2014.

[17] 谷志峰. Java 程序设计基础教程. 北京：电子工业出版社，2016.

[18] 杨弘平，史江萍. JSP 程序设计案例教程. 北京：清华大学出版社，2014.

[19] 马建红. JSP 应用与开发技术. 北京：清华大学出版社，2011.

[20] 赵俊峰，姜宁. Java Web 应用开发案例教程——基于 MVC 模式的 JSP+Servlet+JDBC 和 Ajax. 北京：清华大学出版社，2012.

[21] 谭丽娜. Web 前端开发技术（jQuery+Ajax）（慕课版）. 北京：人民邮电出版社，2020.

[22] 姚敦红. jQuery 程序设计基础教程. 北京：人民邮电出版社，2019.

[23] 谷志峰. JSP 程序设计实例教程. 北京：电子工业出版社，2017.

[24] 赵增敏. Bootstrap 前端开发. 北京：电子工业出版社，2020.

[25] 黑马程序员. 响应式 Web 开发项目教程（HTML5+CSS3+Bootstrap）. 北京：人民邮电出版社，2017.

[26] 黑马程序员. Bootstrap 响应式 Web 开发. 北京：人民邮电出版社，2020.

[27] 赵丙秀. Bootstrap 基础教程. 北京：人民邮电出版社，2018.

[28] 唐琳. XML 基础及实践开发教程（第 2 版）. 北京：清华大学出版社，2018.

[29] 靳新. XML 基础教程. 北京：清华大学出版社，2016.

[30] 王震江. XML 基础与 Ajax 实践教程（第 2 版）. 北京：清华大学出版社，2016.

[31] 贾素玲. XML 技术应用（第 2 版）. 北京：清华大学出版社，2017.

[32] 范春梅. XML 基础教程. 北京：人民邮电出版社，2009.

[33] 范立锋. XML 实用教程. 北京：人民邮电出版社，2009.

[34] 蔡体健. XML 网页设计实用教程. 北京：人民邮电出版社，2009.

[35] 耿祥义. XML 实用教程. 北京：人民邮电出版社，2009.

[36] 周霞. XML 技术与应用教程. 北京：电子工业出版社，2015.